中等职业学校机械类专业通用教材
技工院校机械类专业通用教材（中级技能层级）

金属加工基础
（彩色版）

（第 二 版）

崔兆华 主编

中国劳动社会保障出版社

简介

本书主要内容包括：金属材料及热处理基础、钳加工基础、热加工基础、冷加工基础、机械加工工艺基础等。

本书由崔兆华任主编，徐仰士任副主编，果连成、孙喜兵、韩越、崔人凤参加编写，邵明玲任主审。

图书在版编目（CIP）数据

金属加工基础：彩色版 / 崔兆华主编. -- 2版. 北京：中国劳动社会保障出版社，2024. --（中等职业学校机械类专业通用教材）（技工院校机械类专业通用教材：中级技能层级）. -- ISBN 978-7-5167-6760-3

Ⅰ. TG

中国国家版本馆CIP数据核字第2024X8A066号

中国劳动社会保障出版社出版发行

（北京市惠新东街1号　邮政编码：100029）

*

保定市中画美凯印刷有限公司印刷装订　　新华书店经销

787毫米×1092毫米　16开本　14.75印张　347千字

2024年12月第2版　　2024年12月第1次印刷

定价：37.00元

营销中心电话：400-606-6496

出版社网址：https://www.class.com.cn

https://jg.class.com.cn

目　录

绪　论

课堂讨论

生活中的很多物品是由金属材料制成的，如自行车车架、门锁等，你知道这些物品是怎样加工出来的吗？

一、金属加工概述

1. 金属加工的重要地位和作用

金属材料是应用最为广泛的工程材料之一。利用各种手段对金属材料进行加工从而得到所需要的产品的过程，称为金属加工。金属加工包括从金属材料毛坯的制造到制成零件后装配到产品上的全过程。金属加工在制造业中占有非常重要的地位，见表 0–1–1。

表 0–1–1　　金属加工在制造业中的地位

行业	地位
机床和通用机械制造	铸件总量占 70% ~ 80%
汽车制造	铸件总量约占 20%
飞机制造	机身锻压件总量约占 85%
机电设备制造	主要零件由锻压件制成

金属加工技术的先进程度代表着制造业的水平，在一定程度上反映了国家工业和科技的整体实力，在制造业中所采用的主要加工方法就是金属加工，因此，金属加工直接关系着国民经济的发展。

2. 我国金属加工的现状与发展趋势

（1）现状

新中国成立后，我国的金属加工技术飞速发展，特别是改革开放后，我国瞄准世界先进金属加工技术，重视自主研发和开拓创新，“和谐号”高速动车组（图 0–1–1）的研发生产、“神舟”载人飞船（图 0–1–2）的成功发射、三峡电站 196 t 水轮发电机组转轮（图 0–1–3）的加工、号称“世界第一穹”的国家大剧院（图 0–1–4）金属穹顶的建成使用，这一项项傲人的工程无不体现了我国金属加工技术所取得的辉煌成就。

图 0–1–1 “和谐号”高速动车组

图 0–1–2 “神舟”载人飞船

图 0–1–3 水轮发电机组转轮

图 0–1–4 国家大剧院

先进的加工技术往往依赖于关键的生产装备，近年来我国在金属加工关键生产装备的制造方面也取得了重大突破。如我国自主研发生产的、世界上最大的自由锻造水压机（160 MN）（图 0–1–5），成功锻制了 340 t 的超大支承辊和直径达 5 860 mm 的超大型滚圈；我国自行研制成功的大型数控车铣床，使我国船用曲轴的加工达到了世界先进水平。

此外，以高效节能为发展方向的金属加工正在不断优化升级。随着精密铸、锻技术的发展，无屑加工已经可以初步实现，这不但节约了材料和生产成本，而且提高了生产率和产品性能；形变热处理技术的应用，不但优化了工艺流程，提升了处理效果，而且大大降低了对热能的损耗。这些新工艺、新技术使整个金属加工业对节能减排的贡献程度逐步提高。

（2）发展趋势

激光加工、电子束加工、水射流加工等特种加工技术的发展，使过去无法实现的加工变为可能，使金属加工的应用范围越来越大。如激光打孔的直径可小到微米级，激光焊接被大量使用在汽车车身的焊接上，如图 0–1–6 所示，高压水射流切割（图 0–1–7）在钛合金、不锈钢等难切削金属的切割方面被大量采用。

随着计算机技术的发展，以及数控加工技术特别是工业机器人技术的发展，金属加工装备的自动化程度得到了极大的提高，金属加工将朝着自动化、智能化方向发展。

图 0–1–5　自由锻造水压机（160 MN）

图 0–1–6　汽车车身激光焊接

图 0–1–7　高压水射流切割

资料卡片

我国古代在金属加工中的成就

商周时期，我国的金属冶炼技术就已经达到了相当高的水准，创造了灿烂的青铜文化。后母戊鼎是中国商代后期（公元前 14 世纪至公元前 11 世纪）王室祭祀用的青铜方鼎，是商朝青铜器的代表作。后母戊鼎器型高大厚重，形制雄伟，气势宏大，纹饰华丽，工艺高超，是目前世界上所发现的最大的青铜器。

春秋战国时期，金属加工技术继续发展，青铜器的制造水平在当时已是世界一流水平。其中的代表作是春秋越王勾践剑，它深埋地下 2 000 多年，至今依然花纹清晰，锋利无比。

秦代，金属加工技术又得到了进一步的发展。秦始皇陵陪葬坑出土的两乘大型彩绘铜车马集中体现了当时高超的加工技术。铜车马每乘有一车四马，由一名御官驾驭，其材料以青铜为主，并配以金、银饰品，由 3 000 多个零部件组成，结构精巧，栩栩如生。

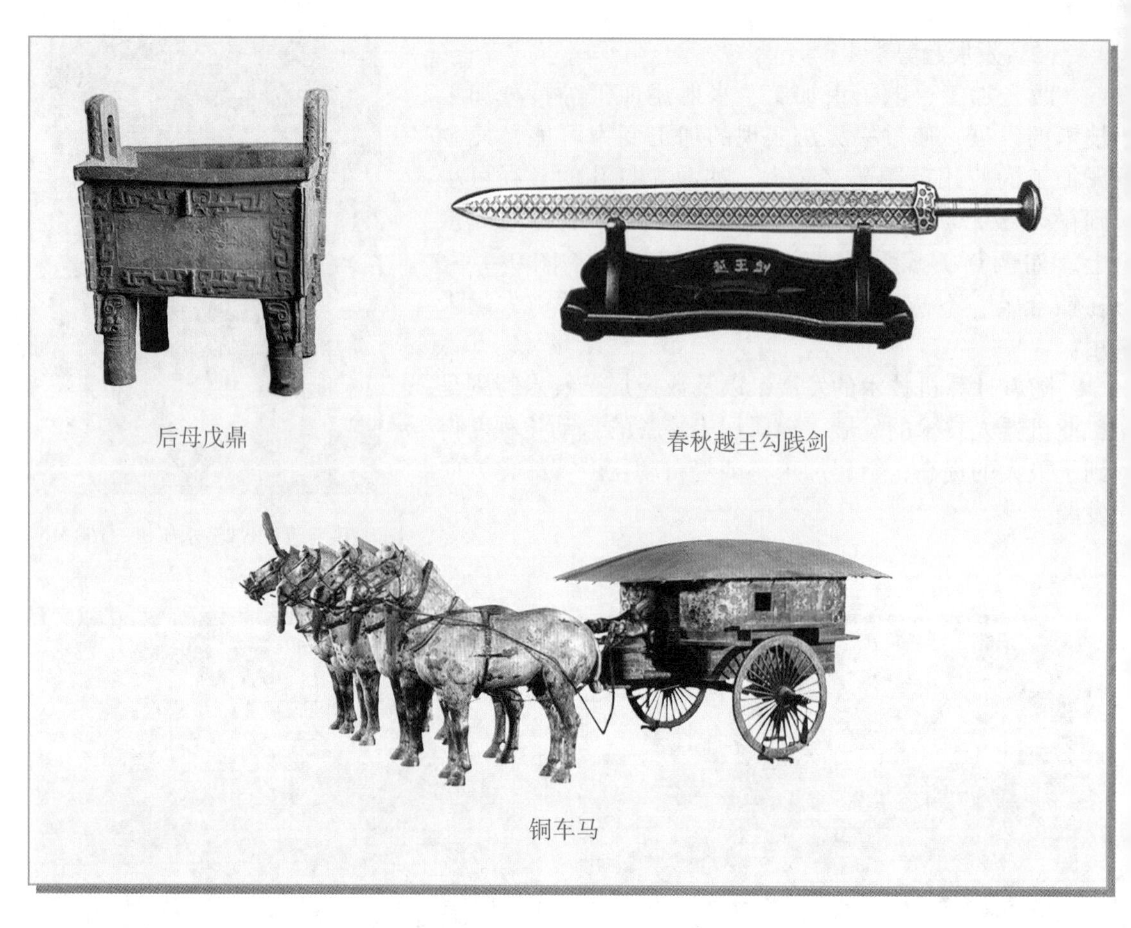

后母戊鼎　　春秋越王勾践剑

铜车马

3. 金属加工的主要职业及工作特点

按照被加工金属在加工时状态的不同，金属加工通常分为热加工和冷加工两大类。每一类加工可按从事工作的特点分为不同的职业。金属加工的主要职业及其定义见表 0–1–2。

表 0–1–2　　金属加工的主要职业及其定义

职业分类	职业	定义	工作图例
机械热加工人员	铸造工	操作熔炼、造型等设备，混制造型材料，使用称重、测温、成分检测等仪器或工具熔炼金属原料，将熔融金属液浇注进模型形成铸件的人员	

续表

职业分类	职业	定义	工作图例
机械热加工人员	锻造工	使用加热、锻造设备及辅助工具进行金属毛坯下料、加热、镦粗、拔长、预制坯、成型、冲孔、切边、校正、热处理、清理、检验等加工的人员	
	焊工	使用电焊机或焊接设备焊接金属工件的人员	
机械冷加工人员	钳工	大多用手工工具在台虎钳上进行手工操作的人员	
	车工	操作车床进行工件旋转表面切削加工的人员	

续表

职业分类	职业	定义	工作图例
机械冷加工人员	镗工	操作镗床进行工件钻孔、扩孔、镗孔、端面等型面切削加工的人员	
	铣工	操作铣床进行工件平面、沟槽、曲面等型面切削加工的人员	
	磨工	操作磨床，使用磨料、磨具及专用工具进行工件、光学玻璃等柱面、平面、螺纹等型面磨削加工的人员	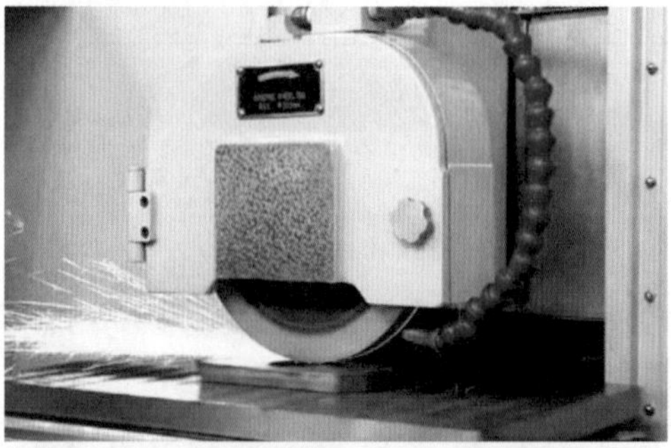
	电切削工	操作电火花线切割机或电火花成形机进行工件切割和成形加工的人员	

做一做

通过网络或书籍查找资料，说出除了表 0–1–2 所列出的金属加工的职业外，还有哪些职业，并简述这些职业的工作特点。

4. 金属加工安全生产规程

（1）生产用房、建筑物等必须坚固、安全、宽敞、采光充足；为生产所设的坑、壕、池、走台、升降口等有危险的场所，必须有安全设施和明显的安全标志。

（2）在有高温、低温、潮湿、雷电、静电、有毒有害物等危险的工作场所，必须采取相应的有效防护措施。

（3）在产生大量蒸汽、腐蚀性气体或粉尘的工作场所，应使用密闭型电气设备；在有易燃易爆等危险的工作场所，应配备防火、防爆设施；物品运输、存储、使用和废品处理时，必须严格执行安全操作规程和定员、定量、定品种的安全规定。

（4）各类机床操作必须严格遵守机床操作规程，避免发生人员、机床事故。

（5）各种设备和仪器不得超负荷和带故障作业，并做到正确使用、经常维护、定期检修，不符合安全要求的陈旧设备应有计划地更新和改造。

（6）电气设备和线路应符合国家有关安全规定。电气设备应有熔丝和漏电保护，绝缘性能必须良好，并有可靠的接地或接零保护措施。

（7）根据工作性质和劳动条例，工作人员须配备个人防护用品。

二、机械制造的工艺过程

任何机械或部件都是由许多零件按照一定的设计要求制造和装配而成的。机械制造的工艺过程如图 0–1–8 所示。

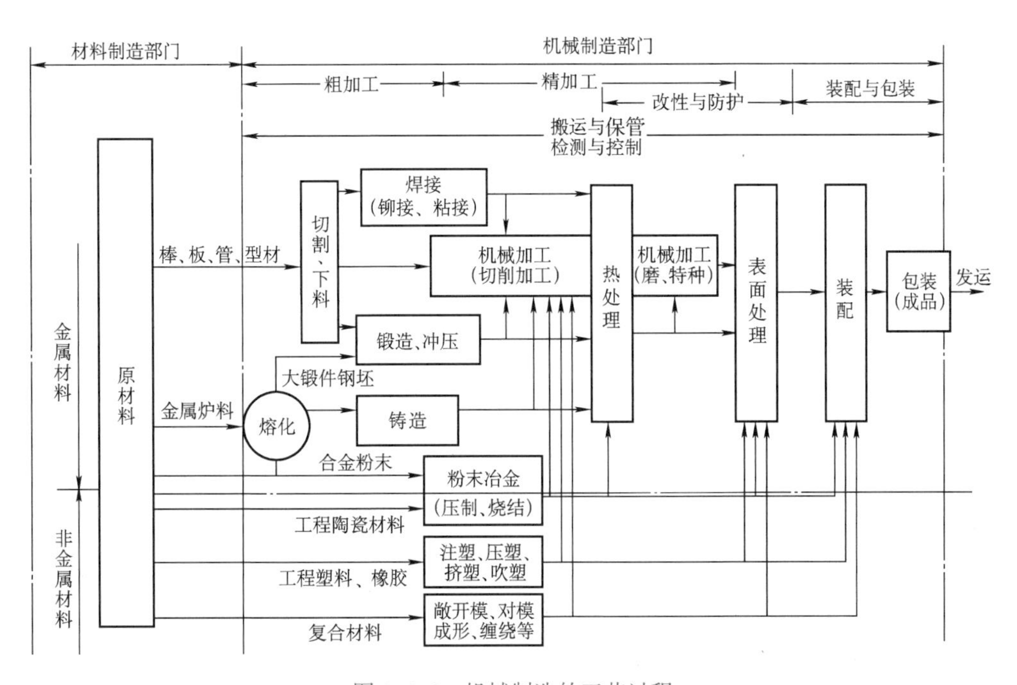

图 0–1–8　机械制造的工艺过程

1. 生产过程与工艺过程

（1）生产过程

将原材料转变为成品的全过程称为生产过程。生产过程包括产品设计，生产组织准备和技术准备，原材料购置、运输和保管，以及毛坯制造，零件加工，产品装配和试验，销售和服务等一系列工作。生产过程是错综复杂的，它不仅包括直接作用于生产对象上的工作过程，还包括生产准备过程和生产辅助过程。

（2）工艺过程

改变生产对象的形状、尺寸及相对位置和性质等，使其成为成品或半成品的过程称为工艺过程。工艺过程包括毛坯制造、零件加工、热处理，以及产品的装配和试验等。

由于工艺过程是指直接作用于生产对象上的那部分劳动过程，因此工艺过程在生产过程中占有重要的地位。

生产过程与工艺过程的关系如图 0-1-9 所示。

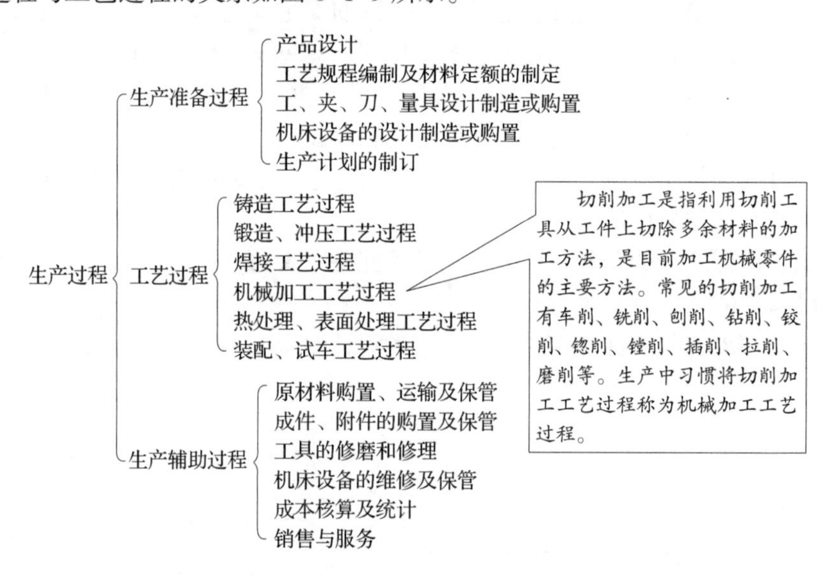

图 0-1-9 生产过程与工艺过程的关系

2. 工艺文件和工艺规程

（1）工艺文件

指导工人操作和用于生产、工艺管理等的各种技术文件称为工艺文件。工艺文件的种类很多，常用的有工艺路线表、车间分工明细表、工艺过程卡片、工艺卡片、工序卡片、调整卡片、检验卡片、工艺附图、工艺守则、工位器具明细表、材料消耗工艺定额明细表等。各类工艺文件的选用根据产品的生产性质、生产类型和复杂程度不同而有所区别。

（2）工艺规程

工艺规程是规定产品或零部件制造工艺过程和操作方法等的工艺文件。工艺规程是应用最多、最主要的工艺文件，其在生产中有着极为重要的作用，具体包括：

1）指导、计划和组织生产，保持和稳定正常生产秩序，作为各项生产组织和管理工作的基本依据。

2）保证产品质量和获得高的生产率及良好的经济效益。

3）提高设备的利用率。

4）作为新建或扩建工厂、生产线的主要基础资料。

在正常条件下，必须按照规定的工艺过程组织生产，以建立和保持正常的生产秩序。在生产过程中，工艺规程是全体有关生产人员都必须认真贯彻和严格执行的文件。

三、本课程的性质和任务

本课程是机械类及工程技术类专业的一门基础课程。通过本课程的学习，应到达以下要求：

（1）掌握必备的金属材料和热处理的基本知识。

（2）认识钳工、焊工、车工、铣工等职业使用的主要设备和工具，掌握其使用范围。

（3）掌握钳工、焊工、车工、铣工等加工技术的基本知识和技能。

（4）初步掌握零件加工方法的基本知识。

（5）初步掌握确定常见典型零件加工工艺过程的基本知识。

第1章 金属材料及热处理基础

§1-1 金属材料的力学性能

课堂讨论

螺栓是机械中常见的零件，在使用中常常会出现下图所示的各种现象，这说明了什么问题？

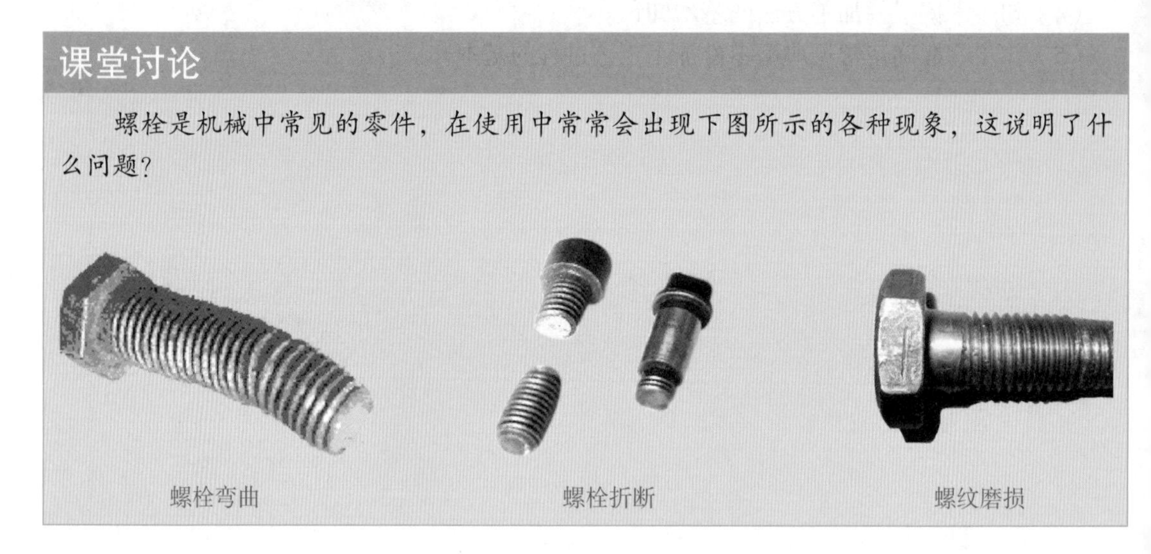

螺栓弯曲　　螺栓折断　　螺纹磨损

机械零件或工具在使用过程中往往会受到各种形式外力的作用，这就要求金属材料必须具有一定承受机械载荷而不超过许可变形及不被破坏的能力，这种能力称为材料的力学性能。强度、塑性、硬度、冲击韧性、疲劳强度等就是用来衡量金属材料在外力作用下所表现出的力学性能的指标。

一、强度

1. 定义

材料在静载荷作用下，抵抗塑性变形或断裂的能力称为强度。由于材料承受外力的方式不同，其变形存在多种形式，因此材料的强度又分为抗拉强度、抗压强度、抗扭强度、抗弯强度、抗剪强度等。

2. 强度指标

材料受外力作用后，其内部相互的作用力称为内力，其大小和外力相等，方向和外力相反。单位面积上的内力称为应力。强度的大小用应力表示。

最常用的强度指标是抗拉强度 R_m 和下屈服强度 R_{eL}，它们都是通过拉伸试验测定的。

做一做

利用拉伸试验机产生的静拉力对标准试样进行轴向拉伸，同时连续测量变化的载荷和试样的伸长量，直至断裂，并根据测得的数据计算得出有关的力学性能指标。

依据拉伸试验中拉力 F 与伸长量 ΔL 之间的关系在直角坐标系中绘出的曲线称为力－伸长曲线。塑性材料拉伸过程分为弹性变形阶段、屈服阶段、强化阶段和颈缩阶段。

（1）OE——弹性变形阶段

F_e 为发生最大弹性变形时的载荷。在此阶段中外力与变形成正比，外力一旦撤去，变形将完全消失。

（2）ES——屈服阶段

外力大于 F_e 后，材料将发生塑性变形，此时图形上出现平台或锯齿状。这种拉伸力不增大、变形却继续增加的现象称为屈服。F_{eL} 为材料屈服时的最小载荷。

（3）SB——强化阶段

外力大于 F_{eL} 后，试样再继续伸长则必须不断增大拉伸力。随着变形增大，抵抗变形的力也逐渐增大，这种现象称为形变强化，F_m 为试样在屈服阶段之后所能抵抗的最大的力。

（4）BZ——颈缩阶段

当外力达到最大力 F_m 时，试样的某一直径处发生局部收缩，称为“颈缩”，此时截面缩小，变形继续在此截面发生，所需外力也随之逐渐降低，直至断裂。

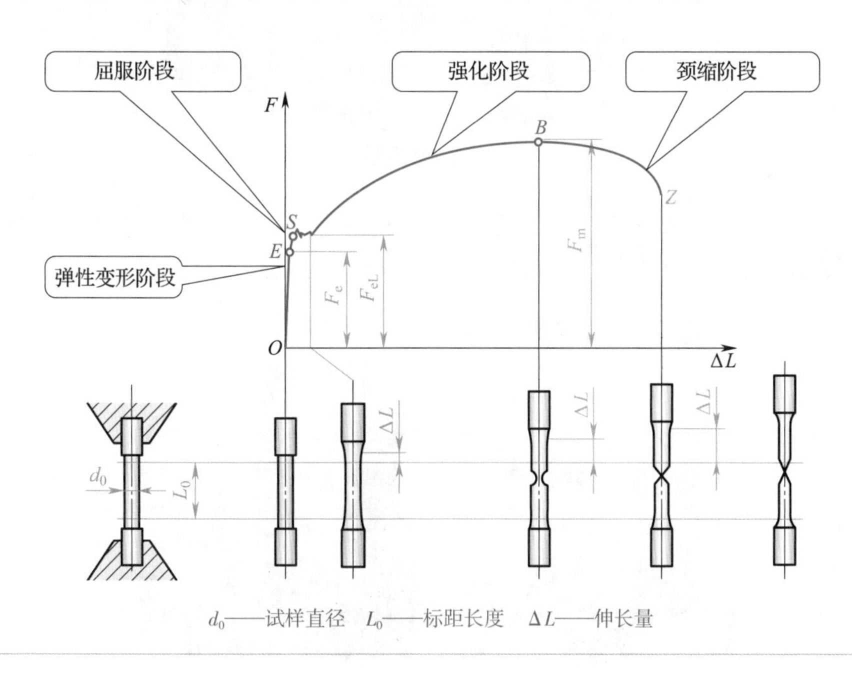

d_0——试样直径　L_0——标距长度　ΔL——伸长量

抗拉强度 R_m 表示材料在断裂前能承受的最大拉应力；屈服强度是当材料呈现屈服现象时，材料发生塑性变形而力不增大的应力点。屈服强度分为上屈服强度 R_{eH} 和下屈服强度 R_{eL}。对于金属材料，一般用下屈服强度代表其屈服强度。

抗拉强度 R_m 和下屈服强度 R_{eL} 是机械设计和选材的主要依据之一。钢的抗拉强度较高，常用于制造轴、齿轮、螺母等；铸铁的屈服强度较高，常用于制造各种机床的床身和底座。

二、塑性

1. 定义

塑性是指材料在受到外力作用时，产生永久变形而不发生断裂的能力。

做一做

拿一个铝制的空易拉罐，用手对它作用很小的力，在外力去除后，微微凹陷的罐体表面能回到原来的位置，这种变形称为弹性变形。

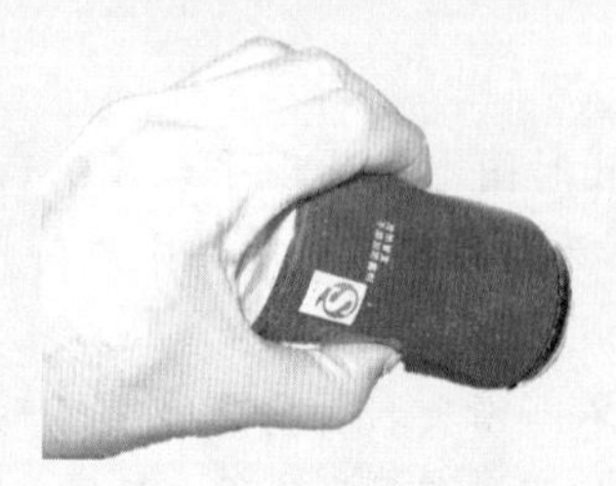

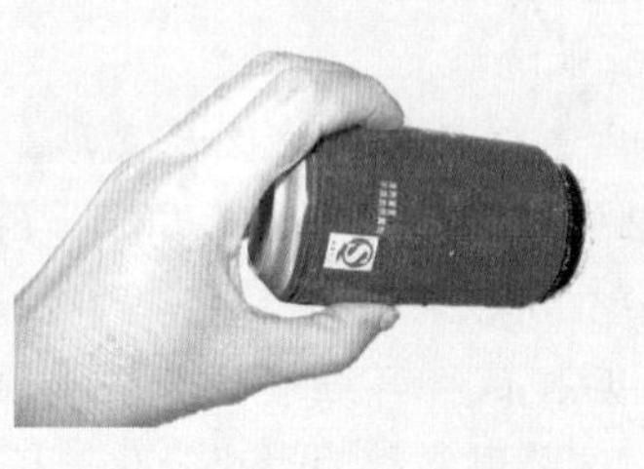

当作用力加大时，罐体被压扁，产生永久变形，这种变形称为塑性变形。

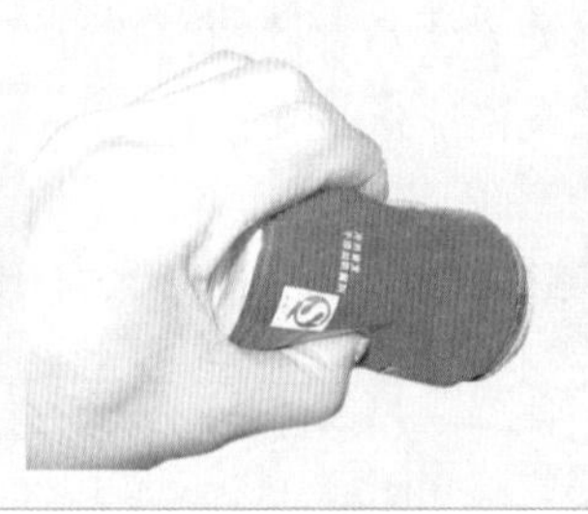

在外力作用下产生较显著变形而不被破坏的材料，称为塑性材料。在外力作用下发生微小变形即被破坏的材料，称为脆性材料。通过图 1–1–1 可以清楚地看到，在切削钢件（塑性

a)

b)

图 1–1–1　钢件与铸铁件切屑的比较

a）切削钢件　b）切削铸铁件

材料）时，形成的切屑产生了明显的塑性变形，切屑呈带状并发生卷曲；而在切削铸铁件（脆性材料）时，切屑呈完全崩碎状态，分离的金属没有产生显著塑性变形就碎裂了。

2. 塑性指标

塑性指标是通过拉伸试验获得的，用断后伸长率 A 和断面收缩率 Z 来表示。断后伸长率是指试样拉断后，标距伸长量与原始标距之比的百分率。断面收缩率是指试样拉断后，颈缩处横截面面积最大缩减量与原始横截面面积之比的百分率。

A、Z 的数值越大，说明材料在破坏前受外力作用所产生的永久变形越大，表示材料的塑性越好。材料具有塑性才能进行变形加工，由于塑性好的材料受力时要先发生塑性变形，然后才会断裂，因此制成的零件在使用时也较安全。

三、硬度

1. 定义

材料抵抗局部变形特别是塑性变形、压痕或划痕的能力称为硬度。它是衡量材料软硬程度的指标。

做一做

在钢板和铝板之间放一个滚珠，然后在台虎钳上夹紧。在夹紧力的作用下，两块板料的表面会留下不同直径和深度的浅坑压痕。你能根据压痕来判断出钢板、铝板和滚珠谁硬谁软吗？

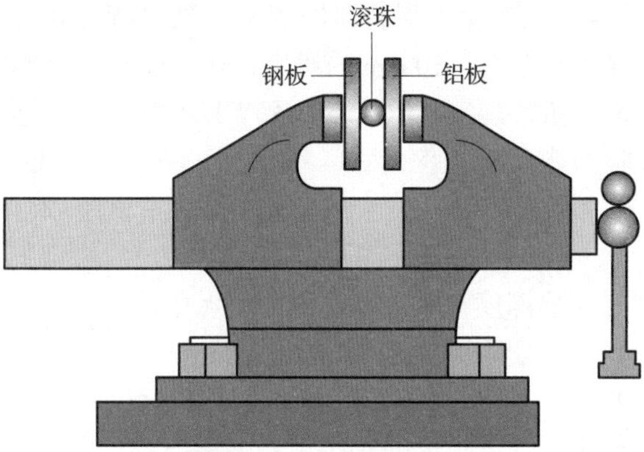

机床刀具可以将工件表面的金属切削下来，说明刀具的硬度比其所加工工件的硬度要高。材料的硬度越高，耐磨性越好。机械加工中所用的刀具、量具、模具及大多数机械零件都应具备足够的硬度，以保证其使用性能和寿命，否则很容易因磨损而失效。因此，硬度是金属材料一项非常重要的力学性能。

2. 硬度的测试方法及指标

通常，硬度是在专用的硬度计上测得的，硬度计如图 1–1–2 所示。常用的硬度试验法有布氏硬度试验法、洛氏硬度试验法和维氏硬度试验法。

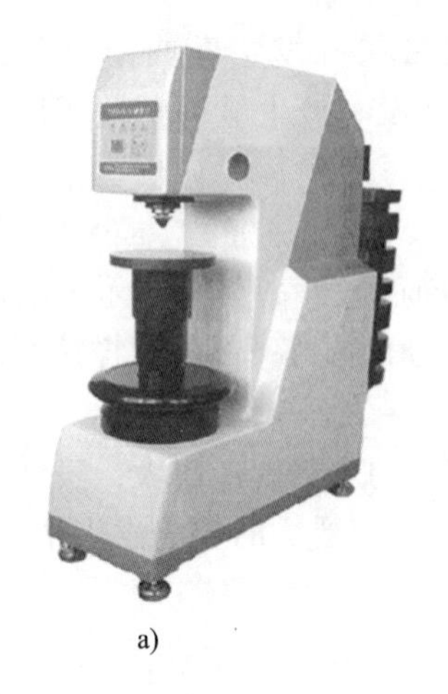

a)

b)

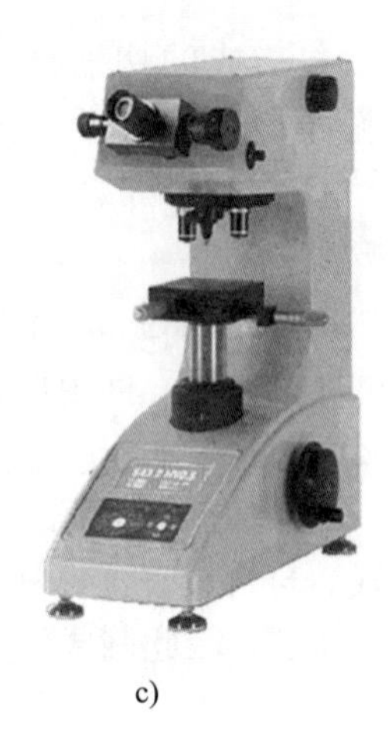

c)

图 1–1–2　硬度计

a）布氏硬度计　b）洛氏硬度计　c）维氏硬度计

（1）布氏硬度

使用一定直径的硬质合金球体，以规定试验力压入试样表面，并保持规定时间后卸除试验力，然后通过测量表面压痕直径来计算布氏硬度。布氏硬度值是球面压痕单位面积上所承受的平均压力，用符号 HBW 表示，单位为 MPa。

布氏硬度常用来测试有色金属、软钢等较软材料的硬度。布氏硬度用硬度数值、硬度符号 HBW、压头直径、试验力及试验力保持时间表示。当保持时间为 10 ~ 15 s 时可不标。例如 170HBW10/1000/30 表示用直径为 10 mm 的压头，在 9 807 N（1 000 kgf）的试验力作用下，保持 30 s 时测得的布氏硬度值为 170；又如 600HBW1/30/20 表示用直径为 1 mm 的压头，在 294.2 N（30 kgf）的试验力作用下，保持 20 s 时测得的布氏硬度值为 600。说明：单位 kgf 为非国际单位制单位，多不使用。

（2）洛氏硬度

洛氏硬度是通过测量压痕深度来确定硬度值的，无单位。

同一台洛氏硬度计，当采用不同的压头和不同的总试验力时，可组成几种不同的洛氏硬度标尺。常用的洛氏硬度标尺有 A、B、C 三种，其中 C 标尺应用最广，常用来测试淬火钢等较硬材料的硬度。三种洛氏硬度标尺的对比见表 1–1–1。

表 1–1–1　三种洛氏硬度标尺的对比

硬度标尺	硬度符号	压头类型	总试验力 /N	硬度值适用范围	应用举例
C	HRC	120° 金刚石圆锥体	1 471.0	20 ~ 70HRC	一般淬火钢
B	HRBW	ϕ1.587 5 mm 硬质合金球	980.7	10 ~ 100HRBW	软钢、退火钢、铜合金等
A	HRA	120° 金刚石圆锥体	588.4	20 ~ 95HRA	硬质合金、表面淬火钢等

（3）维氏硬度

维氏硬度试验原理基本上和布氏硬度试验相同。相对两面为 136° 的正四棱锥金刚石压头以选定的试验力压入试样表面。经规定保持时间后，卸除试验力，测量压痕两对角线的平

均长度 d，根据 d 值查 GB/T 4340.4—2022 中的维氏硬度数值表，即可得出硬度值（也可用公式计算），用符号 HV 表示。例如 640HV30 表示用 294.2 N（30 kgf）试验力，保持 10 ~ 15 s（可省略不标），测定的硬度值为 640。

维氏硬度因试验力小、压入深度浅，故可测量较薄材料，也可测量表面渗碳、渗氮层的硬度。因维氏硬度值具有连续性（10 ~ 1 000 HV），故可测从很软到很硬的金属材料的硬度，且准确度高。维氏硬度试验的缺点是需测量压痕对角线的长度；压痕小，对试样表面质量要求较高。

四、冲击韧性

课堂讨论

取等长（长 50 mm）、等粗（直径 6 ~ 8 mm）、带缺口的低碳钢棒和铸铁棒各一根，将其夹在台虎钳上，用 500 g 的锤子敲击，结果铸铁棒立即折断飞出，而低碳钢棒却只发生弯曲变形。这是为什么？

机械零件在工作中往往要受到冲击载荷的作用，如活塞销、锻锤杆、冲模、锻模等。制造此类零件所用材料必须考虑其抗冲击载荷的能力。金属材料抵抗冲击载荷作用而不破坏的能力称为冲击韧性。材料的冲击韧性用夏比摆锤冲击试验来测定。

根据国家标准（GB/T 229—2020）规定，做夏比摆锤冲击试验前，先将被测材料加工成图 1–1–3 所示的冲击试样。冲击试样分为 U 型缺口冲击试样、V 型缺口冲击试样和无缺口冲击试样三种，其外形尺寸为 10 mm × 10 mm × 55 mm。

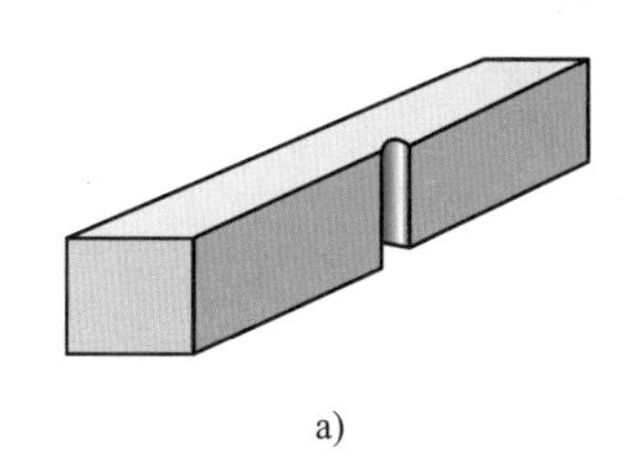
a)

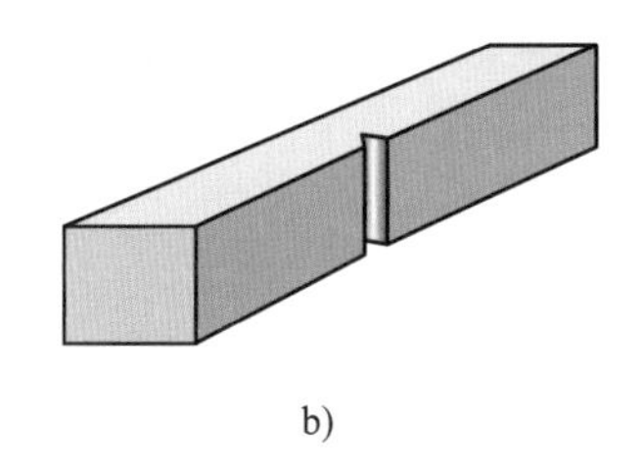
b)

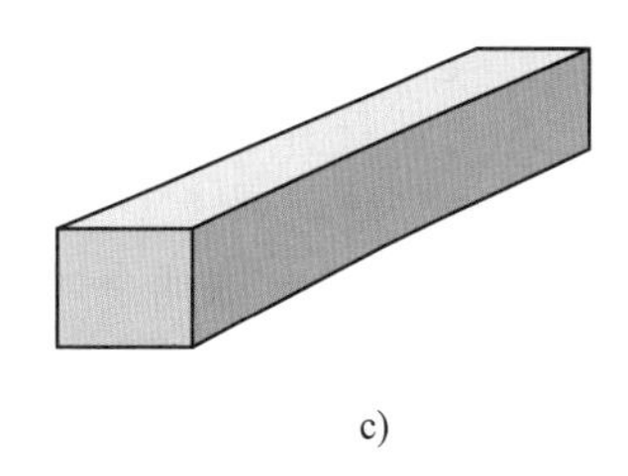
c)

图 1–1–3　冲击试样

a）U 型缺口冲击试样　b）V 型缺口冲击试样　c）无缺口冲击试样

夏比摆锤冲击试验机如图 1–1–4 所示，试验时将试样缺口背对摆锤刀刃对称放置在砧座上，摆锤的刀刃半径分为 2 mm 和 8 mm 两种。

试样放置好后，让摆锤从一定高度落下，将试样冲断。在这一过程中，用试样所吸收的能量 K 的大小作为衡量材料冲击韧性的指标，称为冲击吸收能量。用 U 型和 V 型缺口冲击试样测得的冲击吸收能量分别用 KU 和 KV 表示。如 KU_2 就表示 U 型冲击试样在 2 mm 刀刃下的冲击吸收能量。冲击吸收能量越大，说明材料的冲击韧性越好。

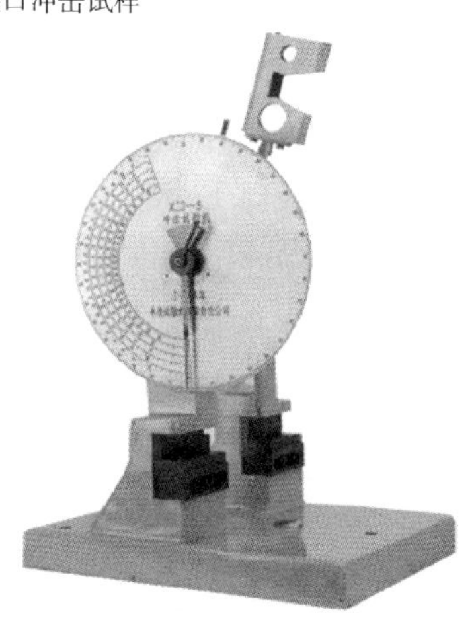

图 1–1–4　夏比摆锤冲击试验机

五、疲劳强度

弹簧、曲轴、齿轮等机械零件在工作过程中所承受载荷的大小、方向随时间发生周期性变化，在金属材料内部引起的应力也发生周期性波动。此时，由于所承受的载荷为交变载荷，零件承受的应力虽低于材料的屈服强度，但经过长时间的工作后，仍会产生裂纹或突然发生断裂，金属材料所产生的这种断裂现象称为疲劳断裂。

金属材料抵抗交变载荷作用而不发生破坏的能力称为疲劳强度。疲劳强度指标用疲劳极限来衡量，用 R_{-1} 表示。疲劳极限是指金属材料承受无数次交变载荷而不会发生断裂的最大应力。

实际上，金属材料不可能做无数次交变载荷试验。对于黑色金属，一般规定应力循环 10^7 周次而不断裂的最大应力为疲劳强度；有色金属、不锈钢等则取 10^8 周次而不断裂的最大应力为疲劳强度。

疲劳破坏是机械零件失效的主要原因之一。据统计，在失效的机械零件中，有 80% 以上属于疲劳破坏，而且疲劳破坏前没有明显的变形，断裂前没有预兆，所以疲劳破坏经常造成重大事故。

资料卡片

在第二次世界大战中，英国皇家空军的战机突然在较短的一段时间内相继坠落。英国军方对坠落飞机介入调查，最初认为德国发明了新式武器，因为在坠落飞机的残骸上无任何弹痕，因而引起一片恐慌。后来经过调查，发现是金属材料的问题。由于制造这些机械零件的材料表面或内部有缺陷（如夹杂、划痕、尖角等），局部应力大于屈服强度，因此零件在循环载荷的反复作用下，产生疲劳裂纹，并随着应力循环周次的增加，疲劳裂纹不断扩散，零件的有效承载面积不断减小，最后达到某一临界尺寸而突然断裂。

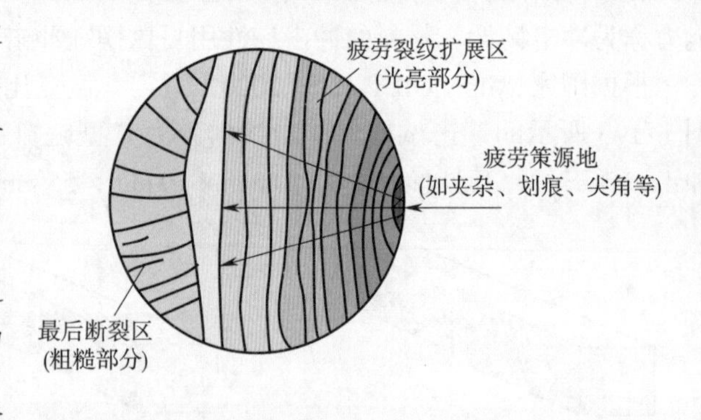

为了提高零件的疲劳强度，除合理选材外，细化晶粒、均匀组织、减少材料内部缺陷、改善零件的结构形式、减小零件表面粗糙度值及采取各种表面强化的方法（如对工件表面淬火、喷丸、渗、镀等），都能取得一定的效果。

资料卡片

常用力学性能指标新旧符号对照表

力学性能	性能指标			
	新标符号	名称	旧标符号	单位
强度	R_m	抗拉强度	σ_b	MPa
	R_{eL}	下屈服强度	σ_s	

续表

力学性能	性能指标			
	新标符号	名称	旧标符号	单位
塑性	$A(A_{11.5})$	断后伸长率	$\delta_5(\delta)$	—
	Z	断面收缩率	ψ	
硬度	HBW	布氏硬度	HBS、HBW	MPa
	HR（A、BW、C）	洛氏硬度（A、B、C 标尺）	HR（A、B、C）	—
	HV	维氏硬度	HV	MPa
冲击韧性	K	冲击吸收能量	α_K	J
疲劳强度	R_{-1}	疲劳极限	σ_{-1}	MPa

§1-2 黑色金属材料

一、金属材料的概念和分类

做一做

观察以下金属物品的颜色并填空，讨论它们在材质上有哪些差异。

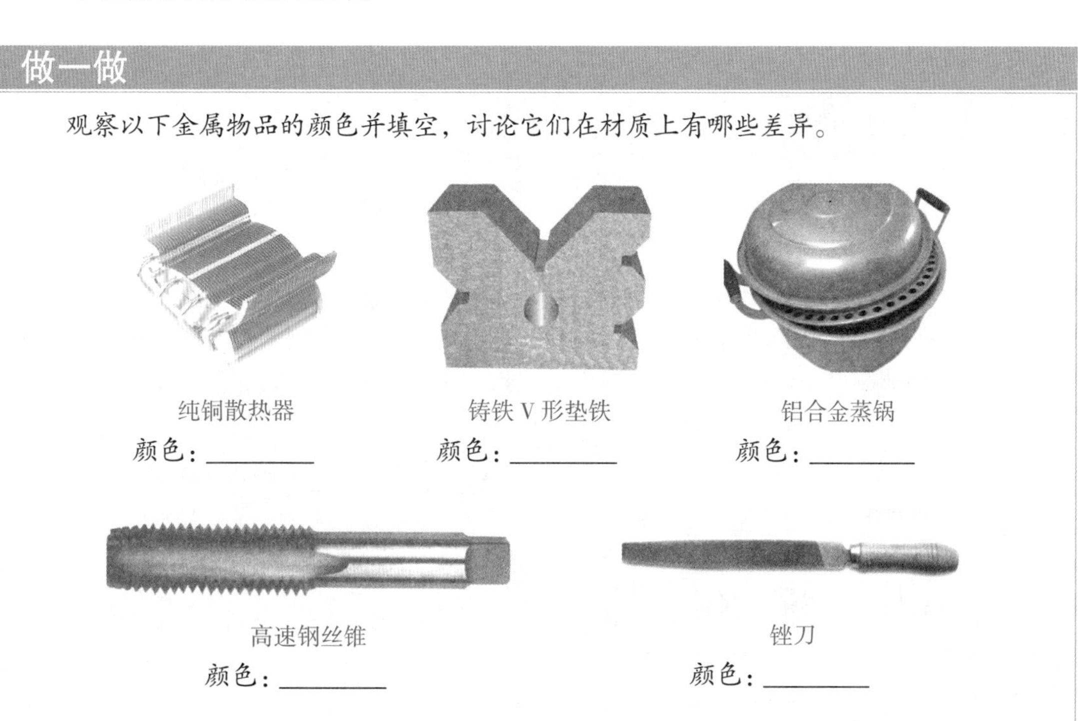

纯铜散热器
颜色：________

铸铁 V 形垫铁
颜色：________

铝合金蒸锅
颜色：________

高速钢丝锥
颜色：________

锉刀
颜色：________

通过观察不难看出，金属物品的颜色不同，除颜色外，由于组成这些金属物品的成分不同，因此其组织和性能也存在着差异。

1. 金属材料的概念

金属材料是现代机械制造业的基本材料，从日常生活中的厨房用具到工业生产中的各类机床，大多是用金属材料制成的，金属材料的应用如图 1–2–1 所示。所谓金属，是指具有特殊光泽、延展性、导电性、导热性的物质，如金、银、铜、铁、锰、锌、铝等。而金属材料大都是以一种金属元素为主，加入（或冶炼时从原料带入）其他金属元素或非金属元素，通过熔炼或其他方法合成的具有金属特性的合金材料。

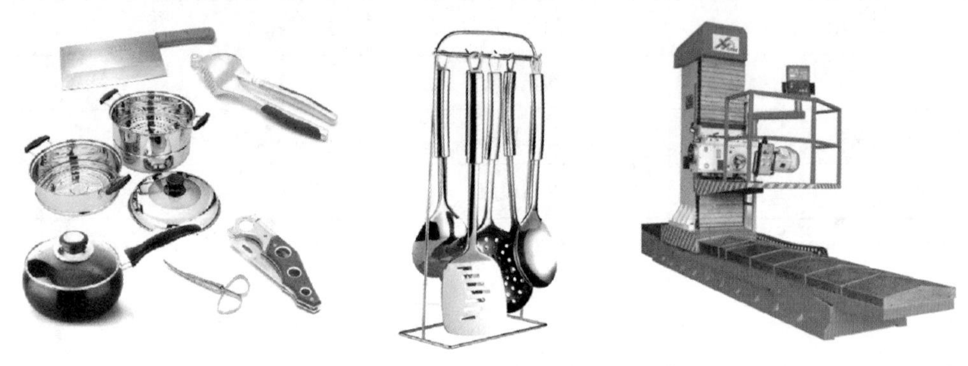

图 1–2–1　金属材料的应用

2. 金属材料的分类

金属材料种类繁多，通常把金属材料分为黑色金属和有色金属两大类，习惯上通常将硬质合金也作为一个类别来单独划分。黑色金属是指铁、锰、铬及以铁碳为主的合金，而把除铁、锰、铬以外的其他金属及其合金称为有色金属（或 ×× 合金）。金属材料的分类如图 1–2–2 所示。在黑色金属中，锰、铬通常作为合金元素存在于铁碳合金中，很少单独作为金属材料使用，所以黑色金属通常指代钢铁材料。

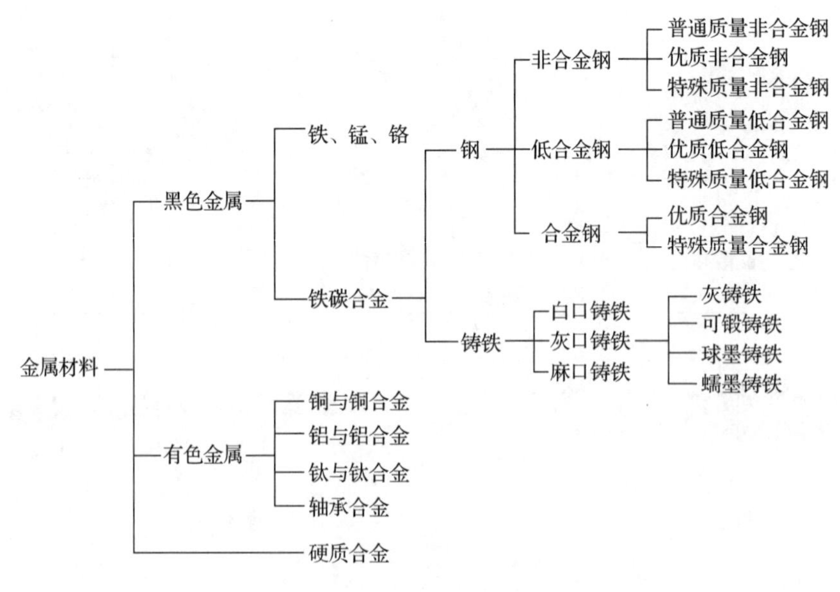

图 1–2–2　金属材料的分类

二、铁碳合金相图

钢铁是现代工业中应用最为广泛的合金，它是以铁和碳为基本组元的合金，故又称为铁碳合金。铁碳合金相图是表示在缓慢冷却（或缓慢加热）条件下，不同成分的铁碳合金的状态或组织随温度变化的图形。

1. 铁碳合金的分类

按含碳量[①]的不同，铁碳合金的室温组织可分为工业纯铁、钢和白口铸铁。其中，把含碳量不大于 0.021 8% 的铁碳合金称为工业纯铁，把含碳量大于 0.021 8% 而小于 2.11% 的铁碳合金称为钢，把含碳量为 2.11% ~ 6.69% 的铁碳合金称为白口铸铁。

2. 铁碳合金的基本组织与性能

由于钢铁材料的成分（含碳量）不同，因此组织、性能和应用场合也不同。铁碳合金的基本组织有五种，分别为铁素体、奥氏体、渗碳体、珠光体和莱氏体，见表 1–2–1。

表 1–2–1　　铁碳合金基本组织

组织名称	符号	含碳量 /%	存在温度区间	性能特点
铁素体	F	≤ 0.021 8	室温至 912 ℃	具有良好的塑性、韧性，较低的强度、硬度
奥氏体	A	≤ 2.11	727 ℃以上	强度、硬度不高，但具有良好的塑性，尤其是具有良好的锻压性能
渗碳体	Fe_3C	6.69	室温至 1 227 ℃	高熔点、高硬度，塑性和韧性几乎为零，脆性极大
珠光体	P	0.77	室温至 727 ℃	强度较高，硬度适中，有一定的塑性，具有较好的综合力学性能
莱氏体	L′d	4.30	室温至 727 ℃	性能接近于渗碳体，硬度很高，塑性、韧性极差
	Ld		727 ℃至 1 148 ℃	

3. 简化的铁碳合金相图

在铁碳合金中，铁和碳可以形成一系列的化合物，如 Fe_3C、Fe_2C、FeC 等，而生产中实际使用的铁碳合金含碳量一般不超过 5%，因为含碳量高的材料脆性大，难以加工，没有实用价值，所以只研究相图中含碳量为 0 ~ 6.69% 的部分，这部分的铁碳化合物只有 Fe_3C，故铁碳合金相图也可以认为是 Fe–Fe_3C 相图。

为了便于掌握和分析 Fe–Fe_3C 相图，将相图上实用意义不大的部分省略，简化后的 Fe–Fe_3C 相图如图 1–2–3 所示。图中纵坐标为温度，横坐标为含碳量。

简化后的 Fe–Fe_3C 相图中有七个特性点和六条特性线。

（1）七个特性点

Fe–Fe_3C 相图中的七个特性点及其温度、含碳量和含义见表 1–2–2。

① 本书中元素含量用质量分数表示。

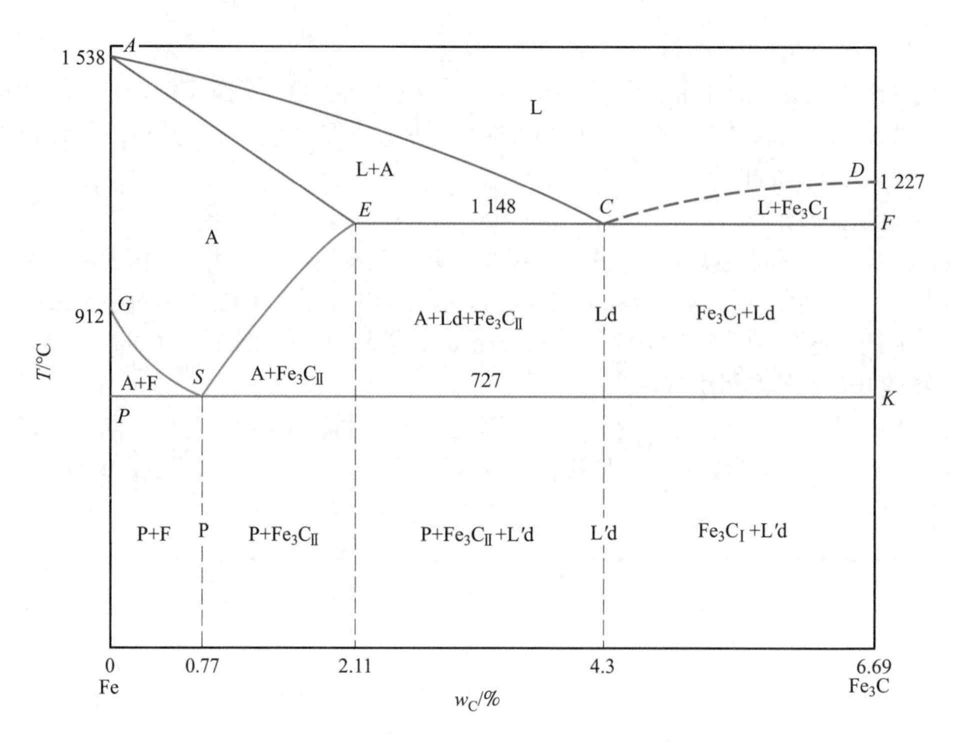

图 1–2–3　简化后的 Fe–Fe_3C 相图

表 1–2–2　**Fe–Fe_3C 相图中的七个特性点及其温度、含碳量和含义**

点的符号	温度 /℃	含碳量 /%	含义
A	1 538	0	纯铁的熔点
C	1 148	4.3	共晶点，L $\rightleftharpoons$ Ld（A+Fe_3C）
D	1 227	6.69	渗碳体的熔点
E	1 148	2.11	碳在奥氏体（γ–Fe）中的最大溶解度点
G	912	0	纯铁的同素异构转变点，α–Fe $\rightleftharpoons$ γ–Fe
S	727	0.77	共析点，A $\rightleftharpoons$ P（F+ Fe_3C）
P	727	0.021 8	碳在铁素体（α–Fe）中的最大溶解度点

（2）六条特性线

Fe–Fe_3C 相图中的六条特性线及其含义见表 1–2–3。

表 1–2–3　**Fe–Fe_3C 相图中的六条特性线及其含义**

特性线	含义
ACD	液相线，此线之上为液相区域，线上点为对应不同成分合金的结晶开始温度
AECF	固相线，此线之下为固相区域，线上点为对应不同成分合金的结晶终了温度
GS	A_3 线，冷却时从不同含碳量的奥氏体中析出铁素体的开始线
ES	A_{cm} 线，碳在奥氏体（γ–Fe）中的溶解度曲线
ECF	共晶线，L $\rightleftharpoons$ Ld（A+Fe_3C）
PSK	共析线，也称 A_1 线，A $\rightleftharpoons$ P（F+ Fe_3C）

工程应用

$Fe-Fe_3C$ 相图在铸造生产和锻造生产中的应用

根据 $Fe-Fe_3C$ 相图的液相线，可以找出不同成分的铁碳合金的熔点，从而确定合适的熔化、浇注温度。图中给出了钢和铸铁的浇注区。可以看出，钢的熔化温度与浇注温度均比铸铁高。而铸铁中靠近共晶成分的铁碳合金不仅熔点低，而且凝固温度区间小，有较好的铸造流动性，适用于铸造。

钢在室温时是由铁素体和渗碳体组成的双相组织，塑性较差，变形困难。当钢处于奥氏体状态时，强度较低，塑性较好，易锻造成形，如图所示。故钢的锻造温度必须选在单相的奥氏体区。一般开始锻造的温度控制在固相线以下 100～200 ℃。

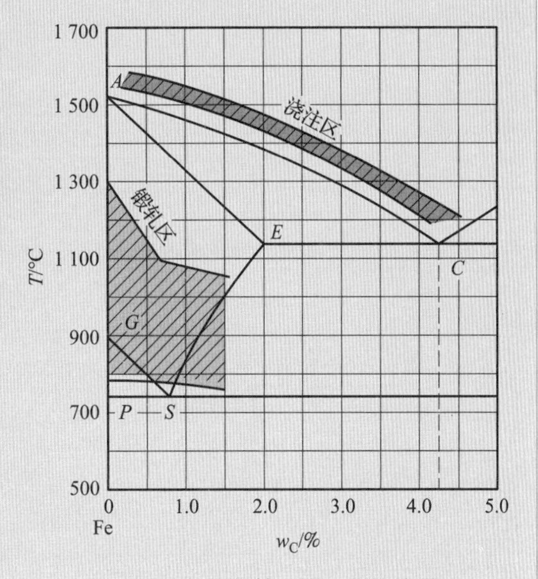

$Fe-Fe_3C$ 相图与铸、锻工艺的关系

三、铸铁

工业上常用的铸铁，含碳量一般为 2.5%～4.0%，此外还含有硅（Si）、锰（Mn）、硫（S）、磷（P）等元素。

铸铁是应用非常广泛的一种金属材料，机床的床身、机床用平口虎钳的钳体和底座等都是用铸铁制造的。在各类机器的制造中，铸铁占整个机器质量的 45%～90%。

1. 铸铁的分类（表 1-2-4）

表 1-2-4　　铸铁的分类

分类依据	类别	说明及应用
按结晶过程中石墨化的程度划分	灰口铸铁	断口呈暗灰色，工业上所用的铸铁几乎都属于这类铸铁
	白口铸铁	断口呈银白色，性能硬而脆，不易加工，主要用作炼钢原料
	麻口铸铁	断口呈黑白相间的麻点，脆性较大，工业上应用很少
按石墨形态划分	普通灰铸铁	石墨呈曲片状，简称灰铸铁或灰铁，是目前应用最广的一种铸铁
	可锻铸铁	石墨呈团絮状，有较高的韧性和一定的塑性
	球墨铸铁	石墨呈球状，简称球铁，其力学性能比普通灰铸铁高很多，在生产中的应用日益广泛
	蠕墨铸铁	石墨呈蠕虫状，简称蠕铁，其力学性能介于灰铸铁和球墨铸铁之间

2. 铸铁的牌号、性能和应用（表 1-2-5）

表 1-2-5　　铸铁的牌号、性能和应用

<table>
<tr><th>名称</th><th colspan="3">牌号及举例说明</th><th>主要性能</th><th>应用</th><th>图示</th></tr>
<tr><td rowspan="2">灰铸铁</td><td colspan="2" rowspan="2">HT（“灰铁”二字拼音的第一个字母）+一组数字</td><td>HT200</td><td rowspan="2">有良好的铸造性能和切削性能，以及较高的耐磨性、减振性及较低的缺口敏感性</td><td rowspan="2">应用广泛，如机床床身、支柱、底柱、刀架、齿轮箱、轴承座等</td><td rowspan="2">轴承座</td></tr>
<tr><td>表示最低抗拉强度为 200 MPa 的灰铸铁</td></tr>
<tr><td rowspan="4">可锻铸铁</td><td rowspan="4">KT（“可铁”二字拼音的第一个字母）+两组数字</td><td rowspan="2">H
（黑心）</td><td>KTH300-06</td><td rowspan="4">具有较高的强度，塑性和韧性比灰铸铁好，但不能锻造</td><td rowspan="4">广泛应用于汽车、拖拉机制造行业，常用于制造形状复杂、承受冲击载荷的薄壁、中小型零件</td><td rowspan="4">汽车后桥外壳</td></tr>
<tr><td>表示最低抗拉强度为 300 MPa、最低断后伸长率为 6% 的黑心可锻铸铁</td></tr>
<tr><td rowspan="2">Z
（珠光体）</td><td>KTZ450-06</td></tr>
<tr><td>表示最低抗拉强度为 450 MPa、最低断后伸长率为 6% 的珠光体可锻铸铁</td></tr>
<tr><td rowspan="2">球墨铸铁</td><td colspan="2" rowspan="2">QT（“球铁”二字拼音的第一个字母）+两组数字</td><td>QT400-18</td><td rowspan="2">具有良好的力学性能和工艺性能，并能通过热处理使其力学性能在较大范围内变化，可以以“铁”代替碳素铸钢、合金铸钢和可锻铸铁</td><td rowspan="2">用于制造受力复杂，强度、硬度、韧性和耐磨性要求较高的零件，如内燃机曲轴、凸轮轴、连杆、减速箱齿轮等</td><td rowspan="2">曲轴
连杆</td></tr>
<tr><td>表示最低抗拉强度为 400 MPa、最低断后伸长率为 18% 的球墨铸铁</td></tr>
<tr><td rowspan="2">蠕墨铸铁</td><td colspan="2" rowspan="2">RuT（“蠕”字拼音和“铁”字拼音的第一个字母）+一组数字</td><td>RuT340</td><td rowspan="2">其性能介于灰铸铁和球墨铸铁之间，抗拉强度和疲劳强度相当于球墨铸铁，减振性、导热性、耐磨性、切削加工性和铸造性与灰铸铁近似</td><td rowspan="2">主要用于承受循环载荷、要求组织致密、强度要求较高、形状复杂的零件，如排气管、气缸盖、汽车底盘零件等</td><td rowspan="2">排气管</td></tr>
<tr><td>表示最低抗拉强度为 340 MPa 的蠕墨铸铁</td></tr>
</table>

四、非合金钢

钢按化学成分不同分为非合金钢、低合金钢和合金钢三类，非合金钢即碳素钢，是最基本的铁碳合金，它是指冶炼时没有特意加入合金元素，且含碳量大于 0.021 8% 而小于 2.11% 的铁碳合金。

1. 非合金钢的分类（表 1–2–6）

表 1–2–6　　非合金钢的分类

分类方法	种类	备注
按含碳量分	低碳钢	含碳量不大于 0.25%
	中碳钢	含碳量为 0.25% ~ 0.60%（不包含 0.25% 和 0.60%）
	高碳钢	含碳量大于等于 0.60%
按质量（有害杂质元素硫、磷含量）分	普通质量非合金钢	杂质含量较高
	优质非合金钢	杂质含量较低
	特殊质量非合金钢	杂质含量很低
按用途分	碳素结构钢	含碳量一般小于 0.70%
	碳素工具钢	刃具、量具、模具用钢，其含碳量一般不小于 0.70%
按冶炼脱氧程度分	沸腾钢（脱氧程度不完全）	钢锭内有气泡带
	镇静钢（脱氧程度完全）	—
	特殊镇静钢	比镇静钢脱氧程度更充分、更彻底的钢

2. 常用非合金钢的牌号、性能和应用

我国钢铁产品的牌号采用国际通用的化学元素符号、汉语拼音字母和阿拉伯数字相结合的方法来表示。

（1）碳素结构钢

根据 GB/T 221—2008《钢铁产品牌号表示方法》的规定，碳素结构钢牌号由以下四部分组成：

1）前缀符号 + 强度值（单位 MPa），前缀符号为代表屈服强度“屈”的汉语拼音首位字母 Q。

2)（必要时）钢的质量等级：用英文字母 A、B、C、D 表示，从 A 到 D 依次提高。

3)（必要时）脱氧方法符号：F——沸腾钢、Z——镇静钢、TZ——特殊镇静钢，Z 与 TZ 符号在钢号组成表示方法中予以省略。

4)（必要时）在牌号尾加产品用途、特性和工艺方法表示符号。

例如，Q235AF 表示屈服强度为 235 MPa 的 A 级沸腾钢。

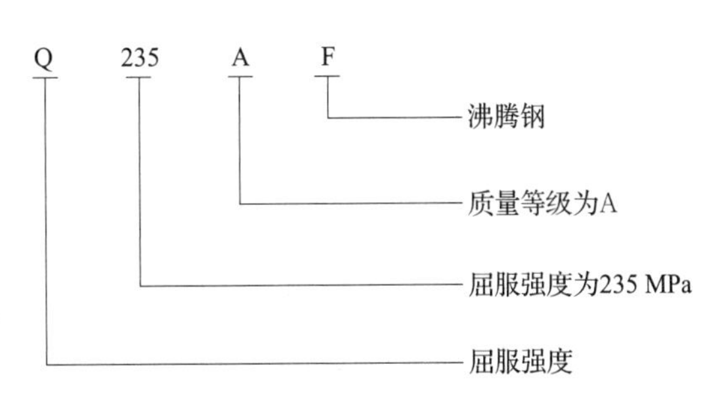

碳素结构钢的牌号、化学成分及力学性能见表 1–2–7。

表 1–2–7　碳素结构钢的牌号、化学成分及力学性能（摘自 GB/T 700—2006）

<table>
<tr><th rowspan="2">牌号</th><th rowspan="2">统一数字代号</th><th rowspan="2">等级</th><th rowspan="2">厚度或直径 /mm</th><th colspan="5">化学成分 /%，不大于</th><th rowspan="2">脱氧方法</th><th colspan="3">力学性能</th></tr>
<tr><th>C</th><th>Mn</th><th>Si</th><th>S</th><th>P</th><th>R_{eH}/MPa</th><th>R_m/MPa</th><th>A/%</th></tr>
<tr><td>Q195</td><td>U11952</td><td>—</td><td>—</td><td>0.12</td><td>0.50</td><td>0.30</td><td>0.040</td><td>0.035</td><td>F，Z</td><td>195</td><td>315 ~ 430</td><td>33</td></tr>
<tr><td rowspan="2">Q215</td><td>U12152</td><td>A</td><td rowspan="2">—</td><td rowspan="2">0.15</td><td rowspan="2">1.20</td><td rowspan="2">0.35</td><td>0.050</td><td rowspan="2">0.045</td><td rowspan="2">F，Z</td><td rowspan="2">215</td><td rowspan="2">335 ~ 450</td><td rowspan="2">31</td></tr>
<tr><td>U12155</td><td>B</td><td>0.045</td></tr>
<tr><td rowspan="4">Q235</td><td>U12352</td><td>A</td><td rowspan="4">—</td><td>0.22</td><td rowspan="4">1.4</td><td rowspan="4">0.35</td><td>0.050</td><td rowspan="2">0.045</td><td rowspan="2">F，Z</td><td rowspan="4">235</td><td rowspan="4">370 ~ 500</td><td rowspan="4">26</td></tr>
<tr><td>U12355</td><td>B</td><td>0.20</td><td>0.045</td></tr>
<tr><td>U12358</td><td>C</td><td rowspan="2">0.17</td><td>0.040</td><td>0.040</td><td>Z</td></tr>
<tr><td>U12359</td><td>D</td><td>0.035</td><td>0.035</td><td>TZ</td></tr>
<tr><td rowspan="5">Q275</td><td>U12752</td><td>A</td><td>—</td><td>0.24</td><td rowspan="5">1.5</td><td rowspan="5">0.35</td><td>0.050</td><td>0.045</td><td>F，Z</td><td rowspan="5">275</td><td rowspan="5">410 ~ 540</td><td rowspan="5">22</td></tr>
<tr><td rowspan="2">U12755</td><td rowspan="2">B</td><td>≤ 40</td><td>0.21</td><td rowspan="2">0.045</td><td rowspan="2">0.045</td><td rowspan="2">Z</td></tr>
<tr><td>>40</td><td>0.22</td></tr>
<tr><td>U12758</td><td>C</td><td rowspan="2">—</td><td rowspan="2">0.20</td><td>0.040</td><td>0.040</td><td>Z</td></tr>
<tr><td>U12759</td><td>D</td><td>0.035</td><td>0.035</td><td>TZ</td></tr>
</table>

注：1. 表中所列力学性能指标为热轧状态试样测得。

2. 表中为镇静钢、特殊镇静钢牌号的统一数字代号，沸腾钢牌号的统一数字代号如下：Q195F——U11950；Q215AF——U12150，Q215BF——U12153；Q235AF——U12350，Q235BF——U12353；Q275AF——U12750。

碳素结构钢的杂质和非金属夹杂物较多，但冶炼容易，工艺性好，价格便宜，产量大，在性能上能满足一般工程结构及普通零件的要求，因而应用普遍。碳素结构钢通常轧制成钢板和各种型材，用于厂房、桥梁、船舶等结构或一些受力不大的机械零件，如铆钉、螺钉、螺母等。

（2）优质碳素结构钢

优质碳素结构钢的牌号用两位数字表示，这两位数字表示钢的平均含碳量的万分数。例如，45 表示平均含碳量为 0.45% 的优质碳素结构钢，08 表示平均含碳量为 0.08% 的优质碳素结构钢。

优质碳素结构钢根据钢中含锰量的不同，分为普通含锰量钢（w_{Mn}=0.35% ~ 0.80%）和较高含锰量钢（w_{Mn}=0.7% ~ 1.2%）两组。较高含锰量钢在牌号后面标出元素符号“Mn”，例如 50Mn。若为沸腾钢或可适应各种专门用途的专用钢，则在牌号后面标出规定的符号。例如，10F 表示平均含碳量为 0.10% 的优质碳素结构钢中的沸腾钢，20 g 表示平均含碳量为 0.20% 的优质碳素结构钢中的锅炉用钢。

常用优质碳素结构钢的牌号、力学性能及应用见表 1–2–8。

表 1–2–8　　　　常用优质碳素结构钢的牌号、力学性能及应用

牌号	力学性能						应用
	R_{eL}	R_m	A	Z	HBW		
	MPa		%		热轧钢	退火钢	
	不小于				不大于		
08F	175	295	35	60	131	—	主要用于制造冲压件、焊接结构件及强度要求不高的机械零件及渗碳件，如压力容器、小轴、销、法兰盘、螺钉和垫圈等
20	245	410	25	55	156	—	
45	355	600	16	40	229	197	主要用于制造受力较大的机械零件，如连杆、曲轴、齿轮和联轴器等
65Mn	430	735	9	30	285	229	主要用于制造具有较高强度、耐磨性和弹性的零件，如弹簧垫圈、板簧和螺旋弹簧等弹性零件及耐磨零件

（3）碳素工具钢

碳素工具钢的牌号用汉字“碳”的汉语拼音的首字母“T”及后面的阿拉伯数字表示，其数字表示钢中平均含碳量的千分数。例如，T8 表示平均含碳量为 0.80% 的优质碳素工具钢。若为高级优质碳素工具钢，则在牌号后面标字母 A。例如，T12 A 表示平均含碳量为 1.2% 的高级优质碳素工具钢。

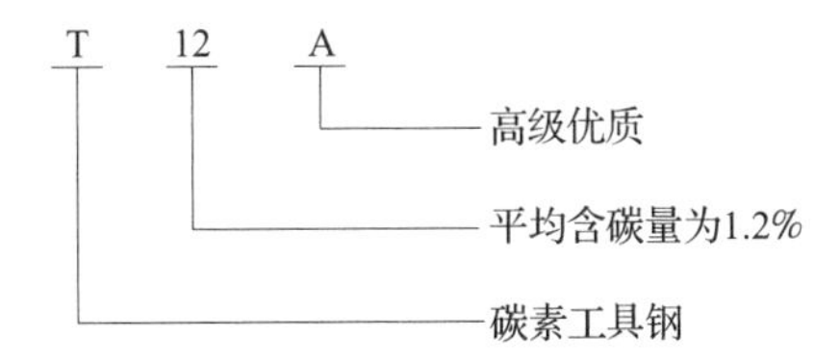

碳素工具钢的牌号、化学成分、力学性能及应用见表 1–2–9。

表 1–2–9　　碳素工具钢的牌号、化学成分、力学性能及应用（摘自 GB/T 1299—2014）

牌号	统一数字代号	化学成分（质量分数）/%					热处理		应用
		C	Mn	Si	S	P	淬火温度 /℃	HRC	
T7	T00070	0.65 ~ 0.74	≤ 0.40	≤ 0.35	≤ 0.03	≤ 0.035	800 ~ 820，水淬	≥ 62	主要用于受冲击，有较高硬度和耐磨性要求的工具，如木工用的錾子、锤子、钻头、模具等
T8	T00080	0.75 ~ 0.84					780 ~ 800，水淬		
T8Mn	T01080	0.80 ~ 0.90	0.40 ~ 0.60						
T9	T00090	0.85 ~ 0.94	≤ 0.40				760 ~ 780，水淬		主要用于受中等冲击载荷的工具和耐磨机件，如刨刀、冲模、丝锥、板牙、锯条、卡尺等
T10	T00100	0.95 ~ 1.04							
T11	T00110	1.05 ~ 1.14							
T12	T00120	1.15 ~ 1.24							主要用于不受冲击，而要求有较高硬度的工具和耐磨机件，如钻头、锉刀、刮刀、量具等
T13	T00130	1.25 ~ 1.34							

（4）铸造碳钢

铸造碳钢的含碳量一般为 0.20%～0.60%，如果含碳量过高，则塑性变差，铸造时易产生裂纹。

铸造碳钢的牌号是用“铸钢”两汉字汉语拼音的首字母“ZG”加两组数字组成的：第一组数字表示屈服强度，第二组数字表示抗拉强度。如 ZG270-500 表示屈服强度不小于 270 MPa、抗拉强度不小于 500 MPa 的铸造碳钢。

铸造碳钢的牌号、化学成分及力学性能见表 1-2-10。

表 1-2-10　铸造碳钢的牌号、化学成分及力学性能

（摘自 GB/T 11352—2009）

牌号	统一数字代号	化学成分（质量分数）/%					室温下的力学性能			
		C	Si	Mn	P	S	R_{eL} 或 $R_{p0.2}$/MPa	R_m/MPa	$A_{11.3}$/%	Z/%
		不大于					不小于			
ZG200-400	C22040	0.20	0.60	0.80	0.035		200	400	25	40
ZG230-450	C22345	0.30	0.60	0.90	0.035		230	450	22	32
ZG270-500	C22750	0.40	0.60	0.90	0.035		270	500	18	25
ZG310-570	C23157	0.50	0.60	0.90	0.035		310	570	15	21
ZG340-640	C23464	0.60	0.60	0.90	0.035		340	640	10	18

注：适用于壁厚 10 mm 以下的铸件。

五、合金钢

1. 低合金钢与合金钢的划分

低合金钢与合金钢是按所含合金元素的质量分数来划分的，其合金元素的规定含量界限值见表 1-2-11。当表中所列合金元素的质量分数处于低合金钢或合金钢相应界限范围内时，该钢则分别为低合金钢或合金钢。当 Cr、Cu、Mo、Ni 四种元素，有其中两种、三种或四种元素同时出现在钢中时，对于低合金钢，还应考虑所含合金元素质量分数的总和应不大于表中对应元素最高界限值总和的 70%。如果大于最高界限值总和的 70%，即使所含每种元素的质量分数低于规定的最高界限值，也应划入合金钢。

表 1-2-11　低合金钢与合金钢合金元素规定含量界限值

（摘自 GB/T 13304.1—2008）

合金元素	规定含量界限值（质量分数）/%		合金元素	规定含量界限值（质量分数）/%	
	低合金钢	合金钢		低合金钢	合金钢
Al	—	≥ 0.10	Co	—	≥ 0.10
B	—	≥ 0.000 8	Cu	0.10～<0.50	≥ 0.50
Bi	—	≥ 0.10	Mn	1.00～<1.40	≥ 1.40
Cr	0.30～<0.50	≥ 0.50	Mo	0.05～<0.10	≥ 0.10

续表

合金元素	规定含量界限值（质量分数）/%		合金元素	规定含量界限值（质量分数）/%	
	低合金钢	合金钢		低合金钢	合金钢
Ni	0.30 ~ <0.50	≥ 0.50	Te	—	≥ 0.10
La 系（每一种元素）	0.02 ~ <0.05	≥ 0.05	Ti	0.05 ~ <0.13	≥ 0.13
Nb	0.02 ~ <0.06	≥ 0.06	W	—	≥ 0.10
Pb	—	≥ 0.40	V	0.04 ~ <0.12	≥ 0.12
Se	—	≥ 0.10	Zr	0.05 ~ <0.12	≥ 0.12
Si	0.50 ~ <0.90	≥ 0.90	其他规定元素（S、P、C、N 除外）	—	≥ 0.05

注：1. La 系元素含量也可作为混合稀土含量总量。
2. “—”表示不规定，不作为划分依据。

2. 低合金钢的分类（GB/T 13304.2—2008）

（1）按质量等级分类

1）普通质量低合金钢。不规定在生产过程中需要特别控制质量的用于一般用途的低合金钢。

2）特殊质量低合金钢。在生产过程中需要特别严格控制质量和性能（特别是严格控制硫、磷等杂质含量）的低合金钢。

3）优质低合金钢。除普通质量低合金钢和特殊质量低合金钢以外的低合金钢。

（2）按主要性能及使用特性分类

低合金钢按主要性能及使用特性分类，可分为可焊接的低合金高强度结构钢、低合金耐候钢、低合金钢筋钢、铁道用低合金钢、矿用低合金钢和其他低合金钢。

3. 合金钢的分类（GB/T 13304.2—2008）

（1）按质量等级分类

1）优质合金钢。在生产过程中需要特别控制质量和性能，但其生产控制和质量要求不如特殊质量合金钢严格的合金钢。

2）特殊质量合金钢。在生产过程中需要特别严格控制质量和性能的合金钢。除优质合金钢以外的其他合金钢都为特殊质量合金钢。

（2）按主要性能及使用特性分类

1）工程结构用合金钢。如一般工程结构用合金钢、合金钢筋钢、高锰耐磨钢等。

2）机械结构用合金钢。如调质处理合金结构钢、表面硬化合金结构钢、合金弹簧钢等。

3）不锈、耐腐蚀和耐热钢。如不锈钢、抗氧化钢和热强钢等。

4）工具钢。如合金工具钢、高速工具钢等。

5）轴承钢。如高碳铬轴承钢、高碳铬不锈轴承钢等。

6）特殊物理性能钢。如软磁钢、永磁钢、无磁钢（如 0Cr16Ni14）等。

7）其他。如焊接用合金钢等。

另外，为便于生产、使用和研究，习惯上常将合金钢按合金元素的种类分为铬钢、锰钢、硅锰钢、铬镍钢等；按用途分为合金结构钢、合金工具钢、特殊性能钢等。

4. 低合金钢与合金钢的牌号

按 GB/T 221—2008 的规定，低合金钢与合金钢的牌号表示方法见表 1–2–12。

表 1–2–12　　低合金钢与合金钢的牌号表示方法（摘自 GB/T 221—2008）

产品名称	牌号表示方法	牌号举例
低合金结构钢	其牌号与碳素结构钢基本相同，由以下三部分组成： （1）前缀符号 + 强度值（单位 MPa）。其中通用结构钢前缀符号（牌号头）为代表屈服强度的拼音字母 Q，专用结构钢的前缀符号见表 1–2–13 （2）（必要时）钢的质量等级。用英文字母 A、B、C、D、E 表示，从 A 到 E 依次提高 （3）（必要时）在牌号尾加代表产品用途、特性和工艺方法表示符号，见表 1–2–13	HP345 Q460E Q420Q
	根据需要，高强度低合金结构钢牌号也可以采用两位阿拉伯数字（表示该钢的平均含碳量，以万分数计）加元素符号及必要时加代表产品用途、特性和工艺方法的表示符号（见表 1–2–13），按顺序表示	20MnK
合金结构钢和合金弹簧钢	（1）合金结构钢牌号由以下四部分组成： 1）以两位阿拉伯数字表示平均含碳量（以万分数计） 2）合金元素的含量，以化学元素符号及阿拉伯数字表示。合金元素平均含量小于 1.5% 时，牌号中仅标明元素，一般不标明含量；平均含量为 1.5% ~ 2.49%、2.5% ~ 3.49%、3.5% ~ 4.49%、4.5% ~ 5.49%……时，在合金元素后相应写 2、3、4、5…… 3）钢材冶金质量，即高级优质钢、特级优质钢分别以 A、E 表示，优质钢不用字母表示 4）（必要时）产品用途、特性和工艺方法表示符号（见表 1–2–13） （2）合金弹簧钢牌号的表示方法与合金结构钢相同	25Cr2MoVA 18MnMoNbRE 60Si2Mn
合金工具钢	其牌号通常由两部分组成： （1）合金工具钢的平均含碳量小于 1.00% 时，采用一位数字表示平均含碳量（以千分数计）；平均含碳量不小于 1.00% 时，不标明含碳量数字 （2）合金元素的含量，以化学元素符号及阿拉伯数字表示，表示方法同合金结构钢第二部分。低铬（平均含铬量小于 1%）合金工具钢，在含铬量（以千分数计）前加数字“0”	9SiCr CrWMn Cr06 W18Cr4V
高速工具钢	其牌号表示方法与合金结构钢相同，但牌号头部一般不标明表示含碳量的阿拉伯数字。为了区别牌号，在牌号头部可以加 C 表示高碳高速工具钢	W6Mo5Cr4V2 CW18Cr4V
不锈钢和耐热钢	其牌号用两位或三位阿拉伯数字表示含碳量的最佳控制值（以万分数或十万分数计），合金元素含量的表示方法与合金结构钢第二部分相同 当材料只规定含碳量上限时，若含碳量上限 ≤ 0.10%，则以其上限值的 3/4 表示，若含碳量上限 >0.10%，则以其上限值的 4/5 表示（两位数，以万分数计） 当含碳量上限 ≤ 0.03%（超低碳）时，则以三位数表示含碳量最佳控制值（以十万分数计）	06Cr19Ni10 12Cr17 015Cr19Ni11 022Cr18Ti

续表

产品名称		牌号表示方法	牌号举例
不锈钢和耐热钢		当含碳量规定上、下有限时，则采用平均含碳量表示（两位数，以万分数计） 当在不锈钢中特意加入铌、钛、锆、氮等元素时，即使含量很低也应在牌号中标出	
轴承钢	高碳铬轴承钢	其牌号通常由两部分组成： （1）（滚珠）轴承钢表示符号 G，但不标明含碳量 （2）合金元素 Cr 符号及含量（以千分数计）。其他合金元素的含量，以化学元素符号及阿拉伯数字表示，表示方法同合金结构钢第二部分	GCr15 GCr15SiMn
	渗碳轴承钢	在牌号头部加符号 G，采用合金结构钢的牌号表示方法。高级优质渗碳轴承钢，在牌号尾部加 A	G20CrNiMoA
	高碳铬不锈轴承钢和高温轴承钢	在牌号头部加符号 G，采用不锈钢和耐热钢的牌号表示方法	G95Cr18 G80Cr4Mo4V
焊接用钢		包括焊接用非合金钢、焊接用低合金钢、焊接用合金结构钢、焊接用不锈钢等，其钢号均沿用各自钢类的钢号表示方法，同时需在钢号前冠以字母 H 表示区别	H08A H08Mn2Si H06Cr19Ni10
		某些焊丝在按硫、磷含量分等级时，用钢号后缀表示：后缀 A 表示 S、P 含量≤ 0.030%；后缀 E 表示 S、P 含量≤ 0.020%；后缀 C 表示 S、P 含量≤ 0.015%；未加后缀表示 S、P 含量≤ 0.035%	H08A H08E H08C H08

专用结构钢的用途、特性和工艺方法表示符号见表 1-2-13。

表 1-2-13　　专用结构钢的用途、特性和工艺方法表示符号
（摘自 GB/T 221—2008）

产品名称	采用的汉字及汉语拼音或英文单词			采用字母	位置
	汉字	汉语拼音	英文单词		
热轧光圆钢筋	热轧光圆钢筋	—	Hot Rolled Plain Bars	HPB	牌号头
热轧带肋钢筋	热轧带肋钢筋	—	Hot Rolled Ribbed Bars	HRB	牌号头
细晶粒热轧带肋钢筋	热轧带肋钢筋 + 细	—	Hot Rolled Ribbed Bars+Fine	HRBF	牌号头
冷轧带肋钢筋	冷轧带肋钢筋	—	Cold Rolled Ribbed Bars	CRB	牌号头
预应力混凝土用螺纹钢筋	预应力、螺纹、钢筋	—	Prestressing、Screw、Bars	PSB	牌号头
焊接气瓶用钢	焊瓶	HAN PING	—	HP	牌号头

续表

产品名称	采用的汉字及汉语拼音或英文单词			采用字母	位置
	汉字	汉语拼音	英文单词		
管线用钢	管线	—	Line	L	牌号头
船用锚链钢	船锚	CHUAN MAO	—	CM	牌号头
煤机用钢	煤	MEI	—	M	牌号头
锅炉和压力容器用钢	容	RONG	—	R	牌号尾
锅炉用钢（管）	锅	GUO	—	G	牌号尾
低温压力容器用钢	低容	DI RONG	—	DR	牌号尾
桥梁用钢	桥	QIAO	—	Q	牌号尾
耐候钢	耐候	NAI HOU	—	NH	牌号尾
高耐候钢	高耐候	GAO NAI HOU	—	GNH	牌号尾
汽车大梁用钢	梁	LIANG	—	L	牌号尾
高性能建筑结构用钢	高建	GAO JIAN	—	GJ	牌号尾
低焊接裂纹敏感性钢	低焊接裂纹敏感性	—	Crack Free	CF	牌号尾
保证淬透性钢	淬透性	—	Hardenability	H	牌号尾
矿用钢	矿	KUANG	—	K	牌号尾
船用钢	采用国际符号				

5. 钢铁及合金牌号统一数字代号体系（GB/T 17616—2013）

钢铁及合金牌号统一数字代号体系，简称“ISC”，它规定了钢铁及合金产品统一数字代号的编制原则、结构、分类、管理及体系表等内容。

统一数字代号由固定的六个符号组成，如图 1-2-4 所示。左边第一位用大写的拉丁字母作前缀（一般不使用字母 I 和 O），后接五位阿拉伯数字，如“A×××××”表示合金结构钢，“B×××××”表示轴承钢，“L×××××”表示低合金钢，“S×××××”表示不锈钢和耐热钢，“T×××××”表示工具钢，“U×××××”表示非合金钢。每一个统一数字代号只适用于一个产品牌号；相应地，每一个产品牌号只对应一个统一数字代号。当产品牌号取消后，一般情况下，原对应的统一数字代号不再分配给另一个产品牌号。

第一位阿拉伯数字有 0～9，对于不同类型的钢铁及合金，每一个数字所代表的含义各不相同。例如，在合金结构钢中，数字“0”代表 Mn、MnMo 系钢，数字“1”代表 SiMn、SiMnMo 系钢，数字“4”代表 CrNi 系钢；在低合金钢中，数字“0”代表低合金一般结构钢，数字“1”代表低合金专用结构钢；在非合金钢中，数字“1”代表非合金一般结构及工程结构钢，数字“2”代表非合金机械结构钢等。

× × × × × ×

前缀字母代表不同的钢铁及合金类型

第一位阿拉伯数字代表各类型钢铁及合金细分类

第二、三、四、五位阿拉伯数字代表不同分类内的编组和同一编组内的不同牌号的区别顺序号（各类型材料编组不同）

图 1–2–4　统一数字代号的组成

§1–3　有色金属材料

课堂讨论

观察以下图片，你知道它们是用什么材料制成的吗？有何性能特点？

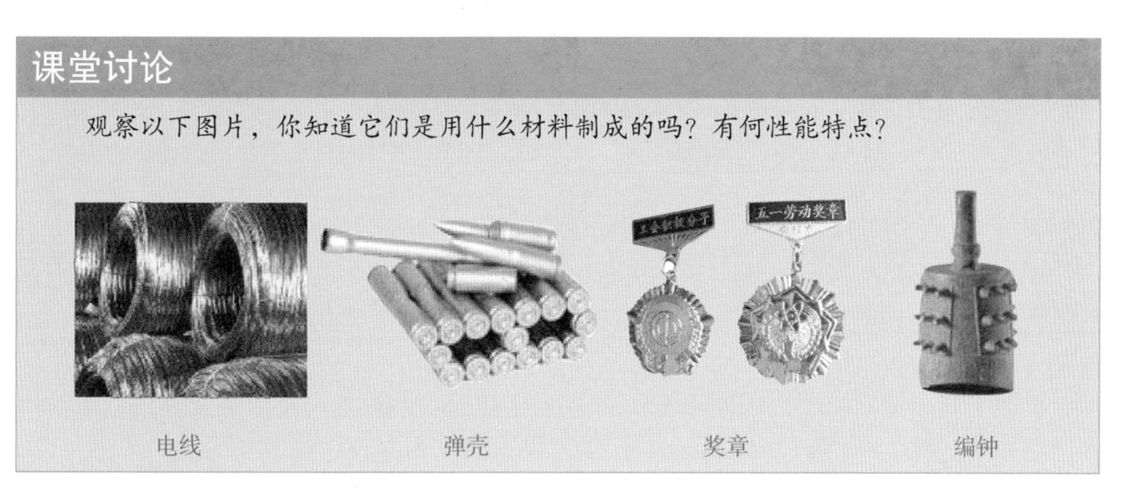

电线　　弹壳　　奖章　　编钟

通常把黑色金属以外的金属及其合金称为有色金属，也称为非铁金属。有色金属中密度小于 4.5×10^3 kg/m^3 的金属（铝、镁、铍等）称为轻金属；密度大于 4.5×10^3 kg/m^3 的金属（铜、镍、铅等）称为重金属。有色金属的产量及用量虽不如黑色金属，但其具有许多特殊性能，如导电性和导热性好、密度及熔点较低、力学性能和工艺性能良好，因此它是现代工业特别是国防工业不可缺少的材料。

常用的有色金属有铜与铜合金、铝与铝合金、轴承合金等。

一、铜与铜合金

由于铜与铜合金具有良好的导电性、导热性、抗磁性、耐腐蚀性和工艺性，故它们在电气工业、仪表工业、造船业及机械制造业中得到了广泛应用。铜与铜合金的分类如图 1–3–1 所示。

1. 纯铜（Cu）

纯铜呈紫红色，故又称为紫铜，铜丝如图 1–3–2 所示。

纯铜的密度为 8.96×10^3 kg/m^3，熔点为 1 083 ℃，其导电性和导热性仅次于金和银，是最常用的导电、导热材料。它的塑性非常好，易于冷、热压力加工，在大气及淡水中有良好的耐腐蚀性能，但在含有二氧化碳的潮湿空气中表面会产生绿色铜膜，称为铜绿。

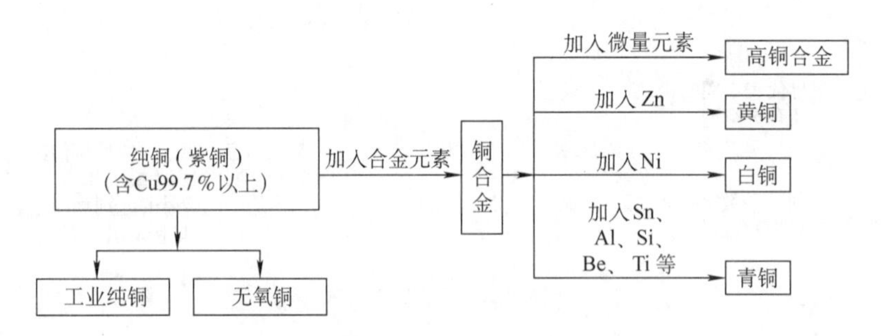

图 1-3-1　铜与铜合金的分类

图 1-3-2　铜丝

纯铜中常含有 0.05%～0.30% 的杂质（主要有铅、铋、氧、硫和磷等），它们对铜的力学性能和工艺性能有很大的影响，一般不用于受力的结构件。常用冷加工方法来制造电线、电缆、铜管以及配制铜合金等。

铜加工产品按化学成分不同可分为工业纯铜和无氧铜两类。我国工业纯铜有 4 个牌号，即一号纯铜、一点五号纯铜、二号纯铜和三号纯铜，其代号分别为 T1、T1.5、T2、T3；无氧铜的含氧量极低，质量分数不大于 0.003%，其代号有 TU00、TU0、TU1、TU2、TU3。

纯铜的牌号、化学成分及用途见表 1-3-1。

表 1-3-1　　纯铜的牌号、化学成分及用途（摘自 GB/T 5231—2022）

组别	代号	牌号	化学成分 /%				用途
			Cu + Ag（最小值）	主要杂质元素			
				Bi	Pb	O	
工业纯铜	T10900	T1	99.95	0.001	0.003	0.02	作为导电、导热、耐蚀的器具材料，如电线、蒸发器、雷管、储藏器等
	T10950	T1.5	99.95	—	—	0.008～0.03	
	T11050	T2	99.90	0.001	0.005	—	
	T11090	T3	99.70	0.002	0.01	—	一般用材，如开关触头、导油管、铆钉

续表

组别	代号	牌号	化学成分 /%				用途
			Cu + Ag（最小值）	主要杂质元素			
				Bi	Pb	O	
无氧铜	C10100	TU00	99.99	0.000 1	0.000 5	0.000 5	真空电子器件、高导电性的导线和元件
	T10130	TU0	99.97	0.001	0.003	0.001	
	T10150	TU1	99.97	0.001	0.003	0.002	
	T10180	TU2	99.95	0.001	0.004	0.003	
	C10200	TU3	99.95	—	—	0.001 0	

2. 铜合金

纯铜强度低，虽然冷加工变形可提高其强度，但塑性显著降低，不能制造受力的结构件。为了满足制造结构件的要求，工业上广泛采用在铜中加入合金元素而制成性能得到强化的铜合金。常用的铜合金有高铜合金、黄铜、白铜和青铜等。

（1）高铜合金

1）高铜合金命名方法。以铜为基体金属，加入一种或几种微量元素以获得某些预定特性的合金称为高铜合金。用于冷、热压力加工的高铜，含铜量一般为 96.0% ~ <99.3%。用于铸造的高铜，一般含铜量大于 94%。

高铜合金以“T+ 第一主添加元素化学符号 + 各添加元素含量（数字间以“–”隔开）”命名。含铬量为 0.50% ~ 1.5%、含锆量为 0.05% ~ 0.25% 的高铜，其牌号如下：

2）常用铍高铜合金。铍高铜的力学性能与含铍量和热处理工艺有关。强度和硬度随含铍量的增加而很快提高，但含铍量超过 2% 以后其提高速度逐渐变缓，塑性却显著降低。铍高铜通过淬火及时效强化后能获得很高的强度和硬度（R_m=1 250 ~ 1 400 MPa，硬度为 40 ~ 50HBW，A=2% ~ 4%），超过其他铜合金的强度。铍高铜不但强度高，而且弹性极限、疲劳强度、耐磨性、耐腐蚀性也都很高，另外，它还具有良好的导电、导热性能，具有耐寒、无磁性、受冲击时不产生火花等一系列优点，是力学、物理、化学综合性能很好的一种铜合金。只是由于价格较贵，限制了它的使用。

铍高铜主要用来制作各种精密仪器中重要的弹性零件，耐腐蚀、耐磨损的零件，航海罗盘仪中重要零件及防爆工具等。常用铍高铜的牌号、化学成分、力学性能及用途见表 1–3–2。

表 1-3-2　常用铍高铜的牌号、化学成分、力学性能及用途（摘自 GB/T 5231—2022）

代号	牌号	化学成分（质量分数）/%								状态①	力学性能			应用举例
		Be	Ni	Al	Si	Fe	Pb	其他	Cu		R_m/MPa	A/%	HV	
T17720	TBe2	1.8 ~ 2.1	0.2 ~ 0.5	0.15	0.15	0.15	0.005	—	余量	T	500	40	90	制造各种精密仪表、仪器中的弹簧和弹性元件，各种耐磨零件以及在高速、高压和高温下工作的轴承、衬套，矿山和炼油厂用的冲击不生火花的工具及各种深冲零件
										L	850	4	250	
T17700	TBe1.7	1.6 ~ 1.85	0.2 ~ 0.4	0.15	0.15	0.15	0.005	Ti: 0.10 ~ 0.25	余量	T	440	50	85	制造各种重要用途的弹簧、精密仪表的弹性元件、敏感元件及承受高变向载荷的弹性元件，可代替 TBe2 牌号的铍高铜
										L	700	3.5	220	
T17710	TBe1.9	1.85 ~ 2.1	0.2 ~ 0.4	0.15	0.15	0.15	0.005	Ti: 0.10 ~ 0.25	余量	T	450	40	90	
										L	750	3	240	
T17715	TBe1.9–0.1	1.85 ~ 2.1	0.2 ~ 0.4	0.15	0.15	0.15	0.005	Ti: 0.10 ~ 0.25 Mg: 0.07 ~ 0.13	余量	T	450	30	87	制造各种重要用途的弹簧、精密仪表的弹性元件、敏感元件及承受高变向载荷的弹性元件，可代替 TBe2 牌号的铍高铜
										L	860	5	174	

① T——退火状态，L——冷变形状态。

（2）黄铜

黄铜是以锌为主加合金元素的铜合金。其具有良好的力学性能，易加工成形，对大气、海水有相当好的耐腐蚀能力，是应用最广的有色金属材料，如图 1-3-3 所示。

黄铜按其所含合金元素的种类可分为普通黄铜和特殊黄铜两类；按生产方式可分为压力加工黄铜和铸造黄铜两类。

常用黄铜的牌号、化学成分、力学性能及用途见表 1-3-3。

图 1-3-3　黄铜的应用

表 1-3-3　常用黄铜的牌号、化学成分、力学性能及用途（摘自 GB/T 5231—2022、GB/T 1176—2013）

组别	牌号	化学成分（质量分数）/%		力学性能			用途
		Cu	其他	R_m/MPa	A/%	HBW	
普通压力加工黄铜	H90	88.0 ~ 91.0	余量 Zn	260/480	45/4	53/130	双金属片、热水管、艺术品、证章
	H68	67.0 ~ 70.0	余量 Zn	320/660	55/3	/150	复杂的冲压件、散热器、波纹管、轴套、弹壳
	H62	60.5 ~ 63.5	余量 Zn	330/600	49/3	56/140	销钉、铆钉、螺钉、螺母、垫圈、夹线板、弹簧
特殊压力加工黄铜	HSn90-1	88.0 ~ 91.0	0.25 ~ 0.75Sn 余量 Zn	280/520	45/5	/82	船舶上的零件、汽车和拖拉机上的弹性套管
	HSi80-3	79.0 ~ 81.0	2.5 ~ 4.0Si 余量 Zn	300/600	58/4	90/110	船舶上的零件、在蒸汽（<250 ℃）条件下工作的零件
	HMn58-2	57.0 ~ 60.0	1.0 ~ 2.0Mn 余量 Zn	400/700	40/10	85/175	弱电电路上使用的零件
	HPb59-1	57.0 ~ 60.0	0.8 ~ 1.9Pb 余量 Zn	400/650	45/16	44/80	热冲压及切削加工零件，如销钉、螺钉、螺母、轴套等
	HAl59-3-2	57.0 ~ 60.0	2.5 ~ 3.5Al 2.0 ~ 3.0Ni 余量 Zn	380/650	50/15	75/155	船舶、电动机及其他在常温下工作的高强度、耐蚀零件

续表

组别	牌号	化学成分（质量分数）/%		力学性能			用途
		Cu	其他	R_m/MPa	A/%	HBW	
铸造黄铜	ZCuZn38	60.0 ~ 63.0	余量 Zn	295/295	30/30	60/70	法兰、阀座、手柄、螺母
	ZCuZn25Al6–Fe3Mn3	60.0 ~ 66.0	4.5 ~ 7.0Al 2.0 ~ 4.0Fe 1.5 ~ 4.0Mn 余量 Zn	600/600	18/18	160/170	耐磨板、滑块、蜗轮、螺栓
	ZCuZn40Mn2	57.0 ~ 60.0	1.0 ~ 2.0Mn 余量 Zn	345/390	20/25	80/90	在淡水、海水及蒸汽中工作的零件，如阀体、阀杆、泵管接头等
	ZCuZn33Pb2	63.0 ~ 67.0	1.0 ~ 3.0Pb 余量 Zn	180/	12/	50/	煤气和给水设备的壳体、仪器的构件

注：1. 压力加工黄铜的力学性能值中，分子数值应在 600 ℃退火状态下测定，分母数值应在 50% 变形程度的硬化状态下测定。

2. 铸造黄铜的力学性能值中，分子采用砂型铸造试样测定，分母采用金属型铸造试样测定。

（3）白铜

白铜是以镍为主加合金元素的铜合金，具有良好的冷、热加工性能，不能进行热处理强化，只能用固溶强化和加工硬化来提高其强度。

白铜具有高的耐腐蚀性和优良的冷、热加工性能，是精密仪器仪表、化工机械、医疗器械及工艺品制造中的重要材料。

白铜的牌号用“B”加含镍量表示，三元以上的白铜用“B”加第二个主添加元素符号及除基元素铜外的成分数字组表示。如 B30 表示含镍量为 30% 的白铜；BMn3–12 表示含镍量为 3%、含锰量为 12% 的锰白铜。

（4）青铜

以铜为基体金属，除锌和镍以外其他元素为主添加元素的合金称为青铜。按主加元素种类的不同，青铜可分为锡青铜、铝青铜、硅青铜和铍青铜等。按生产方式也可将其分为压力加工青铜和铸造青铜两类。常用青铜的牌号、化学成分、力学性能及用途见表 1–3–4。

二、铝与铝合金

铝是一种具有良好导电性、导热性及延展性的轻金属。1 g 铝可拉成 37 m 的细丝，其直径小于 2.5×10^{-5} m；也可展成面积达 50 m^2 的铝箔，其厚度只有 8×10^{-7} m。铝的导电性仅次于银、铜，具有很强的导电能力，被大量用于电气设备和高压电缆。如今铝已被广泛应用于制造金属器具、工具、体育设备等。

铝中加入少量的铜、镁、锰等形成的铝合金，具有坚硬、美观、轻巧耐用、长久不锈的优点，是制造飞机的理想材料。据统计，一架飞机大约有 50 万个用铝合金做的铆钉。用铝与铝合金制造的飞机元件质量约占飞机总质量的 70%；每枚导弹的用铝量占其总质量的 10% ~ 15%。

表 1-3-4　常用青铜的牌号、化学成分、力学性能及用途
（摘自 GB/T 5231—2022、GB/T 1176—2013）

组别	牌号	化学成分（质量分数）/%		力学性能			用途
		第一主加元素	其他	R_m/MPa	A/%	HBW	
压力加工青铜	QSn4-3	3.5 ~ 4.5Sn	2.7 ~ 3.3Zn 余量 Cu	350/350	40/4	60/160	弹性元件、管配件、化工机械中的耐磨零件及抗磁零件
	QSn6.5-0.1	6.0 ~ 7.0Sn	0.1 ~ 0.25P 余量 Cu	$\frac{350 \sim 450}{700 \sim 800}$	$\frac{60 \sim 70}{7.5 \sim 12}$	$\frac{70 \sim 90}{160 \sim 200}$	弹簧、接触片、振动片、精密仪器中的耐磨零件
	QSn4-4-4	3.0 ~ 5.0Sn	3.5 ~ 4.5Pb 3.0 ~ 5.0Zn 余量 Cu	220/250	3/5	80/90	重要的减磨零件，如轴承、轴套、蜗轮、丝杠、螺母等
	QAl7	6.0 ~ 8.0Al	余量 Cu	470/980	3/70	70/154	重要用途的弹性元件
	QAl9-4	8.0 ~ 10.0Al	2.0 ~ 4.0Fe 余量 Cu	550/900	4/5	110/180	耐磨零件，如轴承、蜗轮、齿圈等；在蒸汽及海水中工作的高强度、耐蚀性零件
	QMn5	4.5 ~ 5.5Mn	0.35Fe 0.4Zn 余量 Cu	290/440	3/30	—	用于制作蒸汽机零件和锅炉的各种管接头、蒸汽阀门等高温耐腐蚀零件
	QSi3-1	2.7 ~ 3.5Si	1.0 ~ 1.5Mn 余量 Cu	370/700	3/55	80/180	弹性元件；在腐蚀介质下工作的耐磨零件，如齿轮、蜗轮等
铸造青铜	ZCuSn5Pb5Zn5	4.0 ~ 6.0Sn	4.0 ~ 6.0Zn 4.0 ~ 6.0Pb 余量 Cu	200/200	13/3	60/60	较高负荷、中速的耐磨、耐蚀零件，如轴瓦、缸套、蜗轮等
	ZCuSn10Pb1	9.0 ~ 11.5Sn	0.5 ~ 1.0Pb 余量 Cu	200/310	3/2	80/90	高负荷、高速的耐磨零件，如轴瓦、衬套、齿轮等
	ZCuPb30	27.0 ~ 33.0Pb	余量 Cu			/25	高速双金属轴瓦等
	ZCuAl9Mn2	8.0 ~ 10.0Al	1.5 ~ 2.5Mn 余量 Cu	390/440	20/20	85/95	耐磨、耐蚀零件，如齿轮、蜗轮、衬套等

注：1. 压力加工青铜力学性能数值中，分子应在 600 ℃退火状态下测定，分母应在 50% 变形程度的硬化状态下测定。

2. 铸造青铜力学性能数值中，分子采用砂型铸造试样测定，分母采用金属型铸造试样测定。

铝与铝合金的应用如图 1-3-4 所示。

图 1-3-4　铝与铝合金的应用

1. 铝与铝合金的性能特点

（1）密度小，熔点低，导电性、导热性好，磁化率低

纯铝的密度为 2.72×10^3 kg/m^3，仅为铁的 1/3 左右，熔点为 660.4 ℃，导电性仅次于银、铜、金。铝合金的密度也很低，熔点更低，但导电性、导热性不如纯铝。铝与铝合金的磁化率极低，属于非铁磁材料。

（2）抗大气腐蚀性能好

铝和氧的化学亲和力大，在空气中铝与铝合金表面会很快形成一层致密的氧化膜，可防止内部继续氧化。但在碱和盐的水溶液中，氧化膜易被破坏，因此不能用铝与铝合金制作的容器盛放盐溶液和碱溶液。

（3）加工性能好

纯铝具有较高的塑性（A=30%～50%，Z=80%），易于压力成形加工，并有良好的低温性能。纯铝的强度低，即使经冷形变强化，也不能直接用于制造受力的结构件，而铝合金通过冷成形和热处理，具有低合金钢的强度。

因此，铝与铝合金被广泛应用于电气工程、航天航空、汽车制造等各个领域。

2. 铝与铝合金的分类、代号、牌号和用途

铝与铝合金的分类如图 1-3-5 所示。

（1）纯铝（Al）

纯铝分为未压力加工产品（铸造纯铝）和压力加工产品（变形铝）两种。

根据 GB/T 8063—2017《铸造有色金属及其合金牌号表示方法》的规定，铸造纯铝的牌号由“Z”和铝的化学元素符号以及表明含铝量的数字组成。如 ZA199.5 表示含铝量为 99.5% 的铸造纯铝。根据 GB/T 16474—2011《变形铝及铝合金牌号表示方法》的规定，铝的质量分数不低于 99.00% 的纯铝，其牌号用四位字符体系的方法命名，即用 1××× 表示，牌号的最后两位数字表示铝的最低质量分数（百分数）×100 后的小数点后面两位数字；牌号第二位的字母表示原始纯铝的改型情况，如字母 A 表示原始纯铝。例如，牌号 1A30 表示

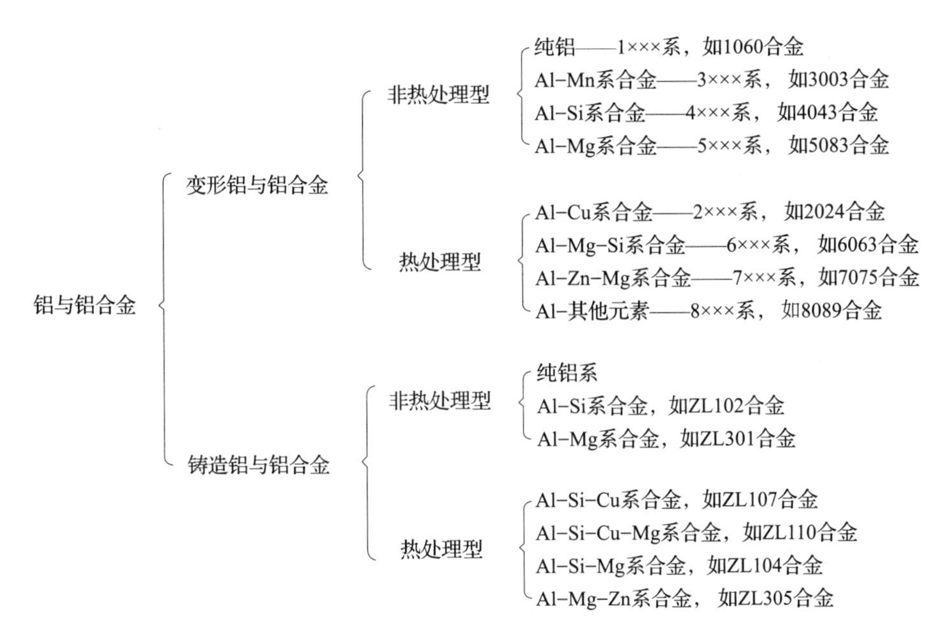

图 1-3-5　铝与铝合金的分类

含铝量为 99.30% 的原始纯铝。若为其他字母（B ~ Y），则表示原始纯铝的改型，与原始纯铝相比，其元素含量略有改变。

变形铝的牌号、化学成分及用途见表 1-3-5。

表 1-3-5　　变形铝的牌号、化学成分及用途

旧牌号	新牌号	化学成分（质量分数）/%		用途
		Al	杂质总量	
L1	1070	99.7	0.3	垫片、电容、电子管隔离罩、电线、电缆、导电体和装饰件
L2	1060	99.6	0.4	
L3	1050	99.5	0.5	
L4	1035	99.0	1.0	
L5	1200	99.0	1.0	不受力而具有某种特性的零件，如电线保护套管、通信系统的零件、垫片和装饰件

（2）铝合金

铝合金根据成分特点和生产方式的不同可分为变形铝合金和铸造铝合金。

变形铝合金根据性能的不同又可分为防锈铝合金、硬铝合金、超硬铝合金和锻铝合金四种。

按国家标准（GB/T 16474—2011）规定，我国变形铝及铝合金采用国际四位数字体系牌号和四位字符体系牌号两种命名方法。化学成分已在国际牌号注册组织注册命名的铝及铝合金，直接采用四位数字体系牌号；国际牌号注册组织未命名的，则按四位字符体系牌号命名。两种牌号命名方法的区别仅在第二位，字符体系牌号第二位为英文大写字母。

1）牌号第一位数字表示铝与铝合金的组别，见表 1-3-6。

表 1-3-6　　铝与铝合金的组别

组别	牌号系列
纯铝（含铝量不小于 99.00%）	1×××
以铜为主要合金元素的铝合金	2×××
以锰为主要合金元素的铝合金	3×××
以硅为主要合金元素的铝合金	4×××
以镁为主要合金元素的铝合金	5×××
以镁和硅为主要合金元素的铝合金	6×××
以锌为主要合金元素的铝合金	7×××
以其他合金元素为主要合金元素的铝合金	8×××
备用合金组	9×××

2）牌号第二位数字（国际四位数字体系）或字母（四位字符体系）表示原始纯铝或铝合金的改型情况。

①数字 0 或字母 A 表示原始纯铝和原始合金。

②如果是 1 ~ 9 或 B ~ Y（C、I、L、N、O、P、Q、Z 八个字母除外）中的一个，则表示改型情况。

③最后两位数字用以标识同一组中不同的铝合金。

常用变形铝合金的牌号、力学性能及用途见表 1-3-7。

表 1-3-7　　常用变形铝合金的牌号、力学性能及用途

（摘自 GB/T 3190—2020、GB/T 16475—2023、GB/T 16474—2011）

类别	代号	牌号	半成品种类	状态	力学性能		用途
					R_m/MPa	A/%	
防锈铝合金	LF2	5A02	冷轧板材 热轧板材 挤压板材	0 H112 0	167 ~ 226 117 ~ 157 ≤ 226	16 ~ 18 6 ~ 7 10	在液体中工作的中等强度的焊接件、冷冲压件和容器、骨架零件等
	LF21	3A21	冷轧板材 热轧板材 挤制厚壁管材	0 H112 H112	98 ~ 147 108 ~ 118 ≤ 167	18 ~ 20 12 ~ 15 —	要求高的塑性和良好的焊接性，在液体或气体介质中工作的低载荷零件，如油箱、油管、液体容器、饮料罐等
硬铝合金	LY11	2A11	冷轧板材（包铝） 挤压棒材 拉挤制管材	0 T4 0	226 ~ 235 353 ~ 373 ≤ 245	12 10 ~ 12 10	各种要求中等强度的零件和构件、冲压的连接部件、空气螺旋桨叶片、局部镦粗的零件（如螺栓、铆钉）
	LY12	2A12	冷轧板材（包铝） 挤压棒材 拉挤制管材	T4 T4 0	407 ~ 427 255 ~ 275 ≤ 245	10 ~ 13 8 ~ 12 10	用量最大，用作各种要求高载荷的零件和构件（但不包括冲压件和锻件），如飞机上的骨架零件、蒙皮、翼梁、铆钉等
	LY8	2B11	铆钉线材	T4	J225	—	铆钉材料

续表

类别	代号	牌号	半成品种类	状态	力学性能		用途
					R_m/MPa	A/%	
超硬铝合金	LC3	7A03	铆钉线材	T6	J284	—	受力结构的铆钉
	LC4 LC9	7A04 7A09	挤压棒材 冷轧板材 热轧板材	T6 0 T6	490 ~ 510 ≤ 240 490	5 ~ 7 10 3 ~ 6	承力构件和高载荷零件，如飞机上的大梁、桁条、加强框、起落架零件等，通常多用以取代 2A12
锻铝合金	LD5	2A50	挤压棒材	T6	353	12	形状复杂、中等强度的锻件和冲压件，内燃机活塞、压气机叶片、叶轮、圆盘以及其他在高温下工作的复杂锻件
	LD7	2A70	挤压棒材	T6	353	8	
	LD8	2A80	挤压棒材	T6	432 ~ 441	8 ~ 10	
	LD10	2A14	热轧板材	T6	432	5	高负荷、形状简单的锻件和模锻件

注：状态符号采用 GB/T 16475—2023 规定代号：0——退火，T4——淬火 + 自然时效，T6——淬火 + 人工时效，H112——热加工。

3. 铸造铝合金

常用铸造铝合金的牌号、化学成分、力学性能及用途见表 1–3–8。

表 1–3–8　　常用铸造铝合金的牌号、化学成分、力学性能及用途（摘自 GB/T 1173—2013）

合金代号	合金牌号	化学成分（质量分数）/%				铸造方法与合金状态	力学性能（不低于）			用途
		Si	Cu	Mg	其他		R_m/MPa	A/%	HBW	
ZL101	ZAlSi7Mg	6.5 ~ 7.5		0.25 ~ 0.45		J、T5 S、T5	202 192	2 2	60 60	工作温度低于 185 ℃的飞机、仪器零件，如汽化器
ZL102	ZAlSi12	10.0 ~ 13.0				J、SB JB、SB T2	153 143 133	2 4 4	50 50 50	工作温度低于 200 ℃，承受低载，要求好的气密性的零件，如仪表、抽水机壳体
ZL105	ZAlSi5Cu1Mg	4.5 ~ 5.5	1.0 ~ 1.5	0.4 ~ 0.6		J、T5 S、T5 S、T6	231 212 222	0.5 1.0 0.5	70 70 70	形状复杂、在 225 ℃以下工作的零件，如风冷发动机的气缸头、油泵体、机壳

续表

合金代号	合金牌号	化学成分（质量分数）/%				铸造方法与合金状态	力学性能（不低于）			用途
		Si	Cu	Mg	其他		R_m/MPa	A/%	HBW	
ZL108	ZAlSi12Cu2Mg1	11.0～13.0	1.0～2.0	0.4～1.0	0.3～0.9 Mn	J、T1 J、T6	192 251	— —	85 90	有高温、高强度及低膨胀系数要求的零件，如高速内燃机活塞等耐热零件
ZL201	ZAlCu5Mn		4.5～5.3		0.6～1.0 Mn 0.15～0.35 Ti	S、T4 S、T5	290 330	8 4	70 90	在175～300 ℃温度下工作的零件，如内燃机气缸、活塞、支臂
ZL202	ZAlCu10		9.0～11.0			S、J S、J、T6	104 163	— —	50 100	形状简单、要求表面光滑的中等承载零件
ZL301	ZAlMg10			9.0～11.5		J、S、T4	280	9	60	在大气或海水中工作，工作温度低于150 ℃，承受大振动载荷的零件
ZL401	ZAlZn11Si7	6.0～8.0		0.1～0.3	9.0～13.0 Zn	J、T1 S、T1	241 192	1.5 2	90 80	工作温度低于200 ℃，形状复杂的汽车、飞机零件

注：铸造方法与合金状态的符号：J——金属型铸造，S——砂型铸造，SB——变质处理，T1——人工时效（不进行淬火），T2——290 ℃退火，T4——淬火＋自然时效，T5——淬火＋不完全时效（时效温度低或时间短），T6——淬火＋人工时效（180 ℃以下，时间较长）。

§1-4 工程材料和复合材料

课堂讨论

塑料自20世纪研制成功以来，已经广泛应用于人们的日常生活，如下图所示的保鲜膜、玩具、手机外壳、自来水管等均为塑料制件。请结合你在实际生活中的经验，谈谈对塑料的认识，并描述其特点。

一、工程塑料

工程塑料是指能承受一定外力作用，并有良好的机械性能和尺寸稳定性，在高、低温下仍能保持其优良性能，可以制造工程结构件的塑料。

常用工程塑料的分类、特性和应用见表 1–4–1。

表 1–4–1　　常用工程塑料的分类、特性和应用

分类	名称	代号	主要特性	应用	图示
热塑性工程塑料	聚乙烯	PE	具有良好的耐腐蚀性和电绝缘性。高压聚乙烯的柔软性、透明性较好，低压聚乙烯的强度高，耐磨性、耐腐蚀性、绝缘性良好	高压聚乙烯常用于制造薄膜、软管、塑料瓶等。低压聚乙烯多用于制造塑料管、塑料板、塑料绳，以及承载不高的零件，如齿轮、轴承等	低压聚乙烯轴承
	聚丙烯	PP	强度高，密度小，耐热性良好，电绝缘性和耐腐蚀性优良；韧性差，不耐磨，易老化	用于制造法兰、齿轮、风扇叶轮、泵叶轮、把手、电视机壳体以及化工管道、医疗器械等	叶轮
	聚碳酸酯	PC	抗拉、抗弯强度高，韧性及抗蠕变性好，耐热、耐寒、绝缘性好，尺寸稳定性较高，透明度高，吸水性小，易加工成形，化学稳定性差	用于制造垫圈、垫片、套管、电容器等绝缘件，以及仪表外壳、护罩，航空和宇航工业中的信号灯、挡风玻璃、座舱罩、帽盔等	垫圈

续表

分类	名称	代号	主要特性	应用	图示
热塑性工程塑料	聚氯乙烯	PVC	具有较高的强度和较好的耐腐蚀性。软质聚氯乙烯的伸长率高，制件柔软，耐腐蚀性和电绝缘性良好	用于制造废气排污排毒塔、气体液体输送管、离心泵、通风机、接头；软质PVC常用于制造薄膜、雨衣、耐酸碱软管、电缆包皮、绝缘层等	气体液体输送管
	聚酰胺	PA	具有韧性好、耐磨、耐疲劳、耐油、耐水等综合性能，但吸水性强，成形收缩不稳定	用于制造一般机械零件，如轴承、齿轮、蜗轮、铰链等	齿轮
热固性工程塑料	聚砜	PSF	具有良好的耐寒、耐热、抗蠕变及尺寸稳定性，耐酸、碱和高温蒸汽，可在-65～150 ℃下长期工作	用于制造耐蚀、减磨、耐磨、绝缘零件，如齿轮、凸轮、仪表外壳和接触器等	聚砜管流量计
	聚乙烯-丁二烯-丙烯腈（ABS塑料）	ABS	兼有三组元的性能，坚韧，质硬，刚度高。同时，耐热、耐蚀，尺寸稳定性好，易于成形加工	用于制造一般机械的减磨、耐磨件，如齿轮、手机壳、转向盘、凸轮等	手机壳

续表

分类	名称	代号	主要特性	应用	图示
热固性工程塑料	聚四氟乙烯（塑料王）	PTFE	耐腐蚀性好，耐高、低温性能优良，吸水性小；硬度、强度低，抗压强度不高，成本较高	用于制造减磨密封零件、化工耐蚀零件与热交换器以及高频或潮湿条件下的绝缘材料，如化工管道、电气设备、腐蚀介质过滤器、生料带等	生料带
	环氧塑料	EP	强度较高，韧性较好，电绝缘性优良，化学稳定性和耐有机溶剂性好。因填料不同，性能也有所不同	用于制造塑料模具、精密量具、电工电子元件及线圈的灌封与固定等	环氧灌封安全隔离变压器
	酚醛塑料	PF	采用木屑作填料的酚醛塑料俗称“电木”。具有优良的耐热性、绝缘性、化学稳定性、尺寸稳定性和抗蠕变性，这些性能均优于热塑性工程塑料	用于制造一般机械零件、绝缘件、耐蚀件及水润滑零件	灯座

提示

塑料以树脂为主要组分，通过加入一些用来改善其使用性能和工艺性能的添加剂而制成。因其通常在加热、加压条件下塑制成型，故称为塑料。按树脂的性质不同，可分为热塑性塑料和热固性塑料。热塑性塑料是指在特定温度范围内能反复加热软化和冷却硬化的塑料；热固性塑料是指因受热或其他条件能固化成不熔、不溶性物料的塑料。

二、复合材料

复合材料是以一种材料为基体、另一种材料为增强体组合而成的材料。各种材料在性能上互相取长补短，产生协同效应，因此复合材料的综合性能优于原组成材料而满足各种不同要求。

1. 复合材料的分类

复合材料是一种混合物，按其组成可分为金属与金属复合材料、非金属与金属复合材料、非金属与非金属复合材料，按其结构特点可分为纤维复合材料、夹层复合材料、细粒复合材料和混杂复合材料。

2. 常用复合材料的性能与应用

纤维复合材料是复合材料中发展最快、应用最广的材料之一。目前，常用的纤维复合材料有以下两种：

（1）玻璃纤维 – 树脂复合材料

它是以玻璃纤维和热塑性树脂复合而成的玻璃纤维增强材料，比普通塑料具有更高的强度和韧性。其增强效果因树脂的不同而有所差异，以聚酰胺的增强效果最为显著。聚碳脂、聚乙烯和聚丙烯的增强效果也较好。

玻璃钢是一种玻璃纤维 – 树脂复合材料。玻璃钢的密度只有钢的 1/5 ~ 1/4，且强度较高，接近铜和铝合金。此外，它有较好的耐腐蚀性和抗烧蚀性。玻璃钢的主要缺点是弹性模量小，只有钢的 1/10 ~ 1/5。用玻璃钢作受力构件材料时，往往其强度有余，而刚度不足。

玻璃钢常用于制造要求自重轻的构件，如汽车、农机和机车车辆上的受热构件、电气绝缘零件，以及船舶壳件、氧气瓶、石油化工的管道和阀门等。如图 1–4–1 所示为玻璃钢汽车模型。

图 1–4–1　玻璃钢汽车模型

（2）碳纤维 – 树脂复合材料

碳纤维通常和环氧树脂、酚醛树脂、聚四氟乙烯等组成复合材料，它除具有玻璃钢的许多优点外，还有许多性能优于玻璃钢。它的强度和弹性模量均超过铝合金，而接近高强度钢，密度比玻璃钢还小，具有优良的耐磨、减磨性及自润性、耐腐蚀性、耐热性。在机械工业中常用于承载零件和耐磨件，如连杆、活塞、齿轮和轴承等。此外，还用于耐蚀件，如管道、泵和容器等。

资料卡片

木塑复合材料

木塑复合材料是指利用聚乙烯等代替树脂胶黏剂，与植物纤维混合成新的木质材料，再经挤压等加工工艺生产出的板材或型材。木塑复合材料具有环保、节能、防水、可锯、可刨、可上漆等特点，并兼有木材和塑料的双重优点。

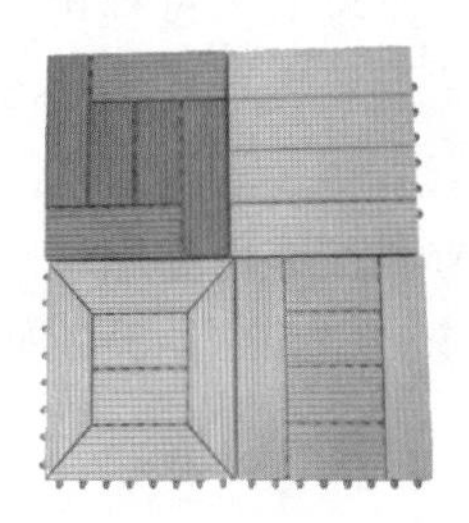

木塑复合材料制件

§1-5 钢的热处理

一、金属材料热处理概述

做一做

将一根直径为 1 mm 左右的弹簧钢丝剪成两段，用酒精灯同时加热到赤红色，然后分别放入水中和空气中冷却，冷却后用手弯折。

对比观察会发现，两根钢丝的性能发生了很大的变化：放在水中冷却的钢丝硬而脆，很容易折断；而放在空气中冷却的钢丝较软且有较好的塑性，可以卷成圆圈而不断裂。

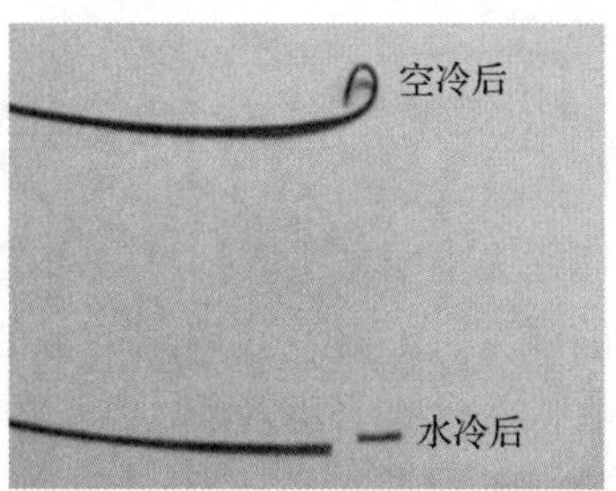

虽然钢的成分相同，加热温度也相同，但采用不同的冷却方法却得到了不同的力学性能。这主要是因为加热到一定温度后，在冷却速度不同的情况下，钢的内部组织发生了不同变化。

钢的加热和冷却条件不同，其内部组织发生的变化不同，得到的性能也就不同，所以通过热处理可以使钢更广泛地适应和满足不同加工方法及使用性能的要求。

1. 热处理的定义

热处理是采用适当的方式对固态金属材料进行加热、保温和冷却，以获得所需要的组织结构与力学性能的工艺。热处理工艺过程可用以“温度 – 时间”为坐标的曲线图来表示。图 1–5–1 所示的曲线为热处理工艺曲线。

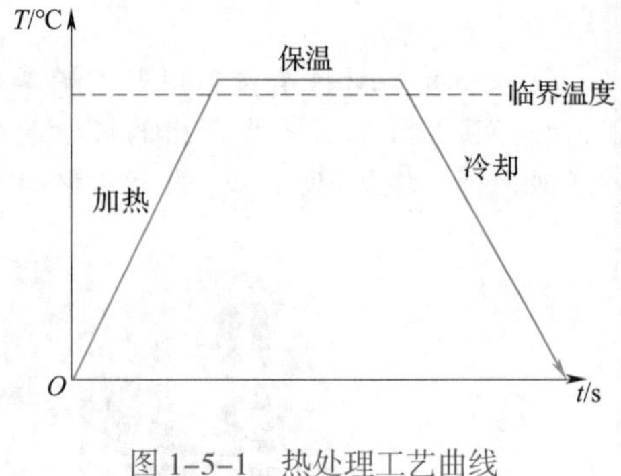

图 1–5–1　热处理工艺曲线

2. 热处理的分类、作用和原理

常用热处理的分类如图 1–5–2 所示。

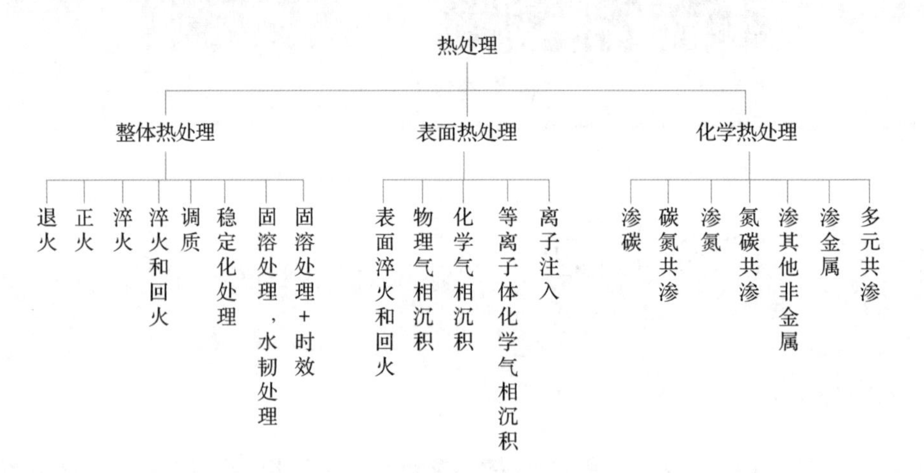

图 1–5–2　热处理的分类

通过恰当的热处理，不仅可以充分发挥材料的性能潜力，提高和改善其使用性能和工艺性能，而且能够延长零件的使用寿命，提高产品质量和经济效益。与铸造、压力加工、焊接和切削加工等不同，热处理不改变工件的形状和尺寸，只改变其性能，如提高材料的强度、硬度和耐磨性，改善材料的塑性、韧性和加工性能等。因此，热处理在机械制造业中应用极为广泛。

热处理之所以能使钢的性能发生变化，是因为钢在加热和冷却过程中内部组织发生了变化。

二、常用的热处理方法

不同的热处理方法主要是指根据材料和零件不同的性能要求，将要进行热处理的材料或零件加热到不同的温度，经过一定时间的保温后，再采用不同的方法控制零件的冷却速度，以获得相应的性能和组织的工艺方法。

1. 退火与正火

退火与正火热处理通常是在对钢进行机械加工前，为改善材料的冲压、切削等工艺性能，以及调整材料内部的组织状态而进行的一种预备热处理工艺。不同成分的钢进行退火与正火时，加热的温度和冷却的方式也有所不同。图 1–5–3 所示为钢的退火与正火热处理工艺曲线，退火与正火的方法、特点及应用见表 1–5–1。

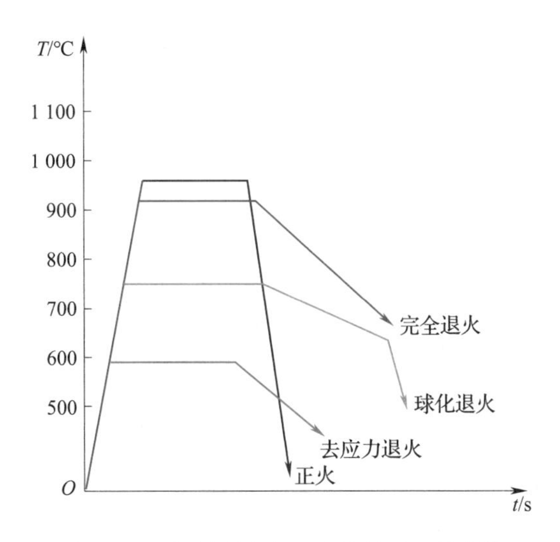

图 1-5-3　钢的退火与正火热处理工艺曲线

表 1-5-1　　退火与正火的方法、特点及应用

类型	方法	特点	应用
退火	将钢加热到适当温度，保持一定时间，然后缓慢冷却（一般随炉冷却）	改善金属的塑性和韧性，使化学成分均匀化，去除残余应力或得到预期的力学性能	根据加热温度和目的的不同，常用的退火方法有完全退火、球化退火和去应力退火三种 完全退火主要用于中碳钢及低、中碳合金结构钢的锻件、铸件、热轧型材等，有时也用于焊接件 球化退火用于碳素工具钢、合金工具钢、滚动轴承钢等 去应力退火用于消除毛坯、构件和零件的内应力
正火	将钢加热到一定温度，保温适当时间后在空气中冷却	正火的冷却速度比退火快，故正火后得到的组织比较细密，强度、硬度比退火钢高	对于低、中碳合金结构钢，正火的主要目的是细化晶粒、均匀组织、提高力学性能，另外还可以起到调整硬度、改善切削加工性能的作用 对于力学性能要求不高的普通结构件，正火可作为最终热处理 对于高碳的过共析钢，正火的主要目的是改善组织，为球化退火和淬火做准备

2. 淬火与回火

（1）淬火

淬火是将钢加热到适当温度，经保温后快速冷却，以提高钢的强度、硬度和耐磨性的工艺方法。

淬火是热处理工艺过程中最重要、最复杂的工艺之一。淬火时如果冷却速度快，容易使工件产生变形及裂纹；如果冷却速度慢，则达不到所要求的硬度。另外，加热温度和保温时间也会影响工件的最终质量。因此，淬火常常是决定产品最终质量的关键。根据淬火时加热和冷却方法的不同，淬火可分为单液淬火、双介质淬火、分级淬火和等温淬火四种，其方法、特点及应用见表 1-5-2。

表 1–5–2　淬火的方法、特点及应用

类型	方法	特点	应用
单液淬火	将加热好的钢直接放入单一的淬火介质中冷却到室温。非合金钢一般用水冷淬火，合金钢可用油冷淬火	冷却特性不够理想，容易导致硬度不足或开裂等缺陷	主要应用于外形简单、尺寸较小的工件
双介质淬火	将钢先浸入冷却能力强的介质中，在组织还未开始转变时再迅速浸入另一种冷却能力弱的介质中，缓冷到室温	淬火内应力小，工件变形和开裂小，操作困难，不易掌握	主要应用于碳素工具钢制造的易开裂的较小工件，如丝锥等
分级淬火	将加热好的钢先浸入接近钢的组织转变温度的液态介质中，保持适当时间，待钢件的内外层都达到介质温度后取出空冷	淬火内应力小，工件不易变形和开裂	主要应用于淬透性好的合金钢或截面不大、形状复杂的非合金钢工件
等温淬火	将加热好的钢先快冷到组织转变温度区间（260～400 ℃），然后等温保持，使其转变为所需的理想组织	工件能获得较高的强度和硬度、较好的耐磨性和韧性，显著减小淬火内应力和淬火变形	常用于各种中、高碳工具钢和低碳合金钢制造的形状复杂、尺寸较小、韧性要求较高的模具、成形刀具等

（2）回火

回火是将淬火后的钢重新加热到某一较低温度，保温后再冷却到室温的热处理工艺。

钢淬火后的组织处于不稳定状态，会自发地向稳定组织转变，从而引起工件变形甚至开裂。因此，淬火后必须马上进行回火处理，以稳定组织，消除内应力，防止工件变形、开裂，并获得所需的力学性能。由于钢最后的组织和性能由回火温度决定，所以生产中一般以工件所需的硬度来决定回火温度。根据回火温度的不同，回火可分为低温回火、中温回火和高温回火三种，其特点及应用见表 1–5–3。

表 1–5–3　回火的特点及应用

类型	加热温度 /℃	特点	应用
低温回火	150～250	具有高的硬度、耐磨性和一定的韧性，硬度为 58～64HRC	用于刀具、量具、冷冲模以及其他要求高硬度、高耐磨性的零件
中温回火	350～500	具有高的弹性极限、屈服强度和适当的韧性，硬度为 40～50HRC	主要用于弹性零件及热锻模具等
高温回火	500～650	具有良好的综合力学性能（足够的强度与高的韧性相配合），硬度为 200～330HBW	广泛用于重要的受力构件，如丝杠、螺栓、连杆、齿轮、曲轴等

提示

生产中把淬火与高温回火相结合的热处理工艺称为“调质”。工件调质后可获得良好的综合力学性能，不但强度较高，而且有较好的塑性和韧性，这就为零件在工作中承受各种复杂载荷提供了有利条件。因此，重要的受力复杂的结构件均需采用调质处理。

3. 时效处理

时效处理是将经冷塑性变形或铸造、锻造及粗加工后的金属工件，在较高的温度环境下或保持室温放置，使其性能、形状、尺寸随时间而发生缓慢变化的热处理工艺。时效处理的目的是消除工件的内应力，稳定组织和尺寸，改善力学性能等。

（1）将工件加热到一定温度（100 ~ 150 ℃），并在较短时间（5 ~ 20 h）内进行的时效处理，称为人工时效处理。

（2）将工件置于室温或自然条件下，通过长时间（几天甚至几年）存放而进行的时效处理，称为自然时效处理。

三、钢的表面热处理和化学热处理

1. 表面热处理

表面热处理常用的方法是表面淬火。表面淬火是一种仅对工件表层进行淬火的热处理工艺。其原理是通过快速加热，仅使钢的表层达到红热状态，在热量尚未充分传到零件内部时就立即予以冷却，它不改变钢的表层化学成分，但改变表层组织。表面淬火只适用于中碳钢和中碳合金钢。

表面淬火的关键是必须有较快的加热速度。目前，表面淬火的方法很多，如火焰加热表面淬火、感应加热表面淬火、电接触加热表面淬火、激光加热表面淬火等。生产中最常用的方法是火焰加热表面淬火和感应加热表面淬火。

（1）火焰加热表面淬火

火焰加热表面淬火是应用氧 – 乙炔（或其他可燃气体）火焰对零件表面进行快速加热，并使其快速冷却的工艺，如图 1–5–4 所示。

淬硬层深度一般为 2 ~ 6 mm。这种方法的特点：加热温度及淬硬层深度不易控制，容易导致过热和加热不均现象，淬火质量不稳定。但这种方法不需要特殊设备，故适用于单件或小批生产。

（2）感应加热表面淬火

感应加热表面淬火是利用感应电流在工件表层所产生的热效应使工件表面受到局部加热，并进行快速冷却的工艺，如图 1–5–5 所示。

与火焰加热表面淬火相比，感应加热表面淬火具有如下特点：

1）加热速度快，零件由室温加热到淬火温度仅需几秒（s）到几十秒（s）的时间。

2）淬火质量好，硬度比普通淬火高 2 ~ 3HRC。

3）淬硬层深度易于控制，淬火操作易实现机械化和自动化，但其设备较复杂、成本高，故适用于大批生产。

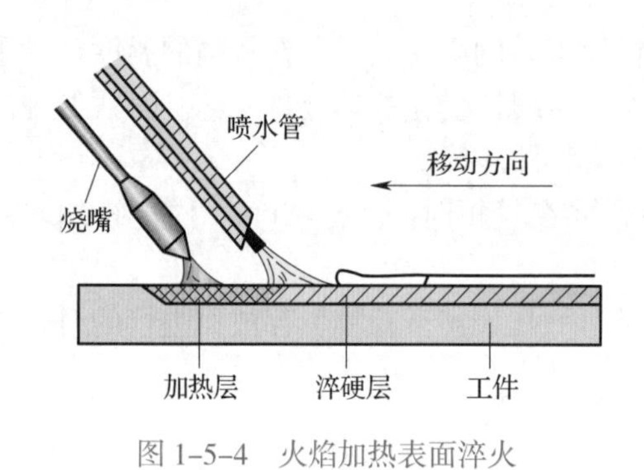

图 1–5–4　火焰加热表面淬火

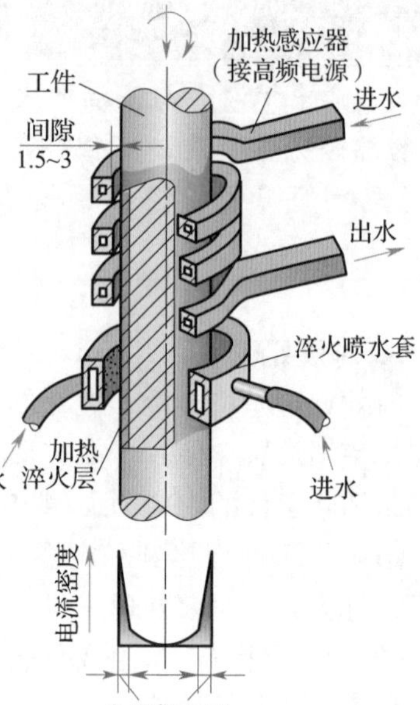

图 1–5–5　感应加热表面淬火

2. 化学热处理

化学热处理是将工件置于一定温度的活性介质中较长时间保温，使一种或几种元素渗入其表层，以改变其化学成分、组织和力学性能的热处理工艺。与其他热处理工艺相比，化学热处理不仅改变了钢的组织，而且使其表层的化学成分发生了变化，因而能够更加有效地改变零件表层的性能。根据渗入元素的不同，常用的化学热处理有渗碳、渗氮、碳氮共渗等，其方法、特点及应用见表 1–5–4。

表 1–5–4　常用化学热处理的方法、特点及应用

类型	方法	特点	应用
渗碳	使碳原子渗入工件的表层	使低碳钢工件具有高碳钢的表层，再经过淬火和低温回火，使工件表层具有较高的硬度和耐磨性，而工件的中心部分仍然保持着低碳钢的韧性和塑性	主要用于低碳钢或低碳合金钢制造的要求耐磨的零件
渗氮	在一定温度下和一定介质中使氮原子渗入工件表层	渗氮温度比较低，因而工件畸变较小，但渗层较浅，心部硬度较低	主要用于重要和复杂的精密零件，如精密丝杠、镗杆、排气阀、精密机床的主轴等
碳氮共渗	向工件的表层同时渗入碳和氮	渗碳与渗氮工艺的结合，既能达到渗碳的深度，又能达到渗氮的硬度，综合性能较好	应用广泛，常用于汽车和机床上的齿轮、蜗杆和轴类零件等

四、典型零件的热处理工艺过程

1. 热处理技术条件

在零件图的技术要求里常常能够看到有关热处理工艺要求的表述，如图 1–5–6 所示汽车变速齿轮的技术要求：齿面渗碳层深度为 0.8 ~ 1.3 mm，齿面硬度为 58 ~ 62HRC，心部硬度为 33 ~ 48HRC。这些对零件在热处理后的组织、力学性能等方面的要求，统称为热处理技术条件。

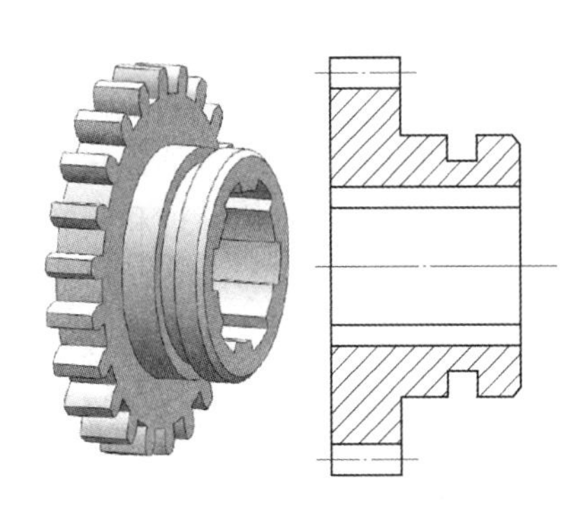

技术要求
1. 齿面渗碳层深度为0.8~1.3。
2. 齿面硬度为58~62HRC。
3. 心部硬度为33~48HRC。

图 1–5–6　汽车变速齿轮

2. 热处理工序位置的安排

零件的加工是按一定的工艺路线进行的，要想达到相关的热处理技术条件，则必须合理安排热处理的工序位置。根据热处理的目的和工序位置的不同，热处理可分为预备热处理和最终热处理两大类。

如汽车变速齿轮的加工工艺安排如下：

毛坯锻造→正火→机械加工→渗碳→淬火 + 低温回火→磨齿（精加工）

汽车变速齿轮加工中热处理工序的作用见表 1–5–5。

表 1–5–5　汽车变速齿轮加工中热处理工序的作用

热处理名称	性质	加热温度 /℃	作用
正火	预备热处理	855 ~ 875	消除毛坯的锻造应力；降低硬度，改善切削加工性能，并为以后的热处理做好组织准备
渗碳	最终热处理	900 ~ 950	保证齿面的含碳量在 0.85% 以上，渗碳安排在齿面粗加工之后，并根据精加工后的余量确定渗层深度
淬火 + 低温回火		760 ~ 780	使工件表面获得足够的硬度，经回火后可达 58 ~ 62HRC；心部获得较高的强度和韧性，硬度达 33 ~ 48HRC
		200 ~ 220	

提示

热处理工序选择和安排是否合理，将会直接影响工件能否正常加工以及产品质量和性能。许多零件不合格，不是因为加工手段达不到要求，而是因为热处理工艺出现了问题。

五、热处理的新技术和新工艺

课堂讨论

传统的热处理工艺往往存在高能耗和高污染的现象，而且质量不易控制。怎样才能改变这种局面呢？

热处理的新技术和新工艺是指在进行零件的热处理时，能有效提高热处理的质量及生产率、节约能源、降低成本、减少环境污染等的技术和工艺。目前，热处理技术发展的主流是推广与完善自动控制技术的应用，改善加热和冷却方式，开发性能完善的冷却介质。比较典型的热处理新技术有热处理自动控制、流态层热处理、激光热处理和真空热处理等。

1. 热处理自动控制

目前，在一些先进的热处理车间已实现通过计算机对热处理的工艺过程进行全程控制。只要预先将热处理工艺信息存入计算机中，不但可以调用程序或自动选定工艺程序进行热处理整个流程的控制，还能对热处理过程中的参数进行动态自动控制，使炉温、气压、渗碳气氛、流量等工艺参数保持在给定值范围内。在各种传感器将测定的参数值传给计算机后，计算机会按照给定的最优化工艺数学模型进行运算、分析和处理，以自动调整工艺参数，实现最优化的综合控制。

2. 流态层热处理

流态层热处理又称流动层热处理，是一种操作方便、容易维护、无公害的热处理方法，其原理如图 1–5–7 所示。

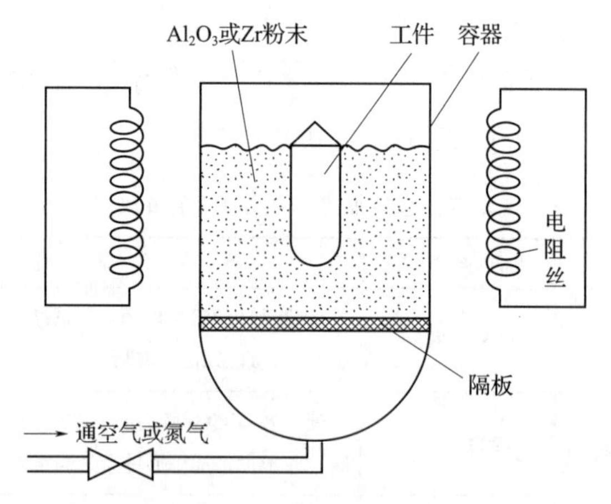

图 1–5–7　流态层热处理原理

工件放于流动粒子炉内进行热处理时，在炉内带有微孔的隔板上撒一层 Al_2O_3 或 Zr 粉末（很细小的粒子），将工件置于粉末之中。当电阻丝对粉末进行加热时，可从炉底部送进气体。随着气流增大，细小的粒子会被气流托起并开始相互冲击、混合，像气体一样自由流动起来，形成流态层。这种用流态化的固体粒子作为加热或冷却介质的热处理炉就是流态粒子炉。这种流动的细小粒子（粉末）导热性好，加热迅速、均匀，并能准确控制温度，因此工件在热处理时变形与开裂倾向大大减小。

目前，利用这种热处理方法不仅能送入各种气氛进行渗碳、渗氮，还能用来代替熔盐、空气、水和油的冷却。其冷却速度虽比液态介质稍低，但能自由调节温度，便于实现自动控制，因此，其在分级淬火、等温淬火和高速钢淬火等方面也有良好的应用效果。

3. 激光热处理

激光热处理是利用激光束的高密度能量快速加热工件表面，然后依靠工件本身的导热冷却使其淬火的工艺过程。目前，使用最多的加热装置是 CO_2 激光器。激光热处理后得到的淬硬层是极细的组织，比高频淬火后的组织具有更高的硬度、耐磨性和疲劳强度。激光热处理后变形量很小，仅为高频淬火变形的 1/10 ~ 1/3，解决了易变形件淬火难的问题。

4. 真空热处理

真空热处理是将工件置于 0.013 3 ~ 1.33 Pa 的真空介质中加热、保温并冷却的工艺过程。真空热处理可防止工件的氧化与脱碳，并能使工件表面氧化物、油脂迅速分解，得到光亮的表面。真空热处理还具有脱气作用，使钢中的氢、氮及氧化物分解逸出，并可减少工件的变形。真空热处理不仅可用于真空退火、真空淬火，还可用于真空化学热处理，如真空渗碳等。

第2章

钳加工基础

课堂讨论

根据生活经验，讨论下图中的工人在进行什么加工操作。在什么时候会用到这些加工方法?

一、认识钳工

1. 钳工的工作任务

钳工技术是机械制造中最传统的一种金属加工技术，19世纪以后，虽然由于各种机床的发展和普及，大部分钳工作业逐步实现了机械化和自动化，但是在机械制造过程中钳工仍是被广泛应用的基本技能。在实际生产过程中，钳工主要承担的工作任务有：

（1）加工零件

一些采用机械加工方法不适宜或无法完成的加工，如零件加工过程中的划线、精密加工（如刮削、研磨、锉削样板等），以及检验和修配等，都可由钳工来完成。

（2）装配

把零件按机械设备的装配技术要求进行组件、部件装配和总装配，并经过调整、检验和试车等，使之成为合格的机械设备。

（3）维修与管理设备

当机械设备在使用过程中发生故障、出现损坏或长期使用后精度降低而影响使用时，要由钳工进行维护或修理。

（4）制造和维修工具、夹具等

制造和维修各种工具、夹具、量具、模具及专用设备。

2. 钳工的种类

随着机械工业的发展，钳工的工作范围越来越广泛，需要掌握的技术理论知识和操作技能也越来越复杂，于是产生了专业性分工，以适应不同工作的需要。按工作内容的性质划分，钳工主要分为三类。

（1）普通钳工

普通钳工是使用钳工工具或设备（如钻床），按技术要求对工件进行加工、修整、装配的人员，主要从事机器或部件的装配、调整工作和一些零件的钳加工等操作。

（2）机修钳工

机修钳工是使用工具、量具及辅助设备对各类设备进行安装、调试和维修的人员，主要从事各种机械设备的维护和修理等工作。

（3）工具钳工

工具钳工是使用钳工工具及设备对工装、工具、量具、刀具、辅具、检具、模具进行制造、装配、检验和修理的人员，主要从事工具、模具、刀具的制造和修理等工作。

二、钳工的常用工具

钳工的常用工具有划线工具、錾削工具、锉削工具、锯削工具、孔加工工具、攻螺纹工具、套螺纹工具、刮削工具、扳手和旋具等，见表 2–1–1。

表 2–1–1 钳工常用工具

名称	图示
划线工具	 划线盘 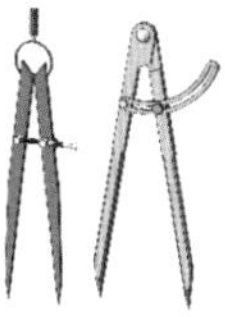　划规 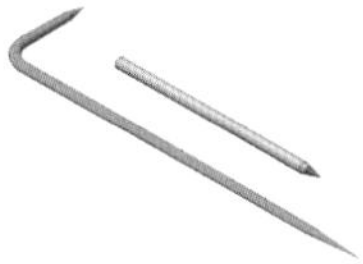　划针 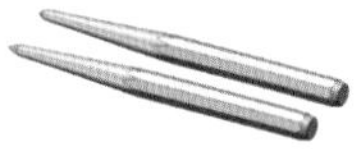　样冲 　划线平板
錾削工具	 锤子 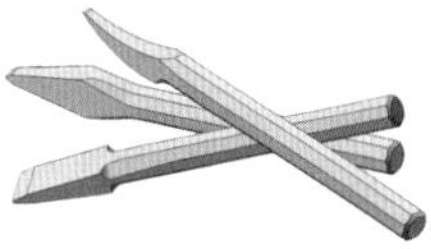　錾子
锉削工具	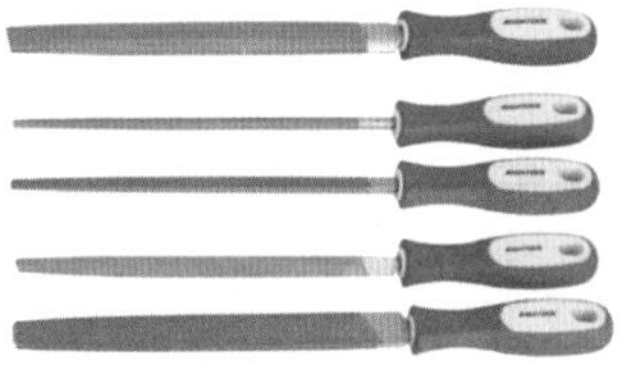 锉刀

续表

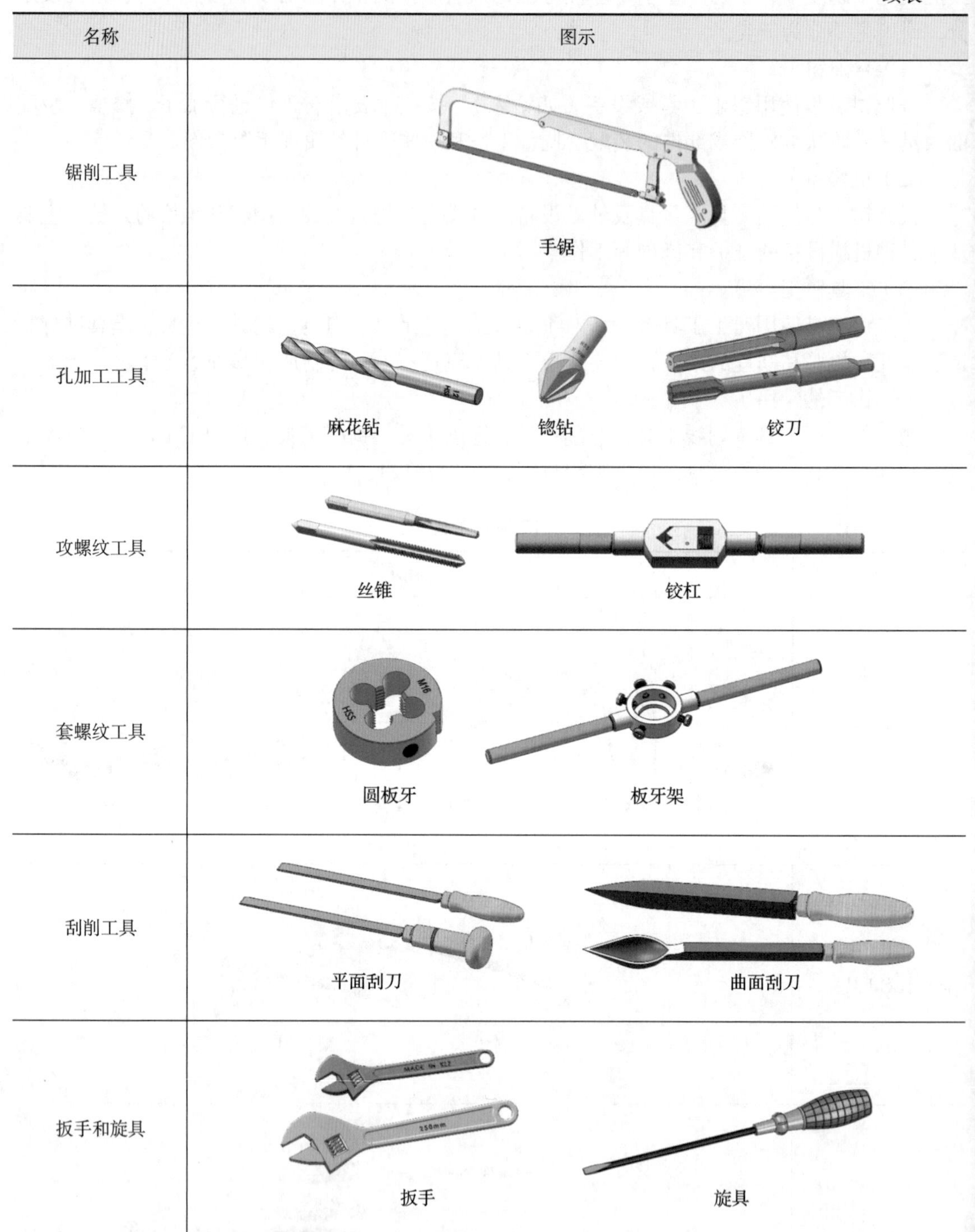

名称	图示
锯削工具	手锯
孔加工工具	麻花钻 锪钻 铰刀
攻螺纹工具	丝锥 铰杠
套螺纹工具	圆板牙 板牙架
刮削工具	平面刮刀 曲面刮刀
扳手和旋具	扳手 旋具

三、钳工工作的基本设备

1. 钳工工作台

钳工工作台又称钳桌，是钳工专用的工作台，用于安装台虎钳并放置工件、工具等，如图 2–1–1 所示。

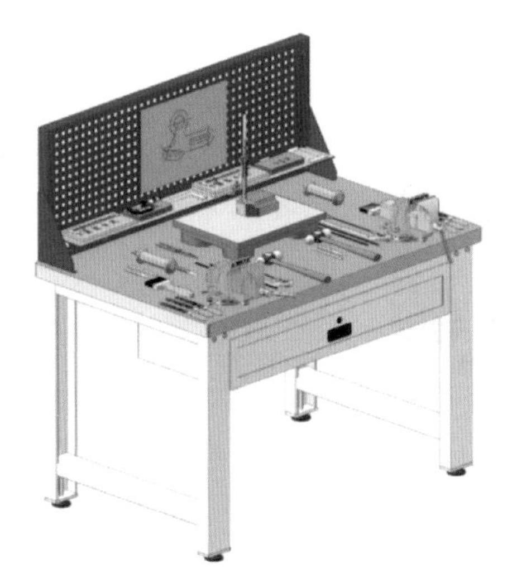

图 2-1-1　钳工工作台

2. 钻床

钻床是用来对工件进行孔加工操作的设备，有台式钻床、立式钻床和摇臂钻床三种，如图 2-1-2 所示。钳工广泛使用的是台式钻床。

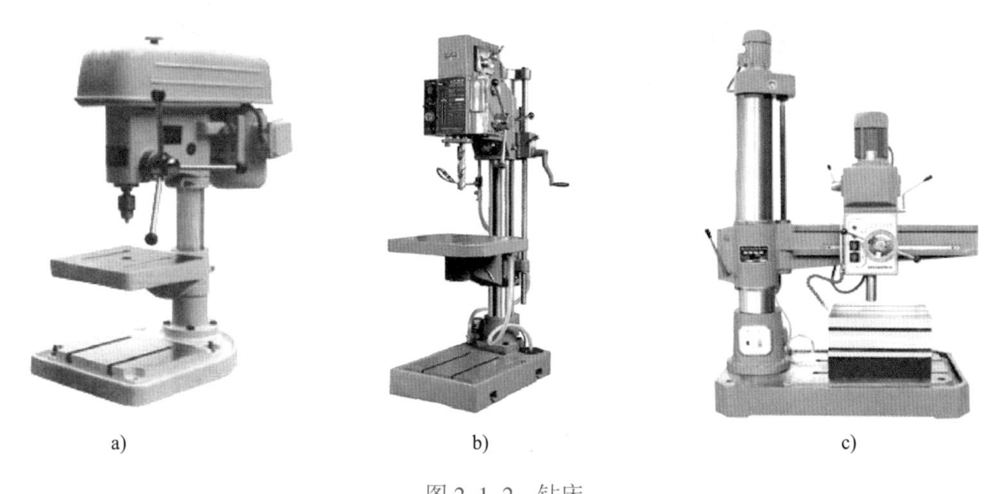

a)　　b)　　c)

图 2-1-2　钻床

a）台式钻床　b）立式钻床　c）摇臂钻床

3. 砂轮机

砂轮机主要用来刃磨錾子、麻花钻和刮刀等刀具或其他工具，也可用来磨去工件或材料上的毛刺、锐边、氧化皮等。钳工常用的砂轮机有台式砂轮机和立式砂轮机等，如图 2-1-3 所示。

4. 台虎钳

台虎钳是用来夹持工件的通用夹具，有固定式和回转式两种类型，如图 2-1-4 所示。

回转式台虎钳的结构如图 2-1-5 所示，其上半部分能围绕转座 9 做 360° 的旋转，便于调整工作位置，应用广泛。

a)

b)

图 2-1-3　砂轮机

a）台式砂轮机　b）立式砂轮机

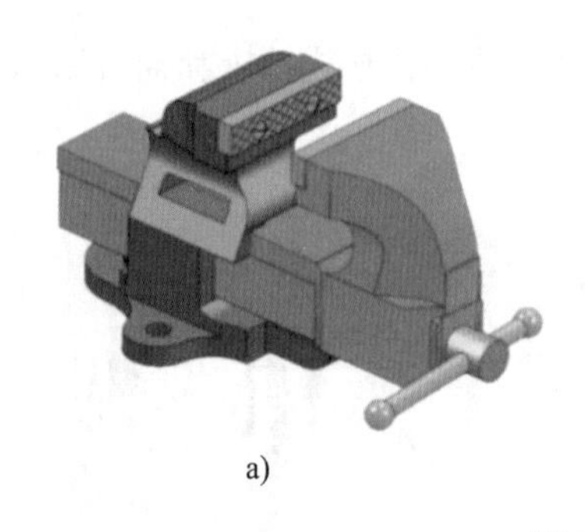

a)

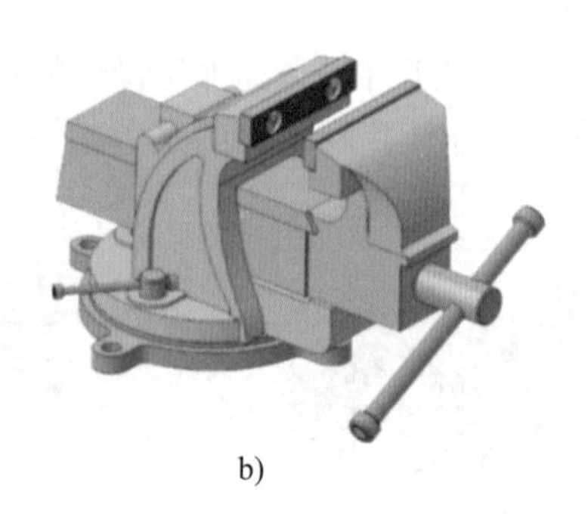

b)

图 2-1-4　台虎钳

a）固定式台虎钳　b）回转式台虎钳

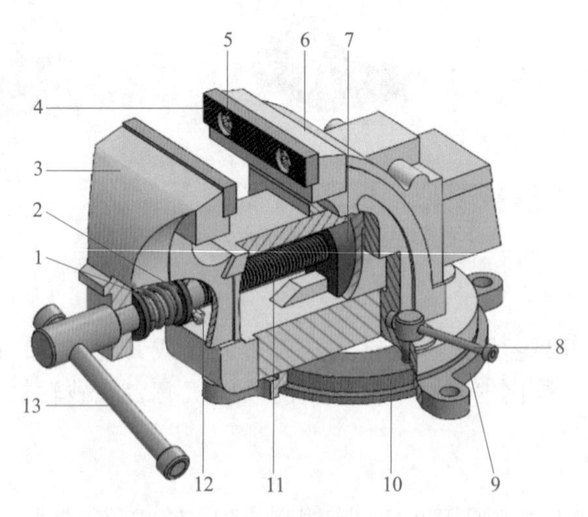

图 2-1-5　回转式台虎钳的结构

1—弹簧　2—挡圈　3—活动钳身　4—钢制钳口　5—螺钉　6—固定钳身

7—丝杠螺母　8—夹紧手柄　9—转座　10—夹紧盘　11—丝杠　12—开口销　13—手柄

四、钳工的基本操作

钳工的基本操作见表 2–1–2。

表 2–1–2　　钳工的基本操作

基本操作	图示	简介
划线	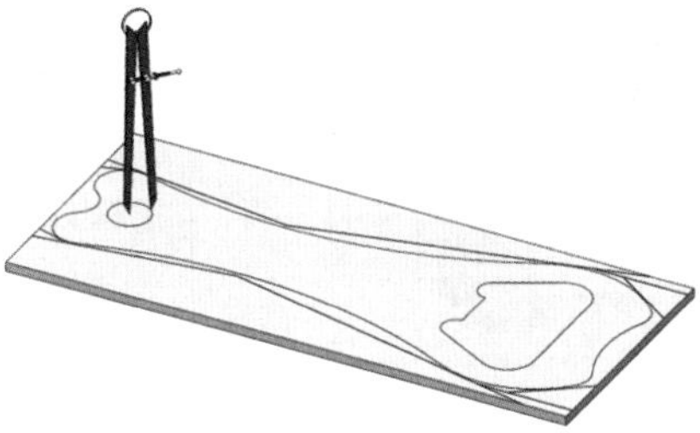	根据图样的尺寸要求，用划线工具在毛坯或半成品上划出待加工部位的轮廓线或基准的操作方法
錾削	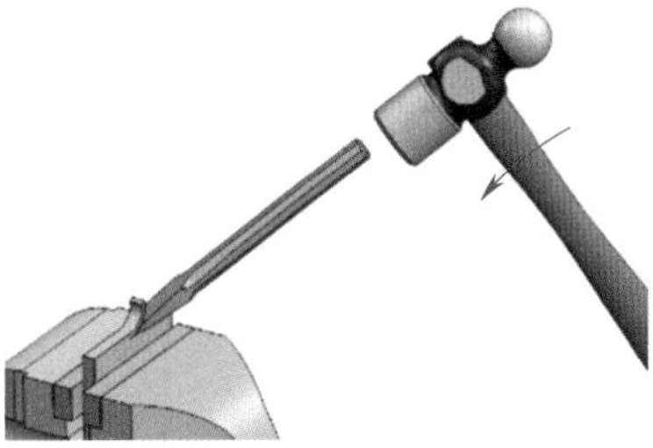	用锤子打击錾子对金属工件进行切削加工的操作方法
锯削	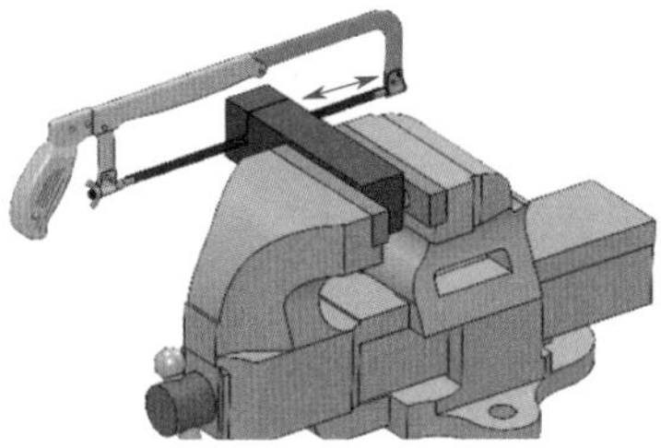	利用手锯锯断金属材料（或工件）或在工件上进行切槽的操作方法
锉削	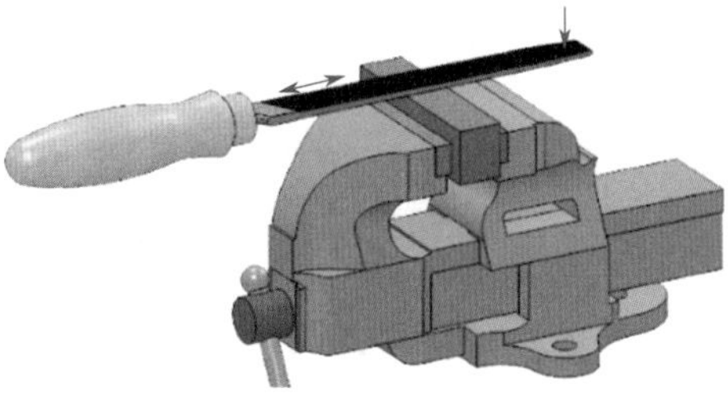	用锉刀对工件表面进行切削加工的方法

续表

基本操作	图示	简介
钻孔、扩孔和锪孔	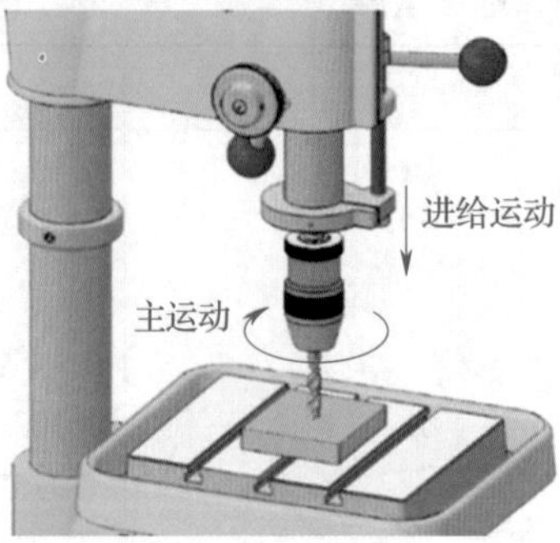 进给运动 主运动	钻孔：用钻头在实体材料上加工孔的方法 扩孔：用扩孔工具扩大已加工出的孔的方法 锪孔：用锪钻在孔口表面锪出一定形状的孔或表面的方法
铰孔	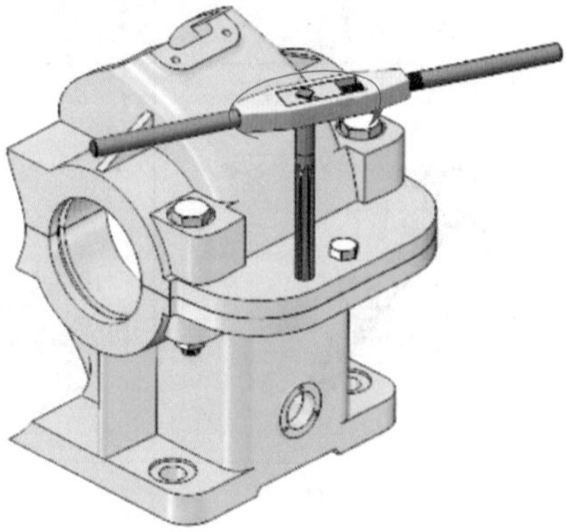	用铰刀从工件壁上切除微量金属层，以提高孔的尺寸精度和表面质量的加工方法
攻螺纹和套螺纹	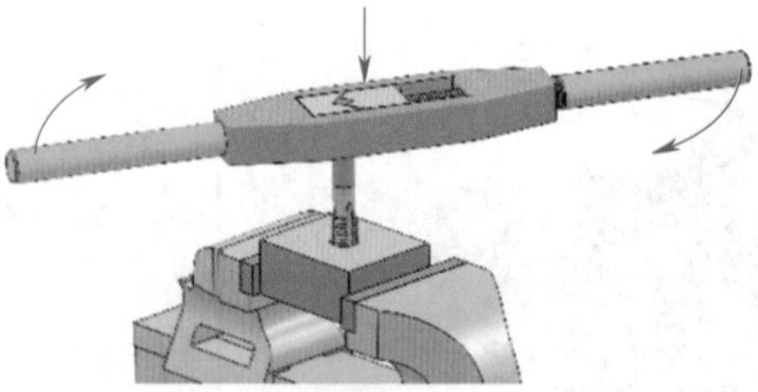 攻螺纹 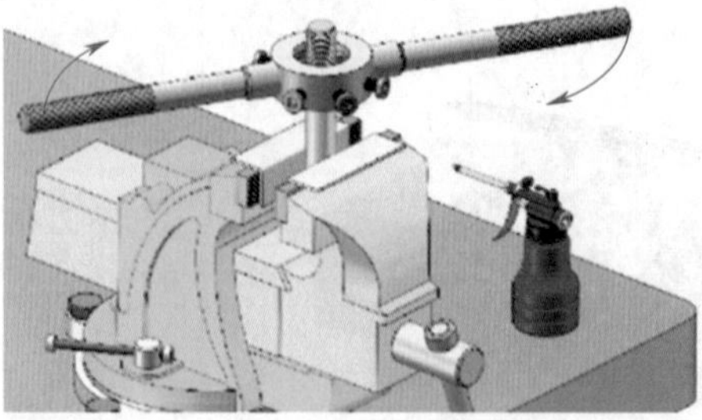 套螺纹	攻螺纹：用丝锥在工件内圆柱面上加工出内螺纹的方法 套螺纹：用圆板牙在圆柱杆上加工出外螺纹的方法

续表

基本操作	图示	简介
矫正和弯形	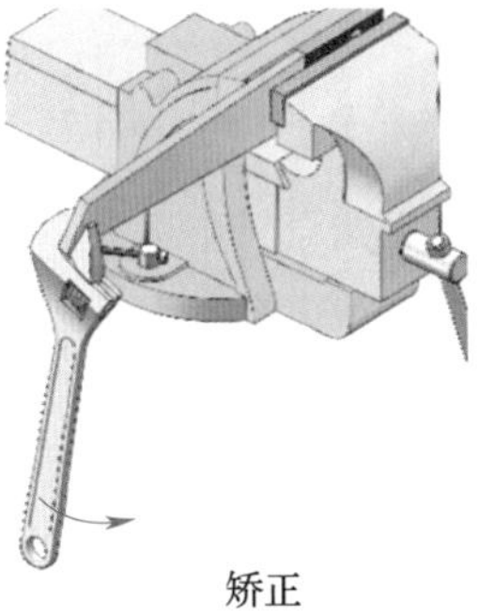 矫正 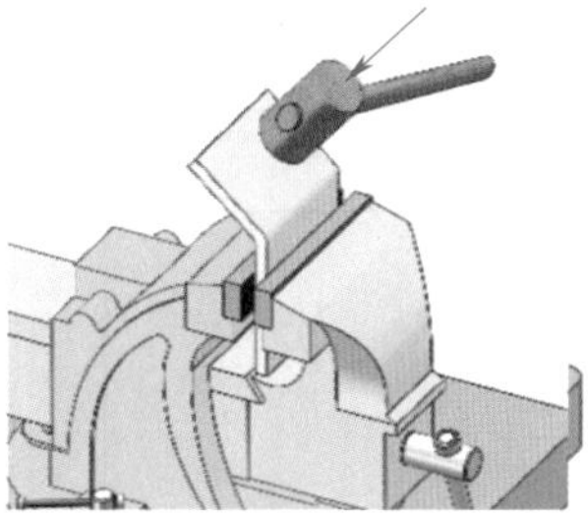 弯形	矫正：消除材料或工件弯曲、翘曲、凸凹不平等缺陷的加工方法 弯形：将毛坯弯成所需要形状的加工方法
铆接和粘接	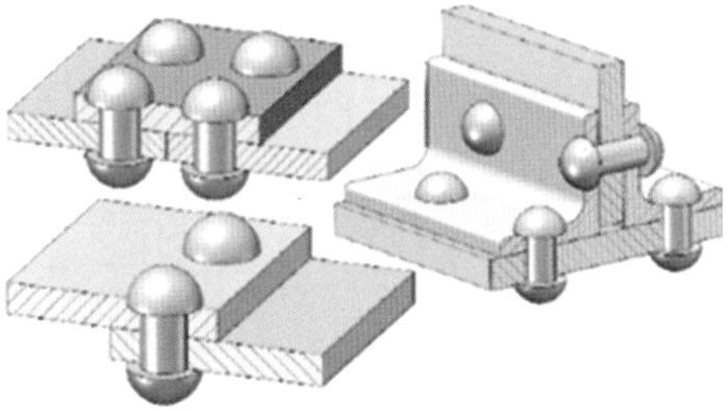 铆接  粘接	铆接：用铆钉将两个或两个以上工件组成不可拆卸的连接的操作方法 粘接：利用黏结剂把不同或相同的材料牢固地连接成一体的操作方法

续表

基本操作	图示	简介
刮削		用刮刀在工件已加工表面上刮去一层很薄的金属的操作方法
研磨	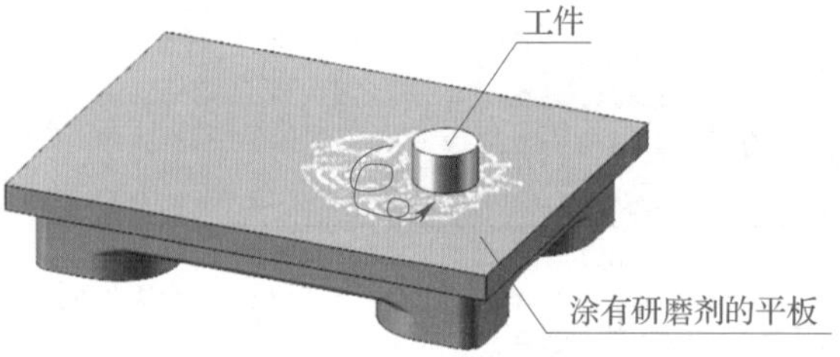 工件 涂有研磨剂的平板	用研磨工具和研磨剂从工件上研去一层极薄表面层的精加工方法
装配和调试		将若干合格的零件按规定的技术要求组合成部件，或将若干个零件和部件组合成机器设备，并经过调整、试验等成为合格产品的工艺过程

续表

基本操作	图示	简介
测量		用量具、量仪检测工件或产品的尺寸、形状和位置是否符合图样技术要求的操作
简单的热处理	淬火	通过对工件的加热、保温和冷却，改变金属或合金表面或内部的组织结构，以达到改变材料的力学、物理和化学性能目的的操作

五、钳工操作的安全文明生产要求

1. 着装的安全文明生产要求

工作时必须穿好工作服（图 2–1–6a），衣服要扣好，要做到三紧（袖口紧、领口紧、下摆紧）。女工不允许穿凉鞋、高跟鞋，并应戴好工作帽（图 2–1–6b）。穿着便装及不戴工作帽很容易导致工伤事故（图 2–1–7）。规范着装是安全与文明生产的要求，也是现代企业管理的基本要求，代表着企业的形象。

2. 使用钳工工作台的安全文明生产要求

（1）操作者应站在钳工工作台的一面工作，对面不允许有人。如果大型钳工工作台对面有人工作，中间必须设置密度适当的安全防护网，如图 2–1–8 所示。

（2）钳工工作台上使用的照明电压不得超过 36 V。

（3）钳工工作台上的杂物要及时清理，工具、量具和刃具分开放置，以免混放损坏。

（4）摆放工具时，不能让工具伸出钳工工作台边缘，以免其被碰落而砸伤人。

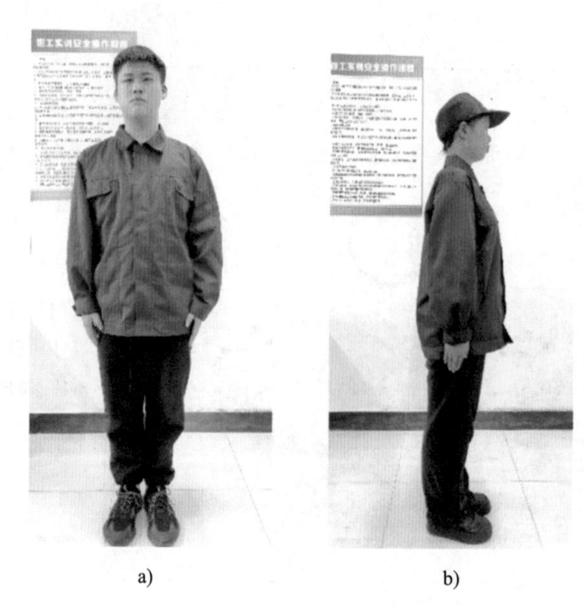

图 2-1-6　工作服的穿戴

a）穿好工作服　b）女工戴好工作帽

图 2-1-7　工伤事故

图 2-1-8　钳工工作台

3. 使用台虎钳的安全文明生产要求

（1）夹紧工件时要松紧适当，只能用手扳紧手柄，不得借助其他工具加力。

（2）强力作业时，应尽量使力朝向固定钳身。

（3）不可在活动钳身和光滑平面上敲击作业。

（4）应经常清洗、润滑丝杠、螺母等活动表面，以防生锈。

（5）钳工工作台装上台虎钳后，钳口高度应以恰好与人的手肘平齐为宜，如图 2–1–9 所示。

图 2–1–9　台虎钳钳口高度

第3章

热加工基础

§3-1 铸造

课堂讨论

观察下图所示零件，其中有的是空心的，有的是实心的，有的形状简单，有的形状复杂，有的体积较小，有的体积很大，但这些零件都采用了相同的加工方法进行加工，这一加工方法就是铸造。你能说出生活中类似的零件吗？

一、认识铸造

1. 铸造的定义

将熔融金属浇入铸型，凝固后得到一定形状和性能的铸件的加工方法称为铸造，如图3–1–1所示。

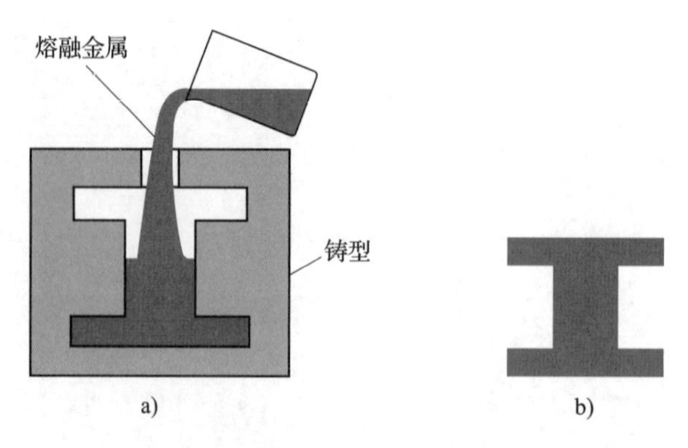

图3–1–1 铸造
a）铸造示意图 b）铸件

2. 铸造的特点

铸造的特点见表 3–1–1。

表 3–1–1　　铸造的特点

特点	说明	图示
优点	可以生产出形状复杂特别是具有复杂内腔的毛坯，如各种箱体、床身、机架等	 
	产品的适应性广，工艺灵活性大，工业上常用的金属材料大多可用来进行铸造，铸件的质量可从几克到几百吨	 
	原材料大多来源广泛、价格低廉，并可直接利用报废零件和废金属材料，故铸造成本较低	 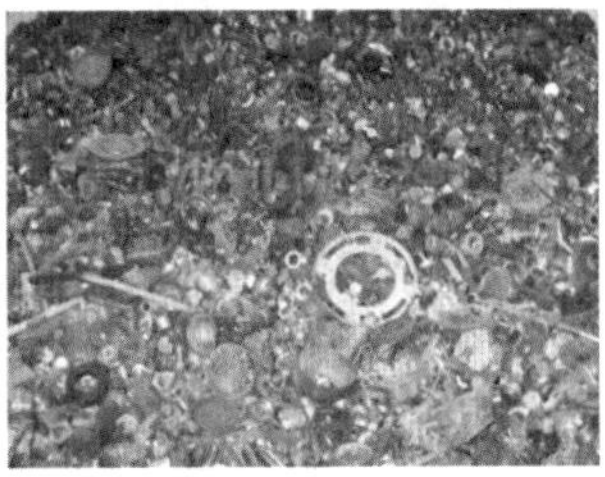
缺点	铸件组织疏松，晶粒粗大，内部易产生缩孔、缩松、气孔等缺陷，会导致铸件的力学性能特别是韧性差，铸件质量不够稳定	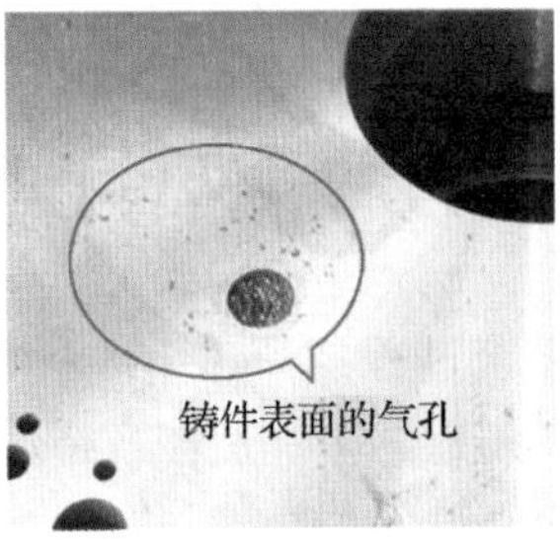 铸件表面的气孔

3. 铸造的应用

由于铸造具有上述特点，因此被广泛应用于机械零件的毛坯制造。在各种机械和设备中，铸件在质量上占有很大的比例。如在拖拉机及其他农业机械中，铸件的质量占 40%～70%，在金属切削机床、内燃机中，铸件的质量占 70%～80%，在重型机械设备中，铸件的质量约占 90%。但由于铸造易产生缺陷，力学性能不高，因此多用于制造承受应力不大的零件。

4. 铸造的分类

铸造分为砂型铸造和特种铸造两类，其中特种铸造主要包括熔模铸造、离心铸造、金属型铸造和压力铸造等。铸造的分类如图 3–1–2 所示。

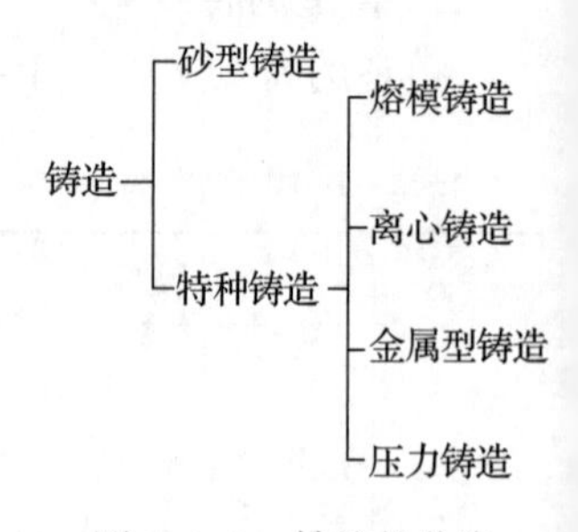

图 3–1–2　铸造的分类

5. 铸造安全文明生产要求

（1）操作人员必须有相应的上岗证和操作证，持证上岗。

（2）操作人员必须按规定穿戴好个人防护用品。

（3）熔炼炉炉体及其附属设施完好，控制系统灵敏可靠，升降起吊装置符合起重机械要求，炉坑干燥并设护栏或盖板，炉料符合专门要求。

（4）铸造设备完好，安全防护装置齐全可靠，除尘装置符合要求。

（5）压铸机有防护装置并与压射装置联锁；制芯机芯盒加热棒长短适中，导线连接可靠；混砂机防护罩牢固可靠，检修门电气联锁；抛（喷）丸机密封良好，门孔电气联锁。

（6）铁水包、钢水包和灼热件起重作业影响范围内，不得设置休息室、更衣室和人行通道，不得存放危险物品，地面保持干燥。

（7）高温烘烤作业人员应穿戴耐高温、防喷溅个人防护用品；液态金属、高温材料运输设备要设置耐高温、防喷溅设施，不得在有易燃易爆物质的区域停留，离开厂区应发出警报信号。

（8）铸件、托板等要放置整齐，防止倾倒伤人。

（9）为了避免散乱，便于清扫，利于装运，需将铸件、冷铁、废砂、垃圾等装入箱内或盒中。铸件应尽可能不直接着地，而放在托板上。工具分类装入工具箱中。化学用品需放入专用箱内并盖好。

二、砂型铸造

用型砂紧实成型的铸造方法称为砂型铸造。砂型铸造不受合金种类、铸件形状和尺寸的限制，是应用最为广泛的铸造方法之一。砂型铸造具有操作灵活、设备简单、生产准备时间短等优点，适用于各种批量的生产。目前，我国砂型铸件产量占铸件总产量的 80% 以上。但砂型铸件尺寸精度低，质量不稳定，容易形成废品，不适用于铸件精度要求较高的场合。

砂型铸造的工艺过程如图 3–1–3 所示。铸造时，根据零件的铸造要求，按照制造模样、制备型（芯）砂、制造芯盒、造型、造芯、合型、金属熔炼、浇注、冷却、落砂、清理等工艺过程操作即可得到铸件，经检验合格后获得所需的毛坯。

1. 制造模样与芯盒

用来形成铸型型腔的工艺装备称为模样。制造砂型时，使用模样可以获得与铸件外部轮廓相似的型腔。模样按其使用特点可分为消耗模样和可复用模样两大类。消耗模样只用一次，制成铸型后，按模样材料的性质，用熔解、熔化或气化的方式将其破坏，从铸型中脱除。砂型铸造中多采用可复用模样。

用来制造型芯的工艺装备称为芯盒。芯盒的内腔与型芯的形状和尺寸相同。在铸型中，型芯通常形成铸件内部的孔穴，有时也形成铸件的局部外形。

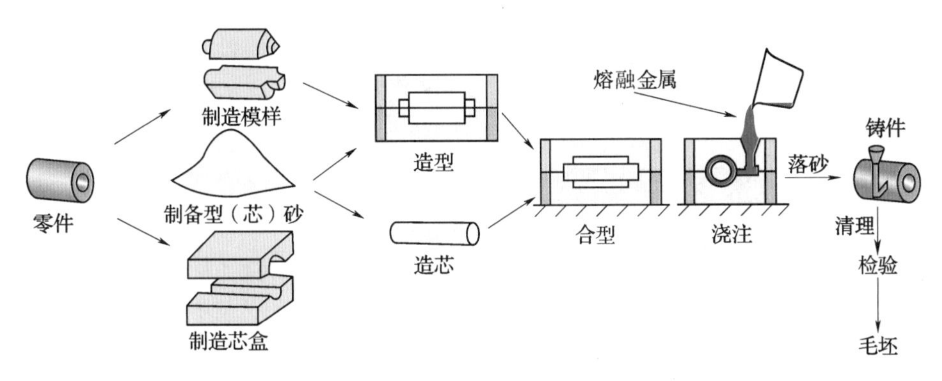

图 3–1–3　砂型铸造的工艺过程

2. 制备型（芯）砂

型（芯）砂是用来制造铸型的材料。在砂型铸造中，型（芯）砂的基本原材料是铸造砂和型砂黏结剂。常用的铸造砂有原砂、硅砂、锆砂、铬铁矿砂、刚玉砂等。

3. 造型

利用制备的型砂及模样等制造铸型的过程称为造型。砂型铸件的外形取决于型砂的造型，造型方法有手工造型和机器造型两种。

（1）手工造型

手工造型是全部手工或用手动工具完成的造型工序。手工造型操作灵活，适应性强，工艺装备简单，成本低，但其铸件质量不稳定，生产率低，劳动强度大，对操作技能要求高，所以手工造型主要用于单件或小批生产，特别是大型和形状复杂的铸件。

手工造型的特点及应用见表 3–1–2。

表 3–1–2　　手工造型的特点及应用

名称	图示	特点及应用
二箱造型		铸型由成对的上砂箱和下砂箱构成。二箱造型操作简单，适用于各种生产批量和各种大小的铸件
三箱造型		铸型由上、中、下三个砂箱构成，中砂箱高度需与铸件两个分型面的间距相适应。三箱造型操作费工，主要适用于具有两个分型面的单件或小批生产的铸件

续表

名称	图示	特点及应用
地坑造型	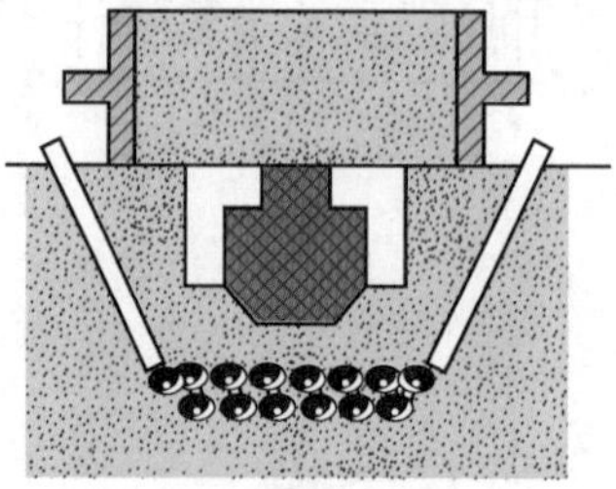	地坑造型是在地基上挖坑，并利用挖出的地坑进行造型。它主要用于大型铸件
组芯造型	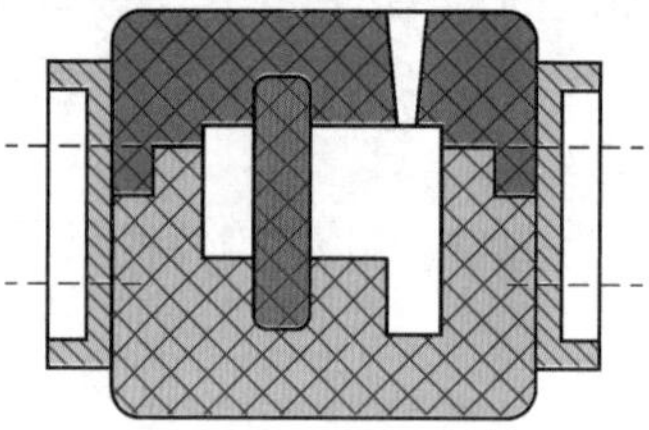	用若干块砂芯组合成铸型，而不需要砂箱。它可提高铸件的精度，但成本高，适用于批量生产形状复杂的铸件
整模造型	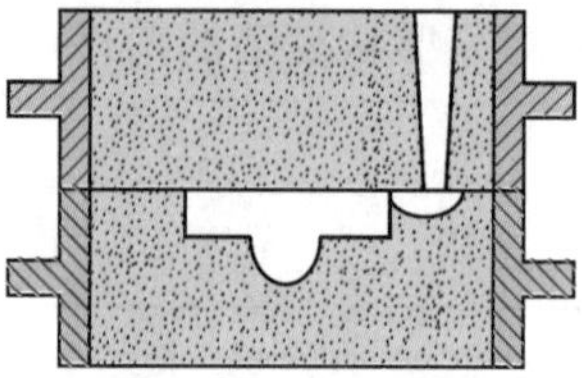	模样是整体的，铸件分型面为平面，铸型型腔全部在半个铸型内。其造型操作简单，铸件不会产生错型缺陷，适用于最大截面在端部且为平面的铸件
挖砂造型	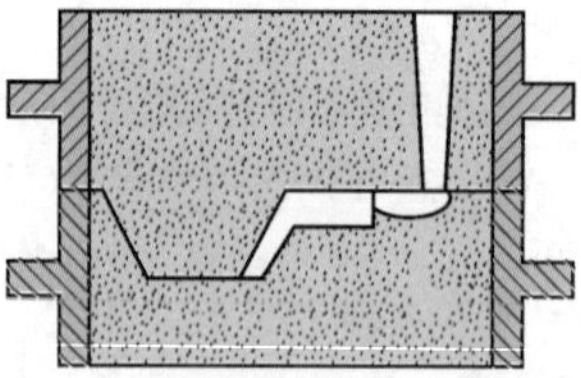	模样是整体的，铸件分型面为曲面，为便于起模，造型时手工挖去阻碍起模的型砂。其造型操作复杂，生产率低，对工人操作技能要求高，适用于分型面不是平面的单件或小批生产的铸件
假箱造型	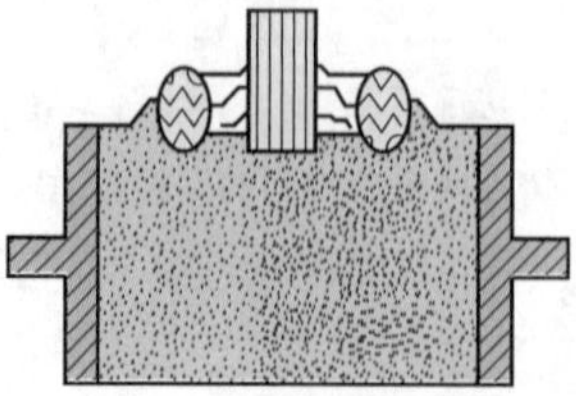	在造型前预先做一底胎（即假箱），然后在底胎上制作下砂箱，因底胎不参与浇注，故称假箱。假箱造型比挖砂造型操作简单，且分型面整齐，用于生产批量生产中需要挖砂造型的铸件

续表

名称	图示	特点及应用
分模造型		分模造型是将模样沿最大截面处分成两半，型腔位于上、下两个砂箱内。其造型操作简单，生产率低，常用于最大截面在中部的铸件
活块造型		制模时，将铸件上妨碍起模的小凸台、肋条等部分做成活动的（即活块）；起模时，先起出主体模样，再从侧面取出活块。其造型操作费时，对工人操作技能要求高，主要用于带有突出部分、难以起模的铸件的单件或小批生产
刮板造型		采用刮板代替实体模样造型，可降低模样成本，节约木材，缩短生产周期。但其生产率低，对工人操作技能要求高，可用于有等截面或回转体的大、中型铸件的单件或小批生产，如带轮、铸管、弯头等

（2）机器造型

机器造型是指用机器全部完成或至少完成紧砂操作的造型工序。机器造型的铸件尺寸精确，表面质量好，加工余量小，但需要专用设备，投资较大，适用于大批生产。

4. 造芯

制造型芯的过程称为造芯。造芯分为手工造芯和机器造芯。砂芯的制造方法是根据砂芯尺寸、形状、生产批量及具体的生产条件进行选择的。单件或小批生产时，采用手工造芯；大批生产时，采用机器造芯。机器造芯生产率高，砂芯质量好。

常用的手工造芯方法是芯盒造芯。芯盒造芯如图 3–1–4 所示。

5. 合箱

合箱又称合型，是将铸型的各个组元，如上砂箱、下砂箱、型芯等组合成一个完整铸型的操作过程。

合型前，应对砂型和型芯的质量进行检查，若有损坏，需要进行修理。为检查型腔顶面与型芯顶面之间的距离，需要进行试合型（称为验型）。合型时，要保证铸型型腔几何形状和尺寸的准确及型芯的稳固。合型后，上、下砂箱应夹紧或在铸型上放置压铁，以防浇注时上砂箱被熔融金属顶起，造成抬箱、射箱（熔融金属流出箱外）或跑火（着火气体溢出箱外）等事故。

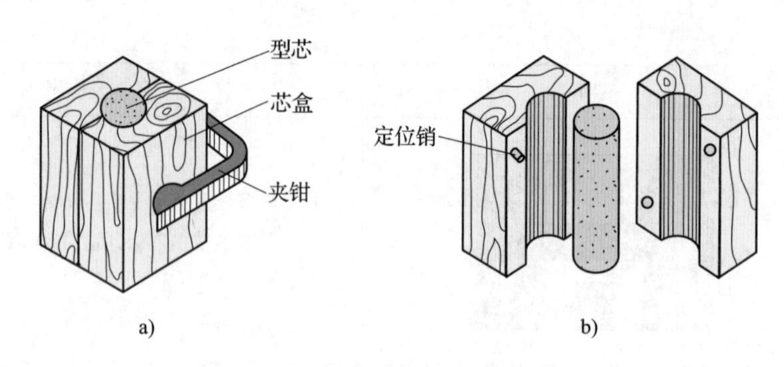

图 3–1–4　芯盒造芯

a）芯盒的装配　b）取芯

6. 熔炼

熔炼是使金属由固态转变为熔融状态的过程。冲天炉是最常用的熔炼设备。浇包是容纳、输送和浇注熔融金属用的容器，用钢板制成外壳，内衬耐火材料。

7. 浇注

把熔融金属注入铸型的过程称为浇注，浇注后液态金属通过浇注系统进入型腔。

（1）浇注系统

铸型中引导液态金属进入型腔的通道称为浇注系统，它是为填充型腔和冒口而开设于铸型中的一系列通道，通常由浇口杯、直浇道、横浇道和内浇道组成，如图 3–1–5 所示。浇注系统的作用是保证熔融金属平稳、均匀、连续地充满型腔；阻止熔渣、气体和砂粒随熔融金属进入型腔；控制铸件的凝固顺序；供给铸件冷凝收缩时所需补充的液态金属（补缩）。

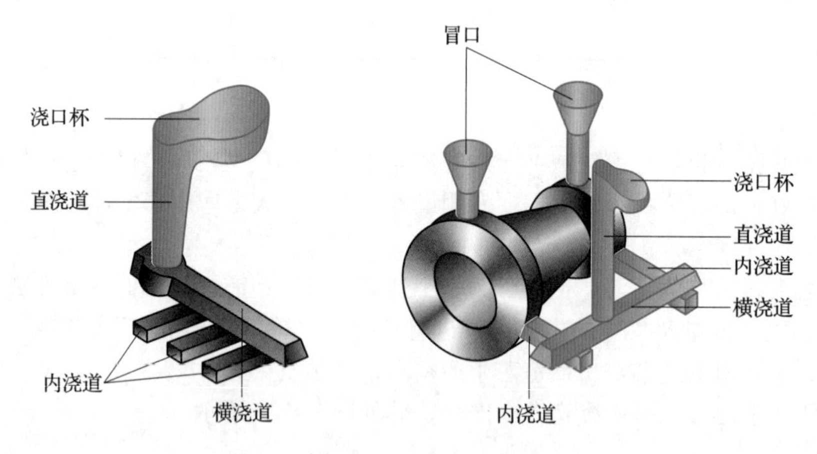

图 3–1–5　浇注系统

（2）冒口

冒口是在铸型内存储供补缩铸件用熔融金属的空腔（见图 3–1–5）。尺寸较大的铸件设置冒口除起到补缩作用外，还起到排气、集渣作用。冒口一般设置在铸件的最高处或最厚处。

（3）浇注工艺要求

浇注温度的高低及浇注速度的快慢是影响铸件质量的重要因素。为了获得优质铸件，浇注时对浇注温度和浇注速度必须加以控制。

液态金属浇入铸型时所测量到的温度称为浇注温度。浇注温度是铸造过程中必须控制的质量指标之一。通常灰铸铁的浇注温度为 1 200 ~ 1 380 ℃。

单位时间内浇入铸型中的液态金属的质量称为浇注速度，单位为 kg/s。浇注速度应根据铸件的具体情况而定，可通过操纵浇包和布置浇注系统进行控制。浇注前，应把熔融金属表面的熔渣除尽，以免浇入铸型而影响铸件质量。浇注时，应使浇口杯保持充满状态，不允许浇注中断，并注意防止飞溅和满溢。

8. 落砂和清理

（1）落砂

用手工或机械使铸件和型砂、砂箱分开的操作称为落砂。落砂方法分为手工落砂和机械落砂两种。手工落砂用于单件、小批生产；机械落砂一般由落砂机进行，用于大批生产。

铸型浇注后，铸件在砂型内应有足够的冷却时间。冷却时间可根据铸件的成分、形状、大小和壁厚确定。过早进行落砂，铸件会因冷却速度太快而使内应力增加，甚至变形、开裂。

（2）清理

清理是落砂后从铸件上清除表面粘砂、型砂、多余金属（包括浇冒口、飞边和氧化皮）等过程的总称。清除浇冒口时要避免损伤铸件。铸件表面的粘砂、细小飞边、氧化皮等可采用滚筒清理、抛丸清理、打磨清理等方法清理。

9. 检验

经落砂、清理后的铸件应进行质量检验。铸件质量包括外观质量、内部质量和使用质量。铸件均须进行外观质量检查，重要的铸件则须进行内部质量和使用质量检查。

三、特种铸造

1. 熔模铸造

熔模铸造利用易熔材料制成模样，然后在模样上涂覆若干层耐火涂料制成型壳，经硬化后再将模样熔化，排出型外，从而获得无分型面的铸型。铸型经高温焙烧后即可进行浇注。

哑铃如图 3–1–6 所示，下面以此为例分析熔模铸造的工艺过程，见表 3–1–3。

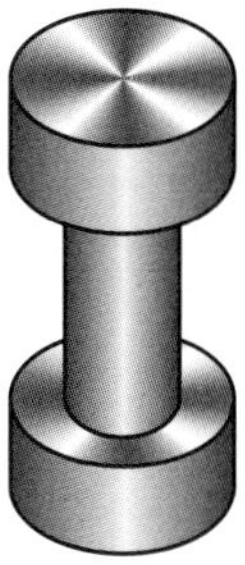

图 3–1–6 哑铃

表 3–1–3 熔模铸造的工艺过程

序号	工艺过程	图示	说明
1	压型	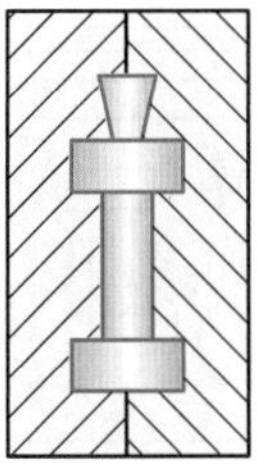	将糊状蜡料（常用的低熔点蜡基模料为 50% 石蜡加 50% 硬脂酸）用压蜡机压入压型型腔

续表

序号	工艺过程	图示	说明
2	制作单个蜡模	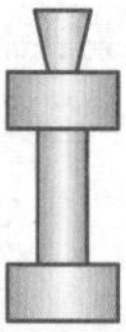	凝固后取出，得到蜡模
3	制作蜡模组	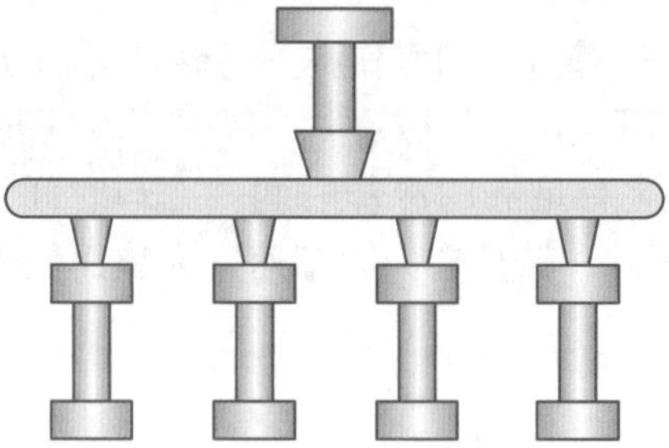	在铸造小型工件时，常将很多蜡模粘在蜡质的浇注系统上，组成蜡模组
4	制作蜡模型壳	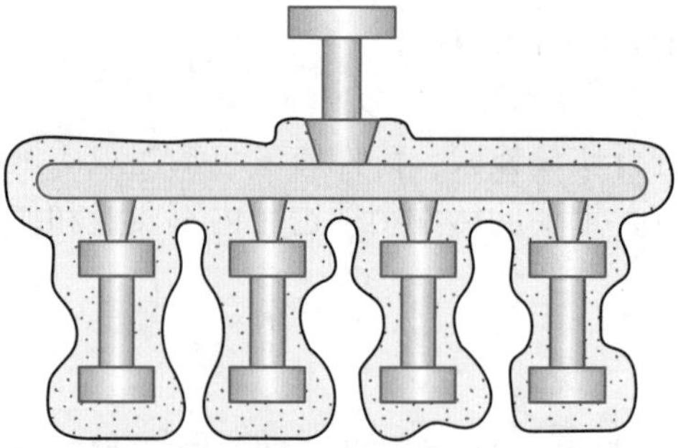	将蜡模组浸入涂料（由石英粉加水玻璃配制）中，取出后在上面撒一层硅砂，再放入硬化剂（如氯化铵溶液）中进行硬化。反复挂涂料、撒砂、硬化 4 ~ 10 次，这样就在蜡模组表面形成由多层耐火材料构成的坚硬型壳
5	型壳脱蜡	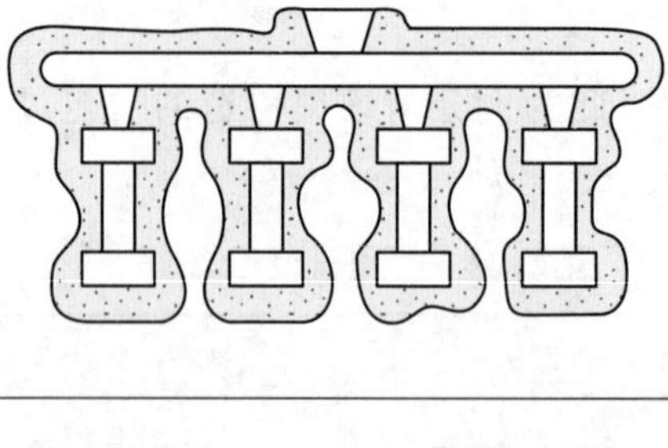	将带有蜡模组的型壳放入 80 ~ 90 ℃的热水或蒸汽中，使蜡模熔化并从浇注系统中流出，这样就得到一个没有分型面的型壳。再经过烘干、焙烧，以去除水分及残蜡并使型壳强度进一步提高
6	填砂捣实	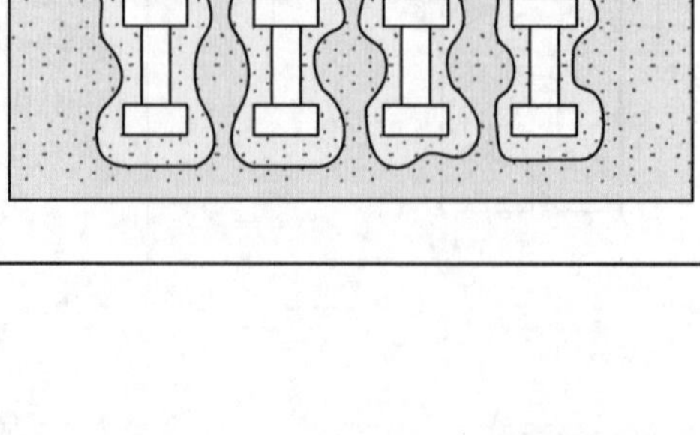	将型壳放入砂箱，四周填入干砂并捣实

续表

序号	工艺过程	图示	说明
7	浇注		装炉焙烧（800～1 000 ℃），将型壳从炉中取出后，趁热（600～700 ℃）进行浇注
8	铸件		冷却凝固后清除型壳，便得到一组带有浇注系统的铸件，再经清理、检验就可得到合格的熔模铸件

2. 金属型铸造

金属型铸造又称硬模铸造，是将液态金属浇入金属型，使其在重力作用下充填铸型以获得铸件的铸造方法。常见的垂直分型式金属型由定型和动型两个半型组成，其示意图如图 3–1–7 所示。分型面位于垂直位置，浇注时先使两个半型合紧，凝固后利用机构使两半型分离，取出铸件。为了保证铸型的使用寿命，制造铸型的材料应具有高的耐热性和导热性，反复受热不变形、不损坏的性能，具有一定的强度、韧性、耐磨性，以及良好的切削加工性能。用金属材料制成的铸型称为金属型。在生产中，常选用铸铁、非合金钢或低合金钢作为铸型材料。

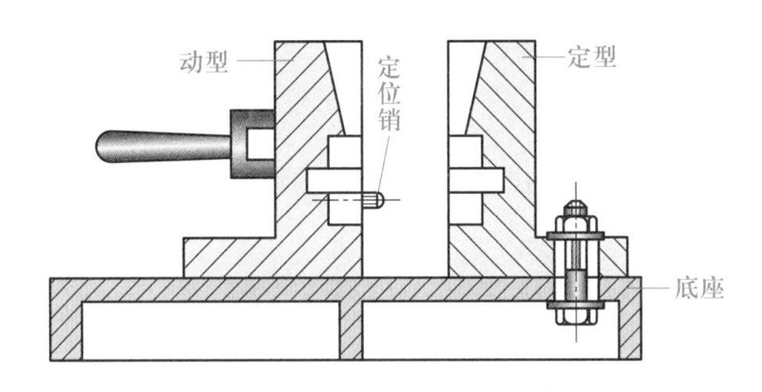

图 3–1–7　垂直分型式金属型示意图

因金属型导热性好，液态金属冷却速度快、流动性降低快，故金属型铸造时浇注温度比砂型铸造要高，在铸造前需要对金属型进行预热，铸造前未对金属型进行预热而进行浇注容易使铸件产生冷隔、浇不足、夹杂、气孔等缺陷，未预热的金属型在浇注时还会受到强烈的热冲击，应力倍增，而极易被破坏。

3. 压力铸造

压力铸造简称压铸，是利用高压使液态或半液态金属以较高的速度充填型腔，并在压力下成型和凝固而获得铸件的方法。压力铸造主要由压铸机来实现，压铸机如图 3–1–8 所示。

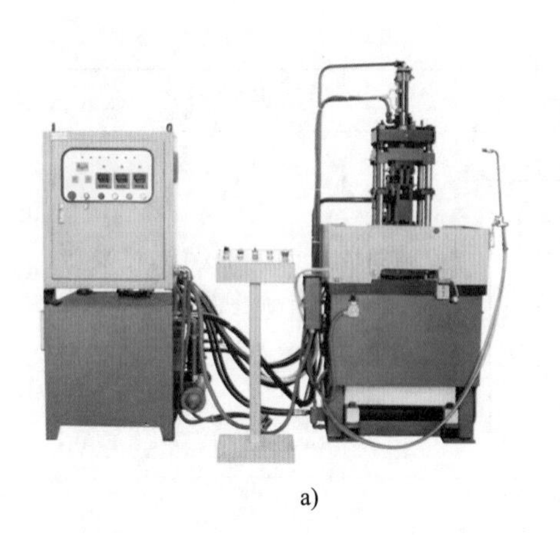

a)

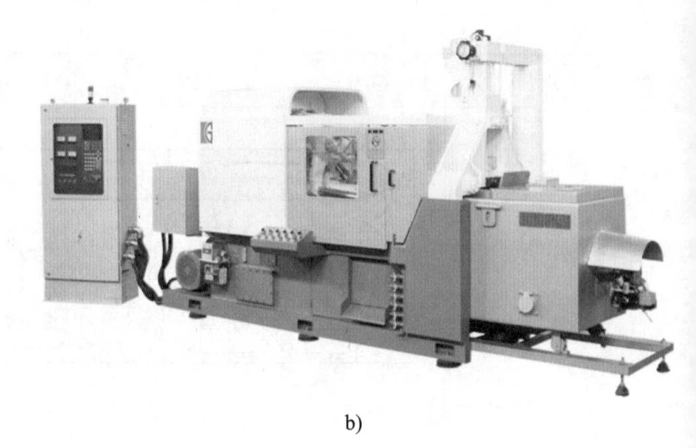

b)

图 3-1-8　压铸机

a）冷室立式压铸机　b）热室压铸机

压力铸造过程示意图如图 3-1-9 所示。

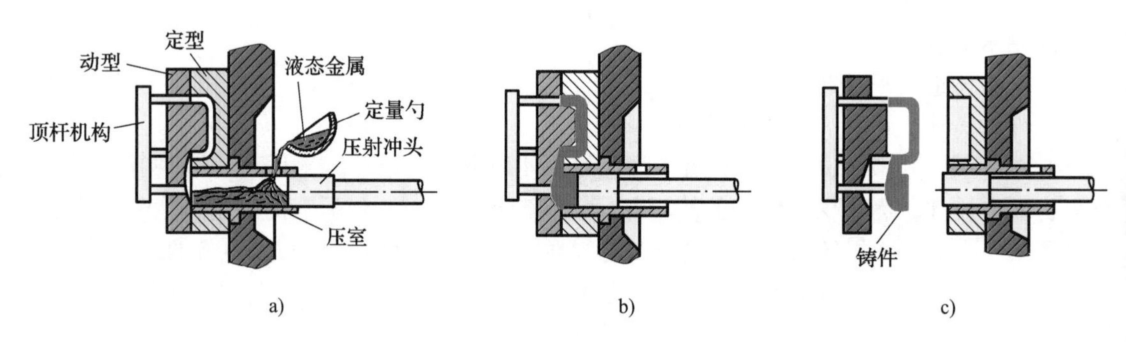

图 3-1-9　压力铸造过程示意图

a）合型并注入液态金属　b）压射　c）开型并顶出铸件

4. 离心铸造

将熔融金属浇入绕水平轴、立轴或倾斜轴旋转的铸型内，在离心力作用下凝固成型，这种铸造方法称为离心铸造。

离心铸造在离心铸造机（图 3-1-10）上进行，铸型可以用金属型，也可以用砂型。

图 3-1-11 所示为离心铸造的工作原理示意图，图 3-1-11a 所示为绕立轴旋转的离心铸造，铸件内表面为抛物面，铸件壁厚上下不均匀，这种现象随着铸件高度增大而愈加严重，因此只适用于制造高度较小的环类、盘套类铸件；图 3-1-11b 所示为绕水平轴旋转的离心铸造，铸件壁厚均匀，适用于制造管、筒、套（包括双金属衬套）及辊轴等铸件。

图 3-1-10　离心铸造机

5. 特种铸造的特点及应用

常用特种铸造的特点及应用见表 3-1-4。

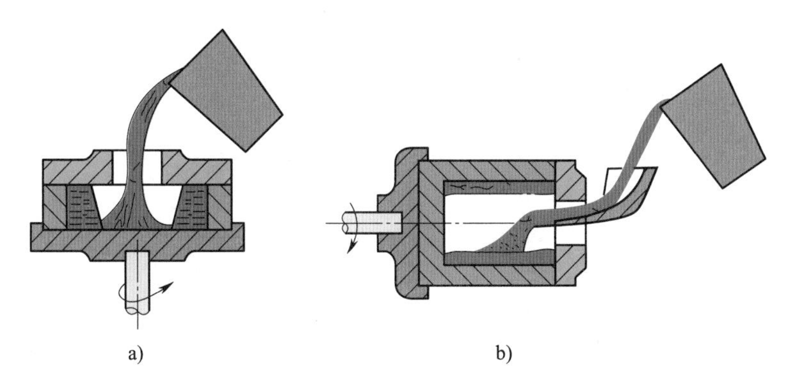

图 3–1–11　离心铸造的工作原理示意图

a）绕立轴旋转的离心铸造　b）绕水平轴旋转的离心铸造

表 3–1–4　常用特种铸造的特点及应用

铸造方法	特点	应用
金属型铸造	与砂型铸造相比，铸件精度高，力学性能好，生产率高，无粉尘；铸造非铁合金铸件有细化组织的作用，铸造灰铸铁件易出现白口；设备费用较高	用于非铁合金铸件的批量生产；铸件不宜过大，形状不宜过于复杂，壁不能太薄
压力铸造	精度高、生产率高的高压成型方法，可以铸造形状复杂的薄壁铸件；但压铸机昂贵，压铸型制造复杂、费用高	用于锌合金、铝合金、镁合金、铜合金等有色金属合金的中、小型薄壁铸件的大批生产
离心铸造	铸件组织细密，设备简单，成本低，生产率高；但铸件内表层余量大，机械加工量大	用于空心回转体铸件的单件或批量生产，并可进行双金属衬套、轴瓦的铸造
熔模铸造	铸件精度高，表面质量好，可铸造形状较为复杂的铸件和高熔点合金铸件；但生产工艺复杂，生产周期长，成本高	用于以非合金钢、合金钢为主的合金和耐热合金的复杂、精密铸件（铸件质量不大于 10 kg）的批量生产

四、铸造的新技术和新工艺

1. 消失模铸造

消失模铸造是利用泡沫塑料，根据零件结构和尺寸制成实型模具，经浸涂耐火黏结涂料，烘干后进行干砂造型、振动紧实，然后浇入液态金属使模样受热气化消失，从而得到与模样形状完全一致的铸件的铸造方法。消失模铸造的工艺过程如图 3–1–12 所示。

消失模铸造省去起模、造芯、合型等工序，大大简化了造型工艺，并减少了因起模、造芯、合型而产生的铸造缺陷及废品；采用干砂造型，使砂处理系统大大简化，改善了劳动条件；不分型，铸件无飞边，使清理、打磨工作量减少 50% 以上。但消失模铸造所使用的泡沫塑料模具设计、生产周期长、成本高，因而只有产品批量生产才可获得经济效益；生产尺寸大的铸件时，由于模样易变形，因此须采取适当的防变形措施。

2. 陶瓷型铸造

用陶瓷浆料制成铸型以生产铸件的铸造方法称为陶瓷型铸造。为节省陶瓷材料，先用砂套模样、普通水玻璃砂制成一个型腔稍大于铸件的砂套；然后用铸件模样、陶瓷浆料（如锆英粉、刚玉、铝矾土、硅酸乙酯水解液等）经灌浆、结胶、起模、喷烧等工艺制成陶瓷铸型。陶瓷型铸造的工艺过程示意图如图 3-1-13 所示。

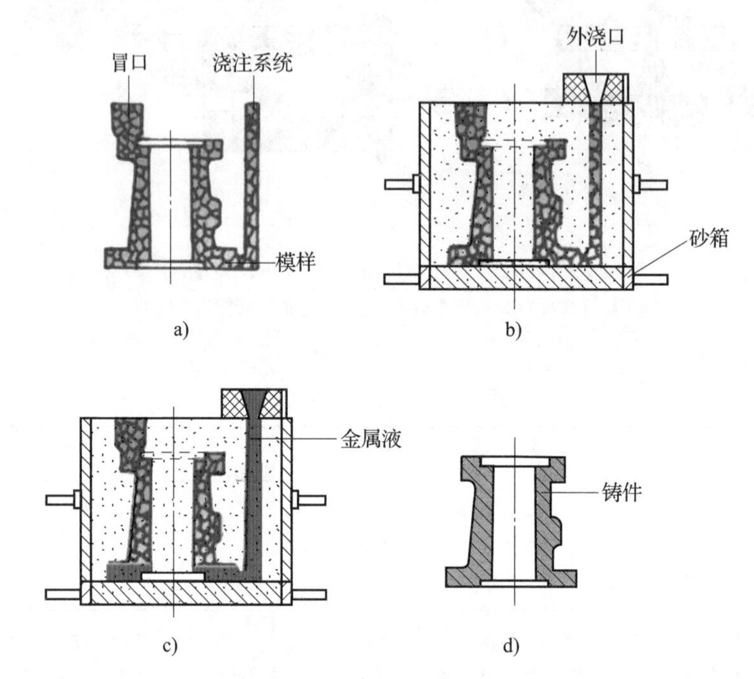

图 3-1-12　消失模铸造的工艺过程

a）泡沫塑料模样　b）造好的铸型　c）浇注　d）铸件

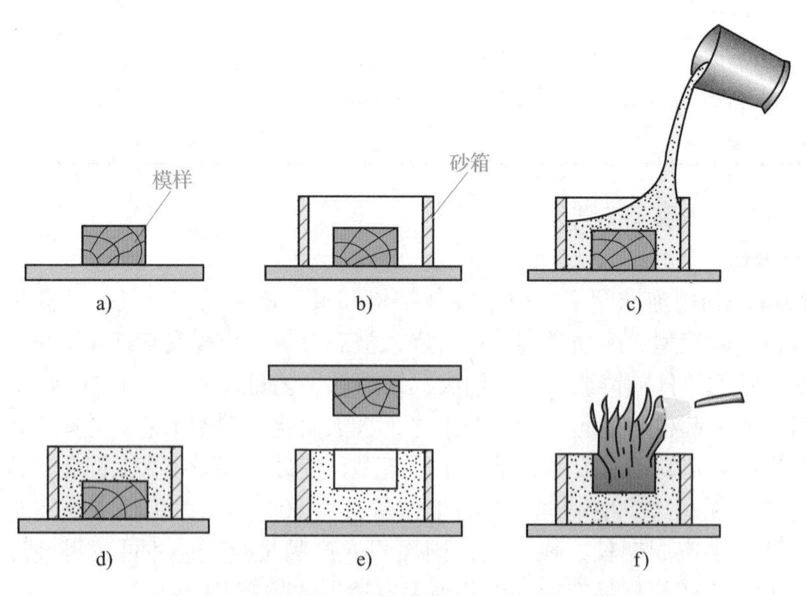

图 3-1-13　陶瓷型铸造的工艺过程示意图

a）模样　b）准备灌浆　c）灌浆　d）结胶　e）起模　f）喷烧

陶瓷铸型的材料与熔模铸造的型壳材料相似，故铸件的精度和表面质量与熔模铸造相当，但陶瓷型铸造与熔模铸造相比，工艺简单、投资少、生产周期短，铸件大小基本不受限制。陶瓷型铸造原材料价格高，有灌浆工序，因而不适合制造大批生产、形状复杂的铸件，且生产工艺过程难以实现自动化和机械化。通常，陶瓷型铸造适合制造小批生产、较大尺寸的精密铸件，多用于各种模具的生产。

3. 计算机在铸造中的应用

随着计算机应用技术的发展，计算机在铸造中的应用已越来越广泛，主要体现在三个方面：计算机辅助设计、计算机辅助工程和计算机辅助制造。

（1）计算机辅助设计（CAD）

首先，通过铸造数据库软件提取设计所需的原始数据；然后进行铸件设计和铸造工艺设计，并在计算机屏幕上显示铸件实体的三维造型。这种方法可代替原来根据图样制作模样及工艺装备的试制过程，从而缩短了设计和试制时间。

（2）计算机辅助工程（CAE）

铸造过程计算机数值模拟技术是典型的 CAE 技术，它通过数值模拟，在计算机屏幕上直观地显示铸造过程中金属的充型过程、铸件的冷却凝固过程、结晶模拟过程、晶粒的大小和形状、铸造缺陷的形成过程等。通过数值模拟可预测铸件热裂倾向的最大部位、产生缩孔和缩松的倾向，从而决定铸件的修改及判断冒口和冷铁设置的合理性等。通过上述 CAD 软件生成的实体造型数据文件，可直接与数值模拟软件进行数据交换，数值模拟软件可对 CAD 文件进行加工，并生成计算网络。

（3）计算机辅助制造（CAM）

1）计算机在模样加工中的应用。一是用数控机床加工出形状复杂的模样和金属型；二是利用快速成型技术，根据 CAD 生成的三维实体造型数据，通过快速成型机将一层层的材料堆积成实体模型，大大缩短了产品开发和加工周期，试制周期可缩短 70% 以上。

2）计算机在砂处理中的应用。利用计算机控制砂处理工步，混砂机先加入砂和辅料，干混后再加水湿混，计算机不断地对混合料中的水分、温度及紧实度进行控制，有的还可根据造型工步的要求及时自动地改变配比和其他性能参数。

3）计算机在熔炼中的应用。在熔炼过程中，计算机能对铁液温度、熔化速度、风量等主要变量进行检测，并能根据铁液成分、温度等工艺参数的变化综合调整熔化速度、送风强度、铁液温度等，使冲天炉稳定在最佳工作状态。

§3-2 锻压

课堂讨论

下图中所展示的物品都是利用锻压加工完成的，你知道它们的用途吗？它们有什么共同特点？

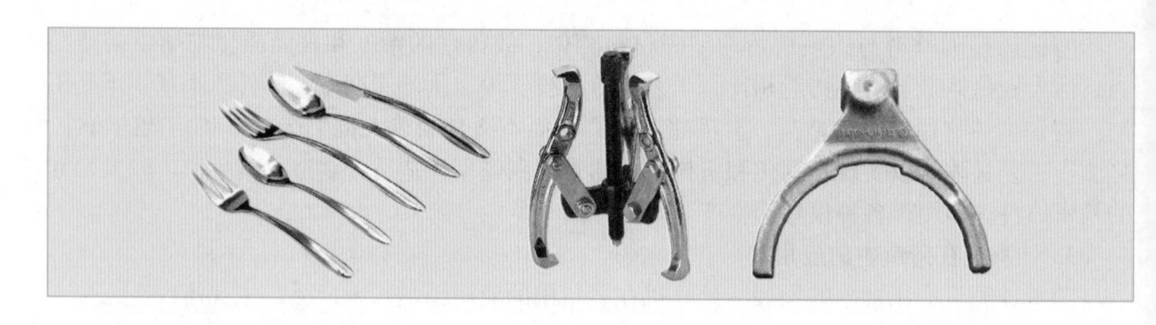

一、认识锻压

1. 锻压的定义

锻压就是对金属材料施加外力，使其产生塑性变形，改变尺寸、形状及改善性能，用以制造机械零件、工件或毛坯的成型加工方法。锻压是锻造与冲压的总称，如图 3–2–1 所示，主要用于加工金属制件。在锻造加工中，材料整体或局部发生明显的塑性变形，有较大量的塑性流动；在冲压加工中，材料经分离或成型而得到制件。

a)

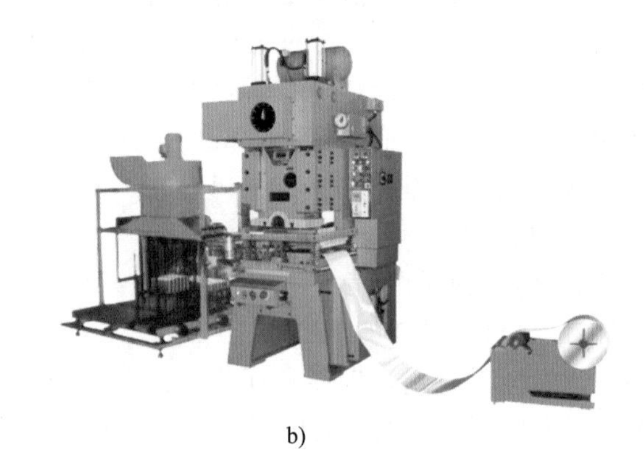

b)

图 3–2–1　锻压

a）锻造　b）冲压

2. 锻压的特点

（1）优点

1）能改善金属内部组织，提高金属的力学性能，大大增强金属本身的承载能力。

2）节省金属材料。与直接切削金属材料的成形方法相比，锻压可节省金属材料，并节省加工工时。

3）生产率较高。例如，零件制造采用冲压加工方法比采用其他加工方法的生产率要高出几倍甚至几十倍。

（2）缺点

1）不能获得形状复杂的制件。

2）加工设备比较昂贵，生产成本比铸造高。

3. 锻压的分类

（1）按成形方式分类

按锻压时制件的成形方式不同，锻压可以分为自由锻、模锻和冲压等，见表 3–2–1。

表 3-2-1　　自由锻、模锻和冲压

名称	图示	说明
自由锻		在锻造设备上采用自由锻拔长方式锻造大型轴类零件
模锻		汽车上曲轴零件的模锻锻模
冲压		利用冲压设备在金属材料上进行冲压加工

（2）按变形温度分类

按锻压时零件的变形温度不同，锻压可以分为热锻压、冷锻压、温锻压和等温锻压等。

4. 锻压设备操作安全文明生产规程

（1）操作前确认设备床身、工作台面、导轨以及其他主要滑动面上无障碍物、杂质，润滑部位油量充足。

（2）操作前检查各操作机构的手柄、阀、杆等是否放在规定的非工作位置上。

（3）操作前检查安全防护装置是否齐全、完好，各主要零部件及紧固件有无异常松动现象。

（4）操作前检查管道阀门及装置是否完好无泄漏。

（5）操作前须进行空运转试车，确认一切正常后方可开始工作。

（6）操作设备时必须坚守工作岗位，不做与工作无关的事，离开时要停机并切断电源。

（7）规范操作设备，不得超范围、超负荷使用设备。

（8）操作结束，须将各操作机构的手柄、阀、杆等放在规定的非工作位置上。

（9）整理工具、制件，清理工作场地和设备，并擦拭干净设备各部位，各滑动面应加油保护。

观察记录

通过观看锻压教学视频，你对锻压技术有了哪些认识？结合参观内容进行归纳总结。

锻压设备类型	锻压分类	零件加工特点

二、自由锻

自由锻是利用冲击力或压力使金属在上、下砧面间各个方向自由变形，不受任何限制而获得所需形状和尺寸及一定力学性能的锻件的一种加工方法。

自由锻分为手工自由锻和机器自由锻两种，如图 3–2–2 所示。手工自由锻在现代生产中已基本被淘汰，故通常所说的自由锻是指机器自由锻。

常用的自由锻设备有空气锤、蒸汽－空气锤和水压机等，如图 3–2–3 所示，分别适用于小型、中型和大型锻件的生产。

a)

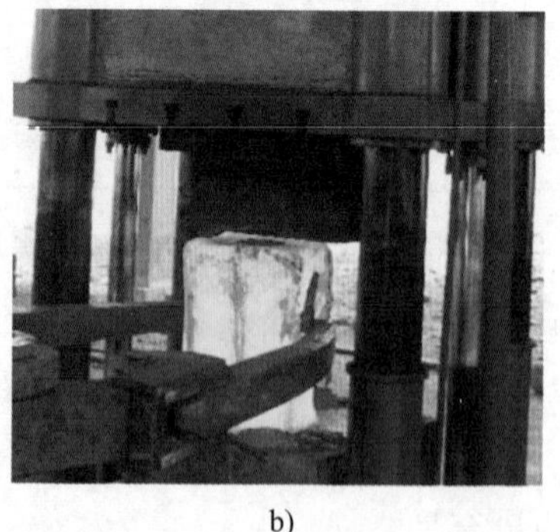

b)

图 3–2–2 自由锻

a）手工自由锻 b）机器自由锻

a)

b)

c)

图 3–2–3　自由锻设备

a）空气锤　b）蒸汽－空气锤　c）水压机

1. 自由锻的特点及应用

（1）设备和工具有很大的通用性，且工具简单，通常只能制造形状简单的锻件。

（2）自由锻可以锻制质量从不足 1 kg 到 300 t 左右的锻件。大型锻件只能采用自由锻，因此自由锻在一般机械制造中具有重要意义。

（3）自由锻依靠操作者的技能控制锻件形状和尺寸，锻件精度低，表面质量差，金属消耗多。

基于自由锻的上述特点，其主要用于品种多、产量不大的单件或小批生产，也可用于模锻前的制坯。

2. 毛坯的加热

金属材料在一定温度范围内，其塑性随着温度的上升而提高，变形抗力则下降，用较小的变形力就能使毛坯稳定地改变形状而不出现破裂，所以锻造前通常要对毛坯进行加热。

锻件加热可采用一般燃料的火焰加热，也可采用电加热。允许加热达到的最高温度称为始锻温度，停止锻造的温度称为终锻温度。由于化学成分的不同，每种金属材料的始锻温度和终锻温度都是不一样的。常用金属材料的锻造温度范围见表 3–2–2。

表 3–2–2　常用金属材料的锻造温度范围

材料种类	始锻温度 /℃	终锻温度 /℃
低碳钢	1 200 ~ 1 250	800
中碳钢	1 150 ~ 1 200	800
合金结构钢	1 100 ~ 1 180	850

3. 自由锻的基本工序

自由锻时，锻件的形状是通过一些基本变形工序逐步加工成的。自由锻的基本工序有镦粗、拔长、冲孔、弯曲、扭转、切割等。

（1）镦粗

镦粗是对毛坯沿轴向锻打，使其高度降低、横截面面积增大的操作过程。这种工序常用于锻造齿轮坯和其他圆盘类锻件。

镦粗分为整体镦粗和局部锻粗两种，如图 3–2–4 所示。

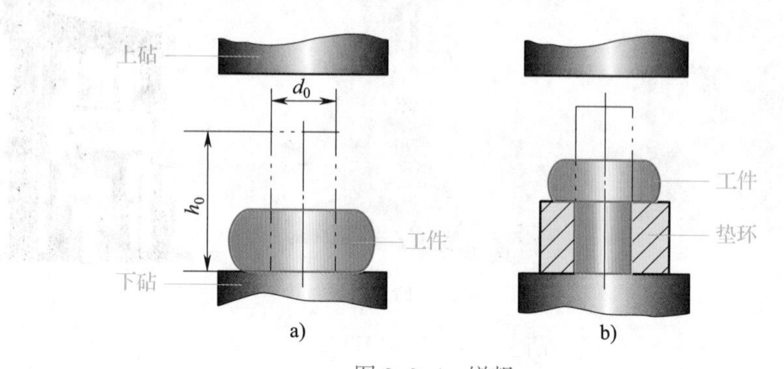

图 3–2–4　镦粗

a）整体镦粗　b）局部镦粗

镦粗时应注意以下几点：

1）镦粗部分的高度与直径之比应小于 2.5，否则容易镦弯，如图 3–2–5 所示。

2）毛坯端面要平整且与轴线垂直，锻打用力要正，否则容易锻歪。

3）镦粗力要足够大，否则会形成细腰或夹层，如图 3–2–6 所示。

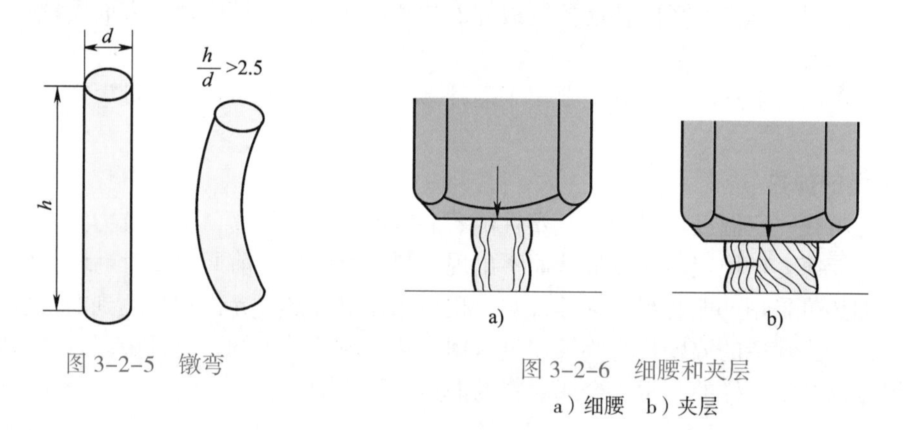

图 3–2–5　镦弯

图 3–2–6　细腰和夹层

a）细腰　b）夹层

（2）拔长

拔长是使毛坯长度增加、横截面面积减小的锻造工序，通常用来生产轴类毛坯，如车床主轴、连杆等。拔长时，每次送进量 L 应为砧宽 B 的 0.3 ~ 0.7 倍。若 L 太大，则金属横向流动多，纵向流动少，拔长效率反而下降；若 L 太小，又易产生夹层，如图 3–2–7 所示。

拔长过程中应经常对毛坯做 90° 翻转，如图 3–2–8 所示。对于较重的毛坯，常采用锻打完一面翻转 90° 再锻打另一面的方法，如图 3–2–8a 所示，其操作过程为：先锻打一面，按顺序 1 ~ 5 逐段拔长，然后将毛坯翻转 90° 锻打另一面，使毛坯按顺序 6 ~ 10 逐段拔长。对于较小的毛坯，则采用来回翻转 90° 的锻打方法，如图 3–2–8b 所示，锻打时按图中数字顺序来回翻转并逐段锻打，最终完成拔长。

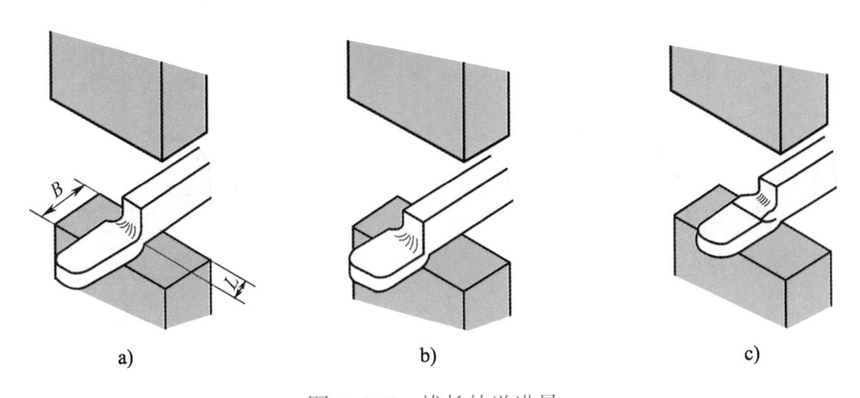

图 3-2-7　拔长的送进量

a）送进量合适　b）送进量太大，拔长效率低　c）送进量太小，产生夹层

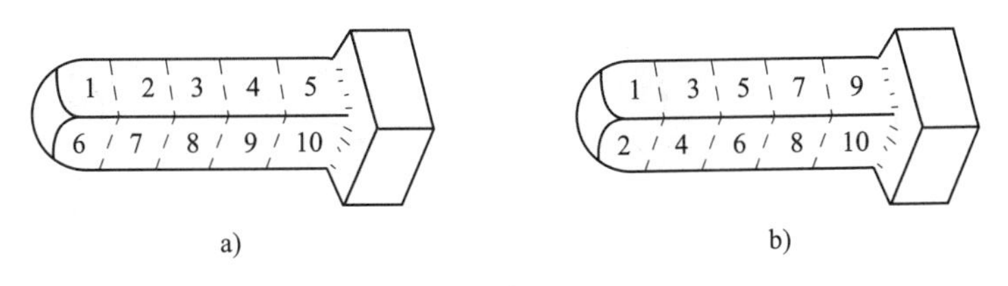

图 3-2-8　拔长时毛坯的翻转

a）较重毛坯的拔长　b）较小毛坯的拔长

圆形截面毛坯拔长时，应先锻成方形截面，在拔长到边长直径接近锻件时，锻成八角形截面，最后倒棱、滚打成圆形截面，如图 3-2-9 所示。这样拔长的效率高，且能避免引起中心裂纹。

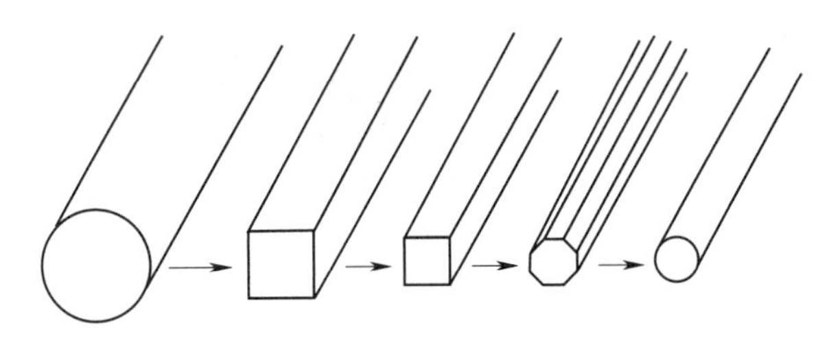

图 3-2-9　圆形截面毛坯拔长时的过渡截面形状

（3）冲孔

冲孔是在毛坯上冲出通孔或不通孔的锻造工序。冲孔的方法有单面冲孔和双面冲孔两种。

1）单面冲孔。厚度小的毛坯可采用单面冲孔法。冲孔时，毛坯置于垫环上，将一略带锥度的冲头大端对准冲孔位置，用锤击方法打入毛坯，直至孔穿透为止，如图 3-2-10 所示。

2）双面冲孔。如图 3-2-11 所示，在镦粗后平整的毛坯表面上先预冲凹坑，放少许煤粉，再继续冲至约 3/4 深度，借助煤粉燃烧的膨胀气体取出冲头，翻转毛坯，从反面将孔冲透。

（4）弯曲

使毛坯弯曲成一定角度或形状的锻造工序称为弯曲，如图 3-2-12 所示。

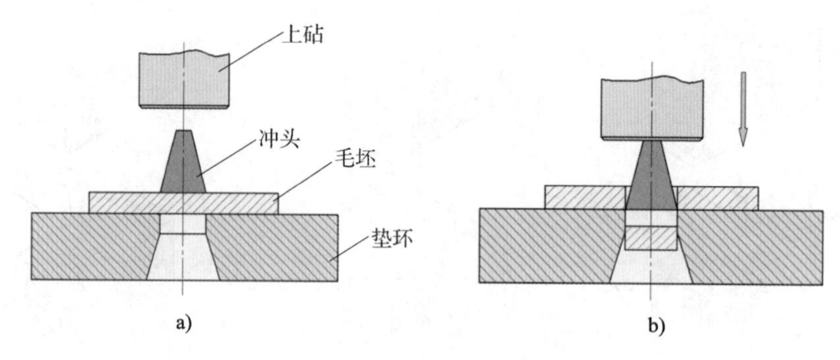

图 3-2-10　单面冲孔

a）准备冲孔　b）完成冲孔

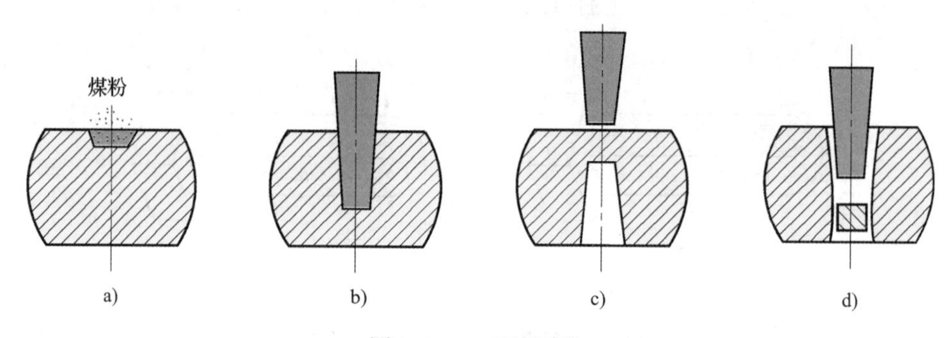

图 3-2-11　双面冲孔

a）预冲凹坑　b）冲至约 3/4 深度　c）翻转毛坯　d）冲透毛坯

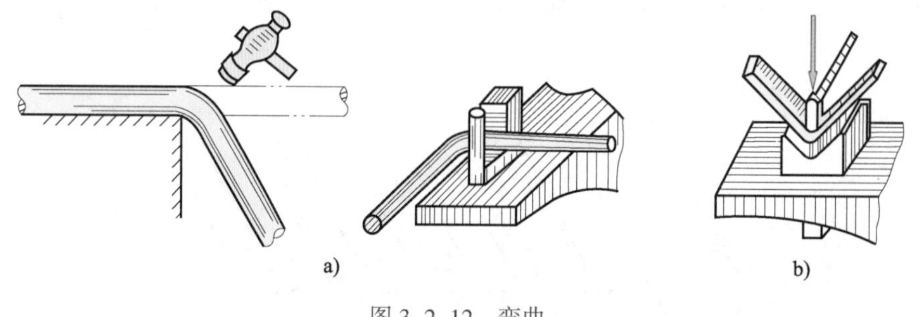

图 3-2-12　弯曲

a）角度弯曲　b）成形弯曲

弯曲用于制造吊钩、链环、弯板等锻件。弯曲时，锻件的加热部分最好只限于被弯曲的一段，且加热必须均匀。

（5）扭转

扭转是使毛坯的一部分相对于另一部分旋转一定角度的锻造工序，如图 3-2-13 所示。锻造多拐曲轴、连杆等锻件和校直锻件时常用这种工序。

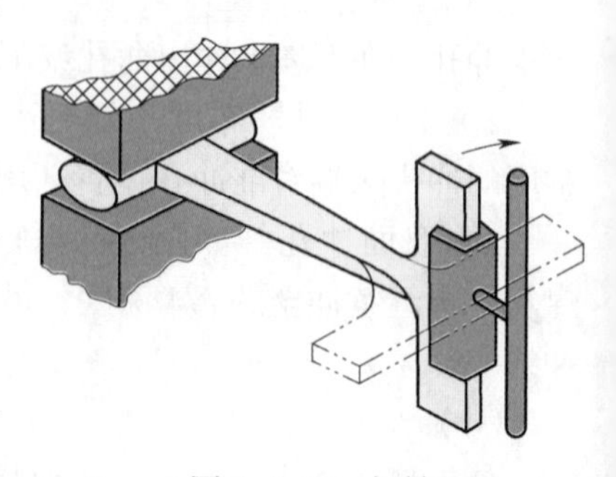

图 3-2-13　扭转

扭转前，应将整个毛坯先放在一个平面内锻打成形，并使被扭转部分表面光滑，然后进行扭转。扭转时，由于金属变形剧烈，要将被扭转部分加热到始锻温度，且均匀热透。扭转后，要注意缓慢冷却，以防扭裂。

（6）切割

把板材或型材等切成所需形状和尺寸的毛坯或工件的锻造工序称为切割。切割的方法有以下几种：

1）单面切割。将剁刀垂直于毛坯，锤击剁刀使其切入毛坯至接近底部，然后翻转毛坯，用剁刀或压棍对准切口将毛坯切断，如图 3-2-14 所示。这种方法常用于切断毛坯和切除料头。

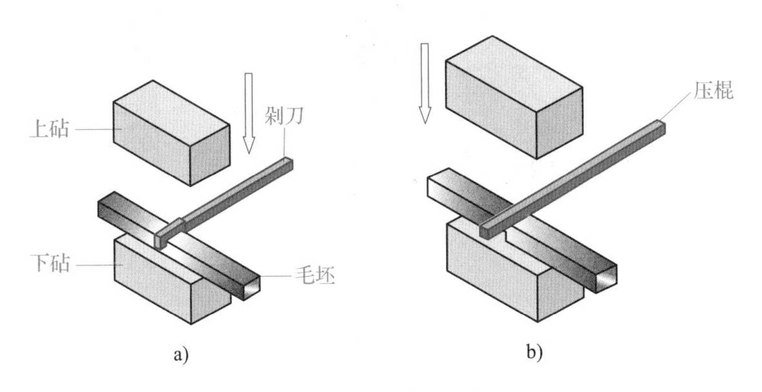

图 3-2-14　单面切割

a）剁刀切入　b）压棍切断

2）双面切割和四面切割。在毛坯的两个相对面上先后切割，称为双面切割。若先切割两相对面，再切割相邻的两相对面，则称为四面切割。双面切割和四面切割一般用于切割截面较大的毛坯。

3）圆料切割。将毛坯置于剁料槽内，第一刀切至毛坯直径的 1/3 ~ 1/2 深处，然后将毛坯转动 120° ~ 150° 后切入第二刀，再转动毛坯切第三刀将毛坯切断，如图 3-2-15 所示。

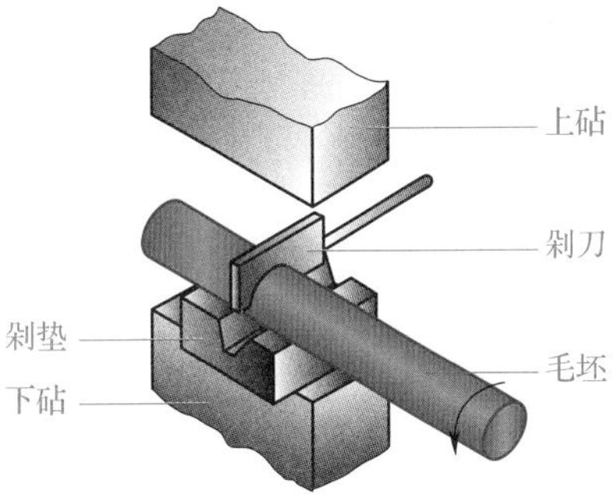

图 3-2-15　圆料切割

三、模锻

将加热后的毛坯放在锻模的模腔内，经过锻造，使其在模腔所限制的空间内产生塑性变形，从而获得锻件的锻造方法称为模锻。

模锻的生产率和锻件精度比自由锻高，可锻造形状复杂的锻件，但需要专用设备，如图 3-2-16 所示的数控全液压模锻锤，且模具制造成本高，只适用于大批生产。

模锻的锻模结构有单模膛锻模（图 3-2-17）和多模膛锻模。用燕尾槽与斜楔的配合使锻模固定，以防其脱出和左右移动；用键与键槽的配合使锻模定位准确，以防其前后移动。

单模膛一般为终锻模膛，锻造时需先经过下料→制坯→预锻，再经终锻模膛锤击成型，最后取出锻件，切除飞边，模锻工艺过程如图 3-2-18 所示。

四、胎模锻

胎模锻是自由锻与模锻相结合的加工方法，即在自由锻设备上使用可移动的模具生产锻件。胎模锻与模锻相比，具有模具结构简单、易于制造、不需要专用锻造设备等优点。但

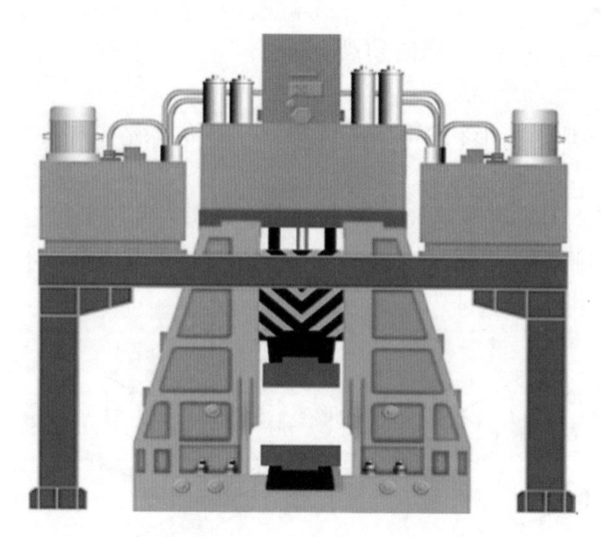

图 3-2-16　数控全液压模锻锤

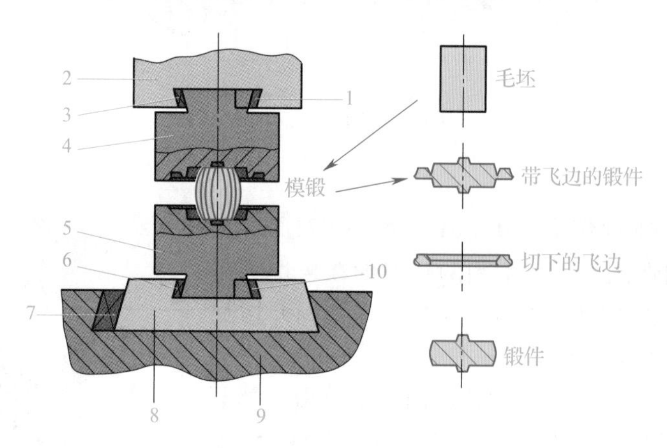

图 3-2-17　单模膛锻模

1、10—楔键　2—锤头　3、6、7—楔铁　4—上模　5—下模　8—模座　9—砧座

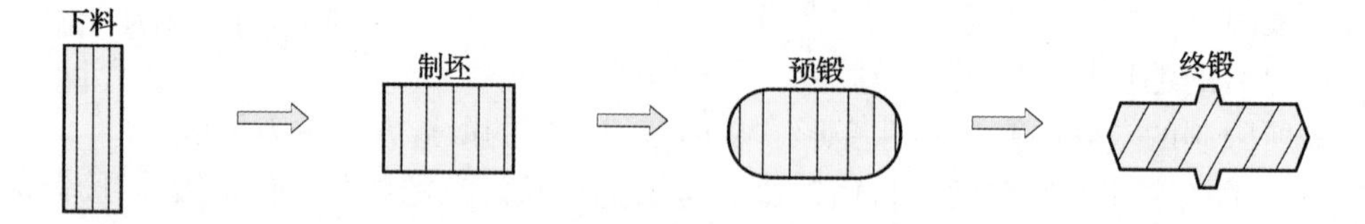

图 3-2-18　模锻工艺过程

是，胎模锻的锻件质量没有模锻高，且工人劳动强度较大，胎模寿命短，生产率较低。胎模锻一般适用于小型锻件的中小批生产，在没有模锻设备的中小型企业中应用普遍。

如图 3-2-19 所示为锤子锤头胎模结构。胎模锻时，下模置于空气锤的下砧上，但不固定。毛坯放在胎模内，合上上模，用锤子锻打上模，待上、下模合拢后便形成锻件。

五、冲压

冲压是利用冲模使板料分离或产生变形的加工方法。因多数情况下板料无须加热，故又称为冷冲压。

冲压易于实现机械化和自动化，生产率高。冲压件尺寸精确，互换性好，表面光洁，大都无须进行机械加工，因而被广泛用于汽车、电器、仪表和航空等制造业中。

1. 冲压设备

冲床是进行冲压加工的基本设备，它有多种类型，常见的有开式冲床和闭式冲床，如图 3–2–20 所示。

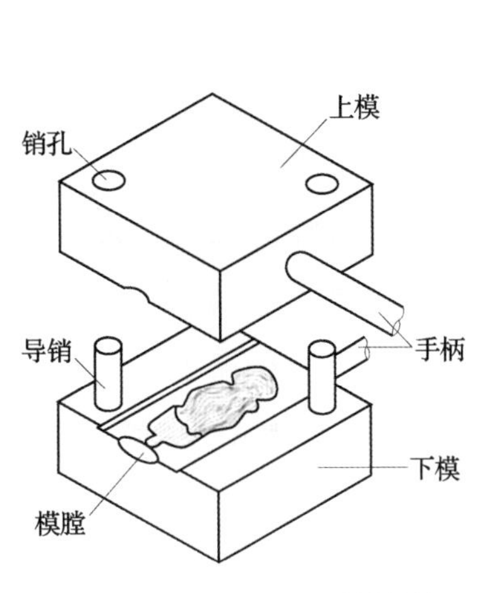

图 3–2–19　锤子锤头胎模结构

a)

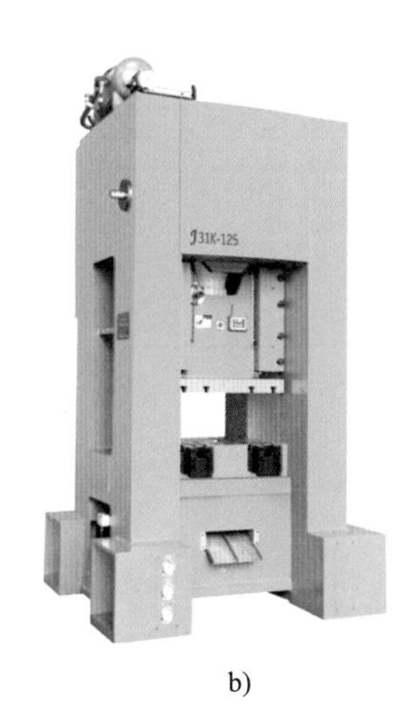

b)

图 3–2–20　冲床

a）开式冲床　b）闭式冲床

2. 冲压工序

冲压的基本工序主要有分离工序和成型工序，见表 3–2–3。

表 3–2–3　冲压的基本工序

工序名称	类型	图示	说明
分离工序	冲裁（落料和冲孔）	凸模　毛坯　凹模 毛坯　废料　制件 落料 毛坯　废料　制件 冲孔	落料和冲孔是使毛坯分离的工序。落料和冲孔的过程完全一样，只是用途不同。落料时，被分离的部分是制件，剩下的周边是废料；冲孔则是为了获得孔，被冲孔的板料是制件，而被分离的部分是废料

续表

工序名称	类型	图示	说明
分离工序	剪切	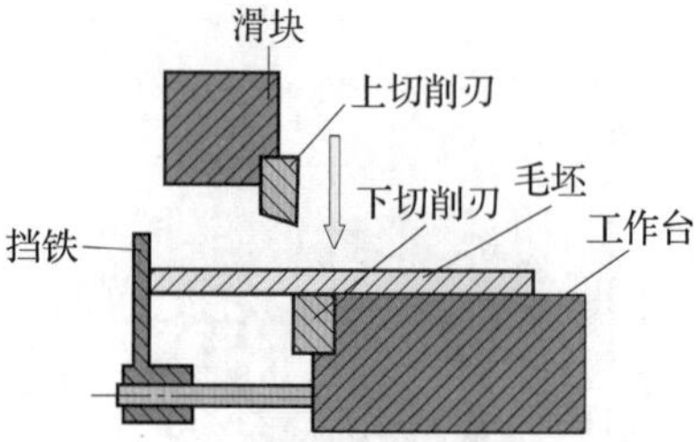	剪切是指以两个相互平行或交叉的刀片对金属材料进行切断的工序，主要用于下料，如将板料切成冲压所需的具有一定宽度的条料
成型工序	弯形	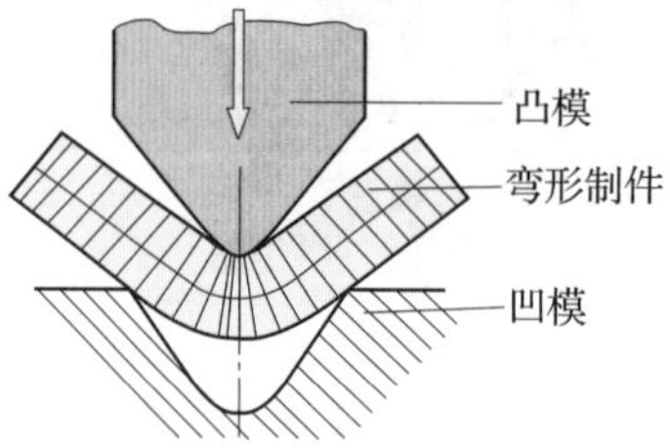	弯形就是使毛坯或工件获得各种不同形状的弯角
	拉深	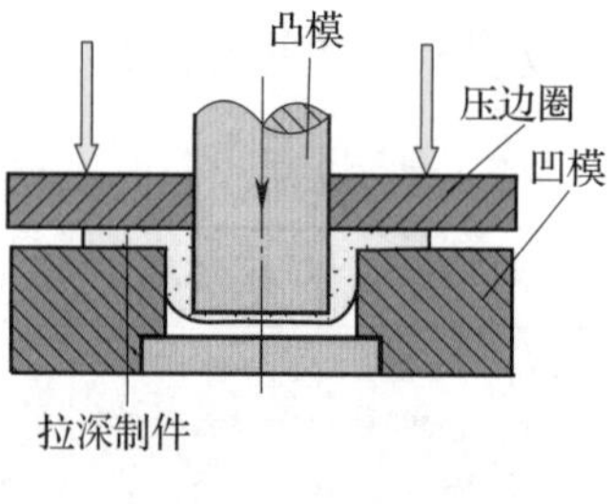	拉深是将板料或浅的空心坯制成杯形或盒形件的加工过程
	翻边	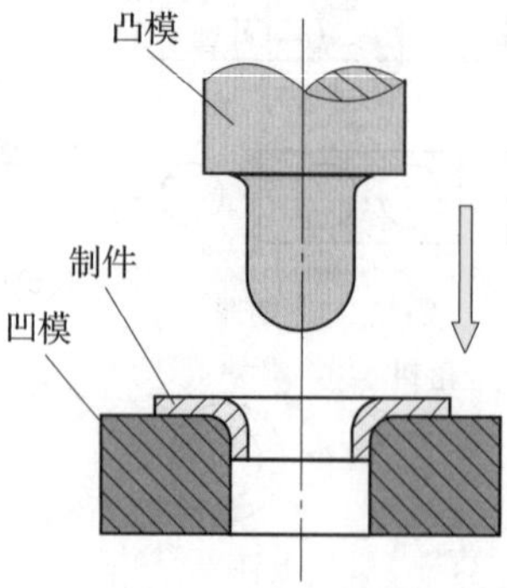	翻边是在毛坯的平面部分或曲面部分的边缘，沿一定曲线翻起竖立直边的成型方法

续表

工序名称	类型	图示	说明
成型工序	起伏	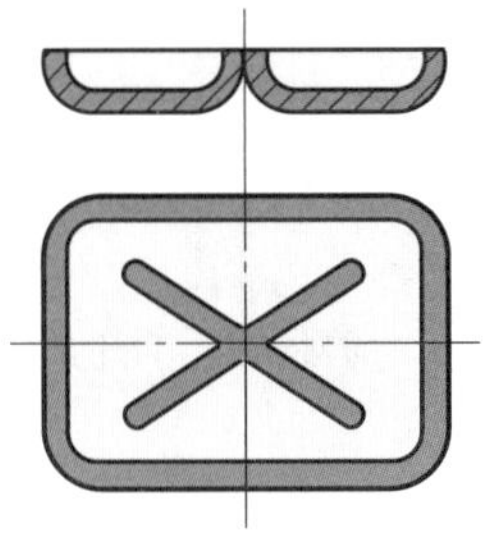	起伏是在板料或制件表面上通过使局部变薄获得各种形状的凸起与凹陷的成型方法
	缩口	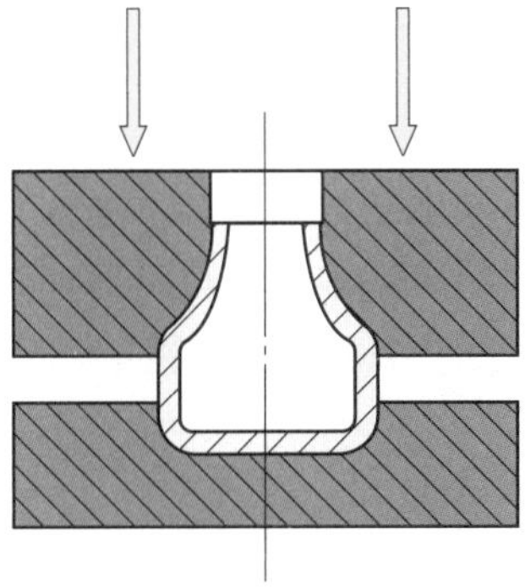	缩口是向管件或空心制件的端部加压，使其径向尺寸缩小的加工方法
	胀形	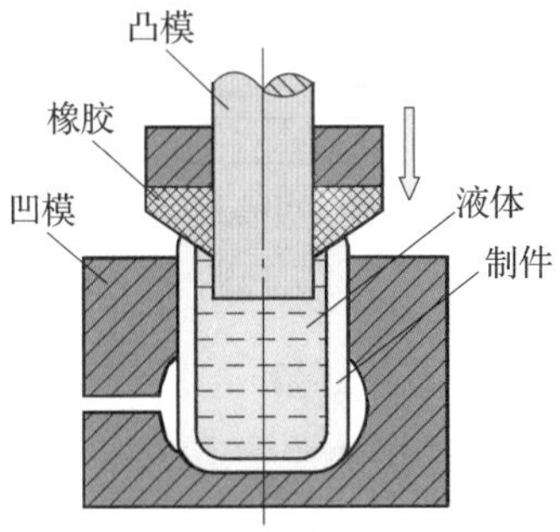 液压成型 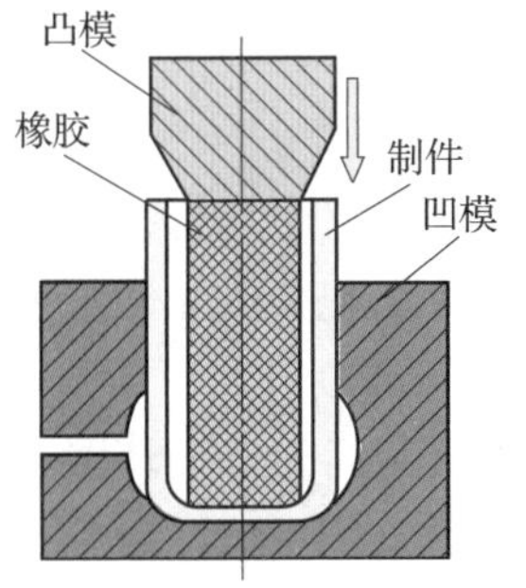 橡胶成型	胀形是板料或空心毛坯在双向拉应力的作用下产生塑性变形获得所需制件的成型方法

3. 冲压特点及其应用

（1）冲压的特点

1）在分离或成型过程中，板料的厚度变化很小，内部组织也不产生变化。

2）生产率很高，易实现机械化、自动化生产。

3）冲压制件尺寸精确，表面光洁，大都无需再进行机械加工。

4）适应范围广，从小型的仪表工件到大型的汽车横梁等均能生产，并能制出形状较复杂的冲压制件。

5）冲压使用的模具精度高，制造复杂，成本高，所以主要适用于大批生产。

（2）冲压的应用

冲压常用的板料为低碳钢、不锈钢、铝与铝合金、铜与铜合金等，它们的塑性好，变形抗力小，适于冲压加工。

板料冲压被广泛用于汽车、电器、仪表和航空等制造业中。

六、锻压的新技术和新工艺

1. 粉末锻造

粉末锻造是粉末冶金成型方法与锻造相结合的一种金属加工方法。它是将粉末预压成型后，在充满保护气体（保护气氛）的炉中烧结制坯，将毛坯加热至锻造温度后模锻而成，粉末锻造工艺示意图如图 3–2–21 所示。采用粉末锻造方法锻出的零件有差速器行星齿轮、柴油机连杆、链轮、衬套等。

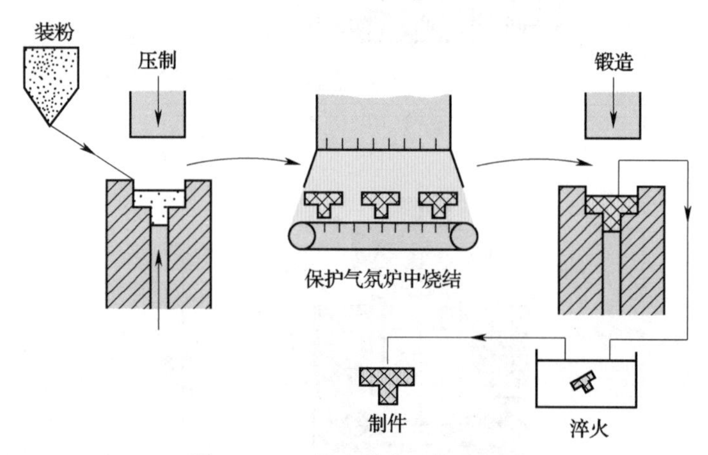

图 3–2–21　粉末锻造工艺示意图

与模锻相比，粉末锻造具有以下优点：

（1）材料利用率高，可达 90% 以上。

（2）生产的制件力学性能好。生产的制件材质均匀，强度高，塑性和韧性都较好。

（3）生产的制件精度高，表面光洁，可实现少或无切削加工。

（4）生产率高，每小时产量可达 500 ~ 1 000 件。

（5）锻造压力小，如锻造汽车差速器行星齿轮，钢坯锻造需用总压力为 2 500 ~ 3 000 kN 的压力机，而粉末锻造只需总压力为 800 kN 的压力机。

（6）可以加工热塑性差的材料，如难于变形的高温铸造合金可用粉末锻造方法锻出形状复杂的零件。

2. 数控冲压

冲压技术不断发展，与材料技术、计算机技术、数控技术相结合，形成不仅适用于大批生产，而且适用于小批生产的数控冲压技术。图 3-2-22 所示为常见的数控冲压设备。

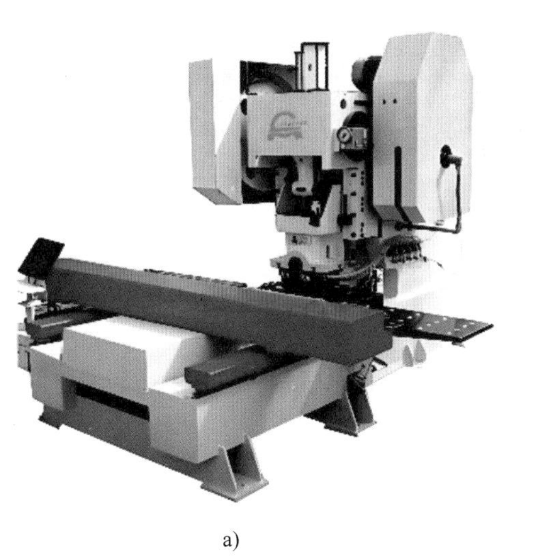

a)

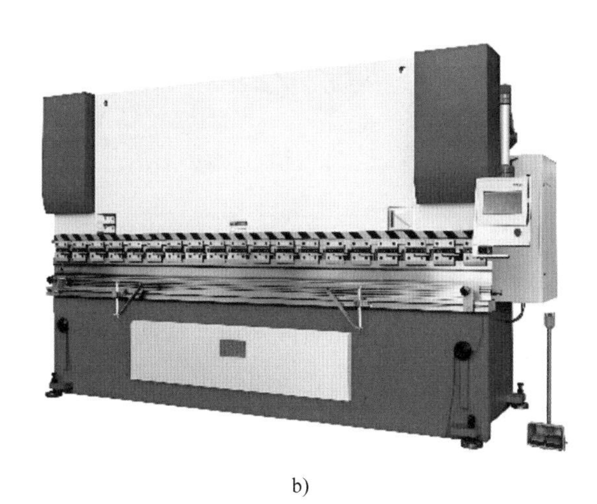

b)

图 3-2-22 常见的数控冲压设备

a）数控冲床 b）数控折弯机

§3-3 焊接

课堂讨论

在工业生产中，经常需要将两个或两个以上的零件按一定形式和位置连接起来，常见的有键连接、销连接、螺纹连接、焊接、铆接等。观察下面的连接方法，从可拆卸性、连接可靠性等方面对其进行评价，指出它们各自所属的类型和应用特点。对于不同类型的连接，你还能举出一些相应的例子吗？

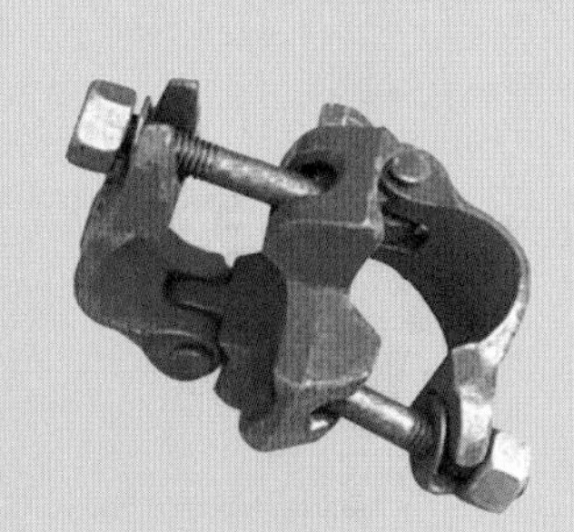

脚手架扣件的连接

钢桥上钢板的连接

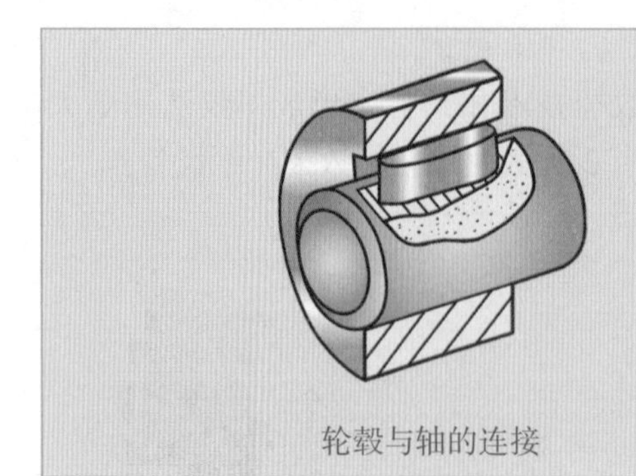

轮毂与轴的连接

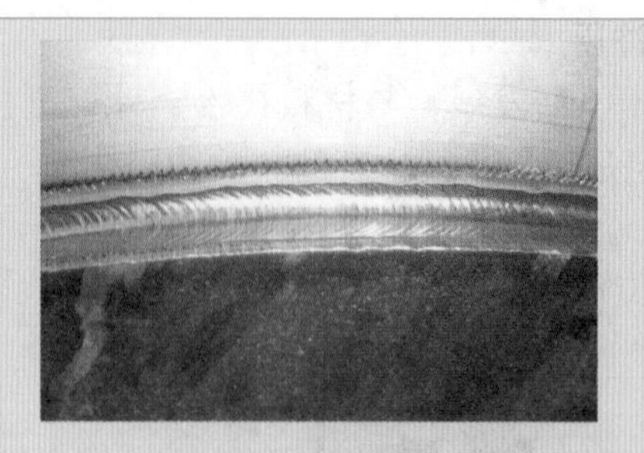

大型容器壳体的连接

一、焊接基础知识

1. 焊接的定义及分类

焊接就是通过加热或加压，或两者并用，用或不用填充材料，使焊件连接在一起的一种加工工艺方法。按照焊接过程中金属所处的状态不同，可以把焊接方法分为熔焊、压焊和钎焊三类，熔焊、压焊和钎焊的特点见表 3–3–1。

表 3–3–1　　熔焊、压焊和钎焊的特点

焊接类型	特点	图示
熔焊	焊接过程中将焊件接头加热至熔化状态，不施加压力而完成焊接的方法，如电弧焊、气焊、电渣焊等	焊条电弧焊　气焊
压焊	焊接过程中对焊件施加压力（加热或不加热）以完成焊接的方法，如电阻焊等	筛网座多点电阻焊

续表

焊接类型	特点	图示
钎焊	采用比母材熔点低的金属材料作钎料，将焊件和钎料加热到高于钎料熔点、低于母材熔点的温度，利用液态钎料润湿母材，填充接头间隙并与母材相互扩散实现连接焊件的方法	紫铜钎焊

焊接方法的分类如图 3-3-1 所示。

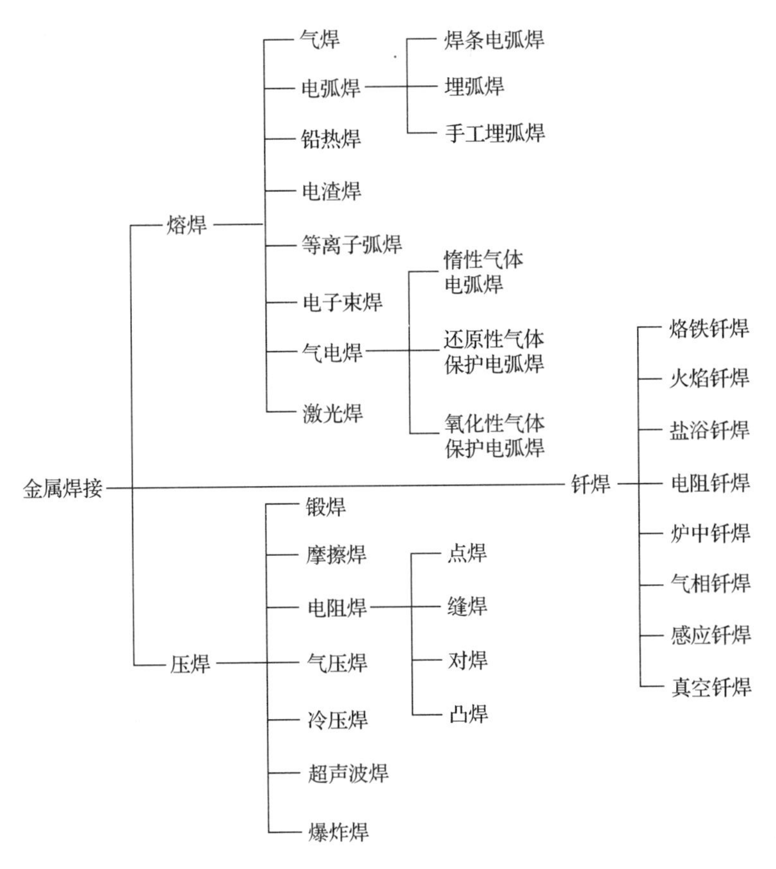

图 3-3-1　焊接方法的分类

2. 焊接的特点

焊接是目前应用极为广泛的一种永久性连接方法。在许多工业部门的金属结构制造中，焊接几乎取代了铆接；不少过去一直用整铸、整锻方法生产的大型毛坯改成焊接结构，可大大简化生产工艺，降低成本。焊接之所以能如此迅速发展，是因为它本身具有一系列优点。

（1）焊接与铆接相比，可以节省大量金属材料，减小结构的质量。其原因在于焊接结构不必钻铆钉孔，材料截面能得到充分利用，也不需要辅助材料，焊接结构与铆接结构的比较如图 3–3–2 所示。

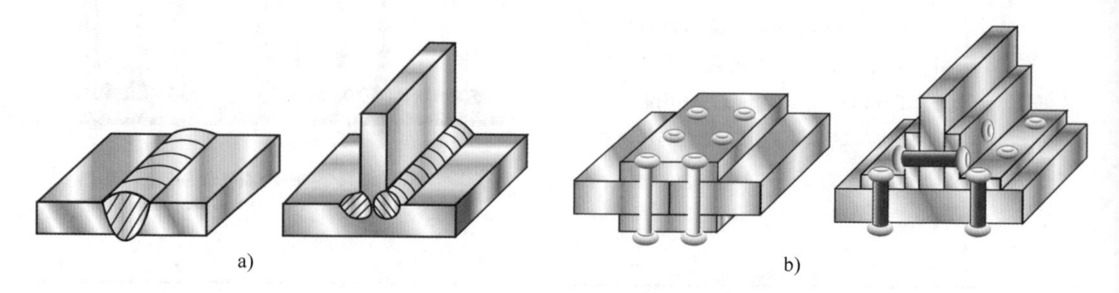

图 3–3–2　焊接结构与铆接结构的比较

a）焊接结构　b）铆接结构

（2）焊接与铸造相比，不需要制作木模和砂型，也不需要专门熔炼、浇注，工序简单，生产周期短，尤其体现在单件、小批生产中；焊接结构比铸件节省材料；采用轧制材料的焊接件一般比铸件好，即使不用轧制材料，用小铸件拼焊成大件，小铸件的质量也比大铸件容易保证。

（3）焊接具有一些其他工艺方法难以达到的优点，如可以根据受力情况和工作环境在不同的结构部位选用不同强度和不同耐磨、耐腐蚀、耐高温等性能的材料。

焊接也有一些缺点，如产生焊接应力与变形，焊缝中存在一定的缺陷，焊接中会产生有毒有害物质等。

3. 焊接的应用

焊接广泛应用于船舶、桥梁、车辆、压力容器、航空航天等领域，如图 3–3–3 所示。随着科学技术的不断发展，特别是近年来计算机技术的应用与推广，焊接技术特别是焊接自动化技术达到了一个崭新的阶段。

4. 焊接安全文明生产规程

焊工在进行焊接作业时要与电、可燃及易爆气体、易燃液体、压力容器等接触；在焊接过程中还会产生一些有害气体、烟尘、电弧光辐射、焊接热源（电弧、气体火焰）的高温、高频磁场、噪声等；有时还要在高处、水下、容器设备内部等特殊环境下作业。如果焊工不熟悉有关劳动保护知识，不遵守安全文明生产规程，就可能引起触电、灼伤、火灾、爆炸、中毒、窒息等事故，这不仅给国家财产造成巨大损失，而且直接危及焊工及其他工作人员的人身安全。

（1）预防触电的安全文明生产规程

1）电焊机外壳接地或接零。

2）遇到焊工触电时，切不可赤手去拉触电者，应先迅速将电源切断；如果切断电源后触电者呈昏迷状态，应立即实施人工呼吸，直至送到医院为止。

3）在光线暗的场地、容器内操作或夜间工作时，使用的工作照明灯的安全电压应不超过 36 V；在高空或特别潮湿的场地作业时，安全电压应不超过 12 V。

a)

b)

c)

d)

图 3-3-3 焊接在各个领域的应用

a）桥梁 b）车辆 c）压力容器 d）航空航天

4）穿戴好个人防护用品，工作服、手套、绝缘鞋应保持干燥。

5）在潮湿的场地工作时，应用干燥的木板或橡胶板等绝缘物作绝缘垫。

6）焊工在拉、合电源闸刀或接触带电物体时，必须单手进行。因为双手操作电源闸刀或接触带电物体时，一旦发生触电，会通过人体心脏形成回路，导致触电者迅速死亡。

（2）预防火灾和爆炸的安全文明生产规程

1）焊接前要认真检查工作场地及周围是否有易燃易爆物品（如棉纱、油漆、汽油、煤油、木屑等）。如有易燃易爆物品，应将这些物品移至距焊接工作场地 10 m 以外的地方。

2）在进行焊接作业时，应注意防止金属火花飞溅而引起火灾。

3）严禁设备在带压状态下焊接，带压设备一定要先解除压力（卸压），且必须在焊接前打开所有孔盖。常压而密闭的设备也不允许进行焊接作业。

4）凡被化学物质或油脂污染的设备都应清洗后再焊接。如果是易燃易爆或有毒的污染物，更应彻底清洗，经有关部门检查并填写动火证后才能焊接。

5）在进入容器内工作时，焊炬应随焊工同时进出，严禁将焊炬放在容器内而焊工擅自离去，以防混合气体燃烧和爆炸。

6）焊条及焊后的焊件不能乱扔，应妥善保管，严禁放在易燃易爆物品的附近，以免发生火灾。

7）离开焊接场地时，应关闭气源、电源，将火种熄灭。

（3）预防有害气体和烟尘中毒的安全文明生产规程

1）焊接场地应具备良好的通风条件。

2）合理组织劳动布局，避免多名焊工拥挤在一起操作。

3）尽量扩大自动焊、半自动焊的使用范围，以代替手工焊接。

4）做好个人防护工作，如使用静电防尘口罩等以减少烟尘对人体的侵害。

（4）预防电弧光辐射的安全文明生产规程

1）焊工必须使用有电焊防护玻璃的面罩。

2）面罩应轻便、形状合适、耐热、不导电、不导热、不漏光。

3）焊工工作时，应穿白色帆布工作服，防止电弧光灼伤皮肤。

4）操作引弧时，焊工应该注意周围人群，以免强烈的电弧光伤害他人眼睛。

5）在厂房内或人多的区域进行焊接时，应尽可能使用防护屏，避免周围人群遭受电弧光伤害。

6）进行重力焊或定位焊时，要特别注意避免电弧光的伤害，焊工或装配工应佩戴防光眼镜。

（5）特殊环境焊接的安全文明生产规程

特殊环境焊接是指在一般工业企业正规厂房以外的地方，如高处、容器内部、野外进行的焊接。

1）高处焊接作业。焊工在距基准面 2 m 及以上有可能坠落的高处进行焊接作业，称为高处（登高）焊接作业。

①患有高血压、心脏病等疾病与酒后人员，不能进行高处焊接作业。

②进行高处焊接作业时，焊工应系安全带，地面应有人监护（或两人轮换作业）。

③进行高处焊接作业时，登高工具（如脚手架等）要安全、牢固、可靠，焊接电缆等应扎紧在固定的地方，不能缠绕在身上或搭在背上。不能用可燃材料做脚手架、焊接电缆和气割用胶管等。

④乙炔瓶、氧气瓶、弧焊机等焊接设备和工具应尽量留在地面。

⑤遇有雨天、雪天、雾天或刮大风（6 级以上）时，禁止高处焊接作业。

2）容器内部的焊接作业

①进入容器内部前，先要弄清容器内部的情况。

②对容器与外界联系的部位进行隔离和切断，如电源和附带在设备上的水管、料管、蒸汽管、压力管等均要切断并挂牌。若容器内有污染物应进行清洗，并经检查确认无危险后，才能进入内部焊接。

③进入容器内部焊接要实行监护制，并派专人进行监护。监护人不能随便离开现场，并要与容器内部的人员经常取得联系，如图 3-3-4 所示。

④在容器内部进行焊接作业时，内部尺寸不应过小，并注意做好通风排气工作。通风应用压缩空气，严禁使用氧气作为通风气体。

⑤在容器内部作业时，要做好绝缘防护工作，最好垫上绝缘垫，以防发生触电等事故。

3）露天或野外作业

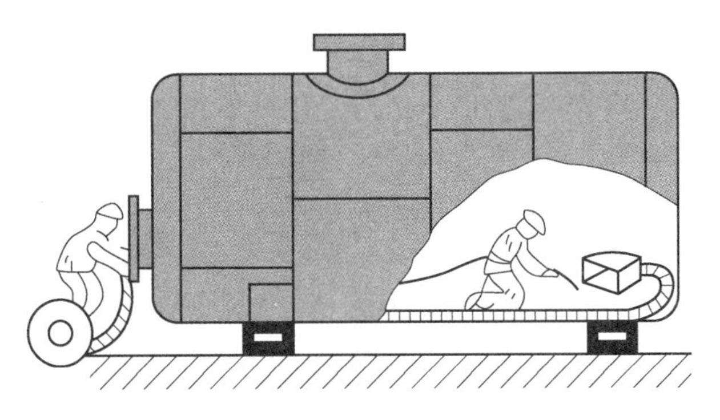

图 3–3–4　容器内部焊接的监护

①夏季露天作业时，必须有防风雨棚或临时凉棚。

②露天作业时，应注意风向，不要让吹散的铁水及熔渣伤人。

③遇有雨天、雪天或雾天，不准露天作业。

④夏季露天气焊时，应防止氧气瓶、乙炔瓶直接受烈日暴晒，以免气体膨胀发生爆炸。冬季如遇瓶阀或减压器冻结，应用热水解冻，严禁火烤。

观察记录

通过参观焊接生产车间或观看视频，你对焊接技术有了哪些认识？将观察到的内容记录于下表内。

参观车间	焊接结构名称	熔焊方法	压焊方法	钎焊方法
观后感想				

二、焊条电弧焊

焊条电弧焊是用手工操纵焊条进行焊接的电弧焊方法，是熔焊中最基本的一种焊接方法，也是目前焊接生产中使用最为广泛的焊接方法。

1. 焊条电弧焊的原理

焊条电弧焊的焊接回路如图 3–3–5 所示，由弧焊电源、电缆、焊钳、焊条、焊件和焊接电弧组成。焊接电弧是负载，弧焊电源是为其提供电能的装置，焊接电缆用于连接电源与焊钳和焊件。

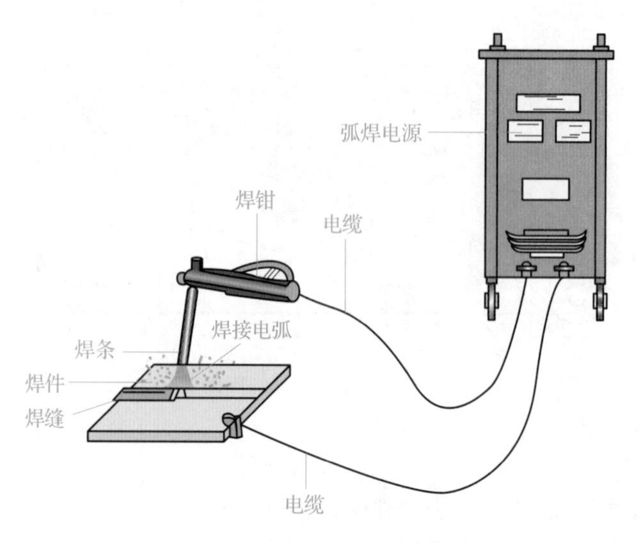

图 3–3–5　焊条电弧焊的焊接回路

焊条电弧焊的原理如图 3–3–6 所示。焊接时，将焊条与焊件接触短路后立即提起焊条，引燃电弧。电弧的高温将焊条与焊件局部熔化，熔化了的焊芯以熔滴的形式过渡到局部熔化的焊件表面，融合在一起后形成熔池。焊条药皮在熔化过程中产生一定量的气体和液态熔渣，起到保护液态金属的作用。同时，药皮熔化产生的气体、熔渣与熔化的焊芯、焊件发生一系列冶金反应，保证了所形成焊缝的性能。随着电弧沿焊接方向不断移动，熔池内的液态金属逐步冷却结晶形成焊缝。

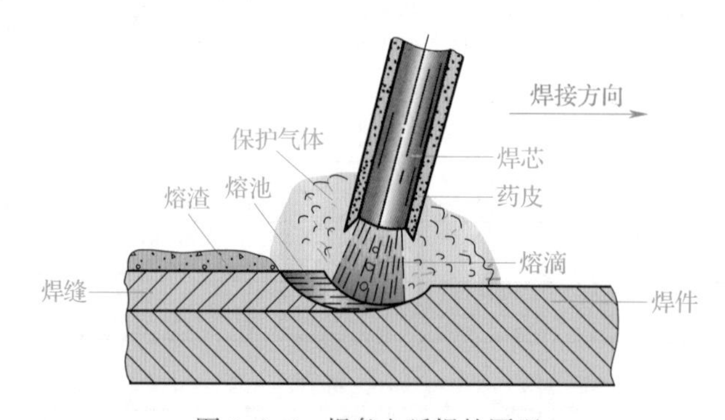

图 3–3–6　焊条电弧焊的原理

2. 焊条

焊条是涂有药皮的供焊条电弧焊使用的焊接材料。

（1）焊条的组成

焊条由焊芯和药皮组成，焊芯是一根具有一定长度及直径的钢丝，药皮则是压涂在焊芯表面上的涂料层，如图 3–3–7 所示。焊条端部有一段没有药皮的夹持端，用焊钳夹住后可以导电，焊条引弧端的药皮磨出倒角，便于焊接时引弧。焊条长度一般为 250 ~ 450 mm。焊条直径是以焊芯直径来表示的，常用的有 ϕ2 mm、ϕ2.5 mm、ϕ3.2 mm、ϕ4 mm、ϕ5 mm、ϕ6 mm 等几种规格。

药皮的成分相当复杂，由各种矿石粉末、铁合金粉、有机物和化工制品等原料组成。

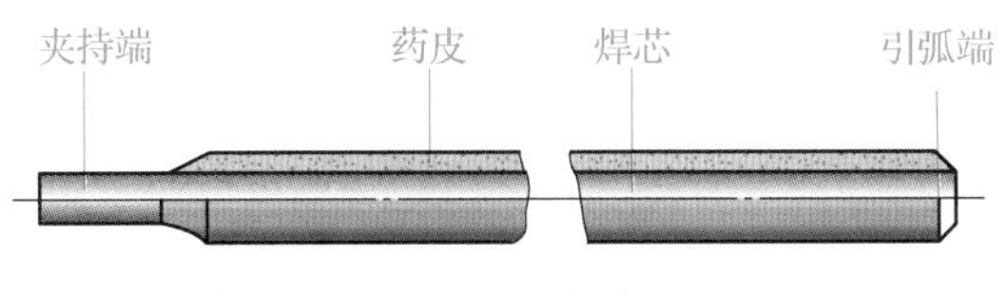

图 3-3-7 焊条

一种焊条药皮的配方一般由八种以上的原料组成。这些组成物在焊接过程中起到稳弧、造渣、造气、脱氧、稀释、黏结等作用。

（2）焊条的分类

按焊条的用途不同，分为非合金钢焊条、低合金钢焊条、不锈钢焊条、堆焊焊条、铸铁焊条、铜及铜合金焊条、铝及铝合金焊条和镍及镍合金焊条等；按焊条药皮熔化后的熔渣特性不同，分为酸性焊条和碱性焊条两大类。

熔渣成分主要是酸性氧化物的焊条称为酸性焊条，典型的是钛钙型药皮焊条。酸性焊条的优点是工艺性好，如引弧容易，电弧稳定，飞溅少，脱渣性好，焊缝成形美观，产生的有害气体少，可用交流、直流焊接电源，施焊技术容易掌握等；缺点是焊缝金属的力学性能差，抗裂性能较差。酸性焊条适用于一般低碳钢和强度等级较低的普通低合金钢的焊接。

碱性焊条熔渣的主要成分是碱性氧化物和氟化钙，典型的是低氢钠型药皮焊条。碱性焊条的优点是焊缝脱氧、脱硫、脱磷及去氢的能力比酸性焊条强，焊缝金属的力学性能，尤其是塑性、韧性和抗裂性能都比酸性焊条的好；缺点是工艺性差，对油、锈及水分等较敏感。碱性焊条适用于合金钢和重要非合金钢结构的焊接。

3. 焊条电弧焊的设备

（1）弧焊电源的分类

弧焊电源是焊条电弧焊的供电装置，即通常所说的电焊机，常用弧焊电源如图 3-3-8 所示。按输出的电流性质不同，分为直流弧焊电源和交流弧焊电源两大类；按结构和原理不同，常分为弧焊变压器、弧焊整流器、弧焊逆变器和弧焊发电机四类。

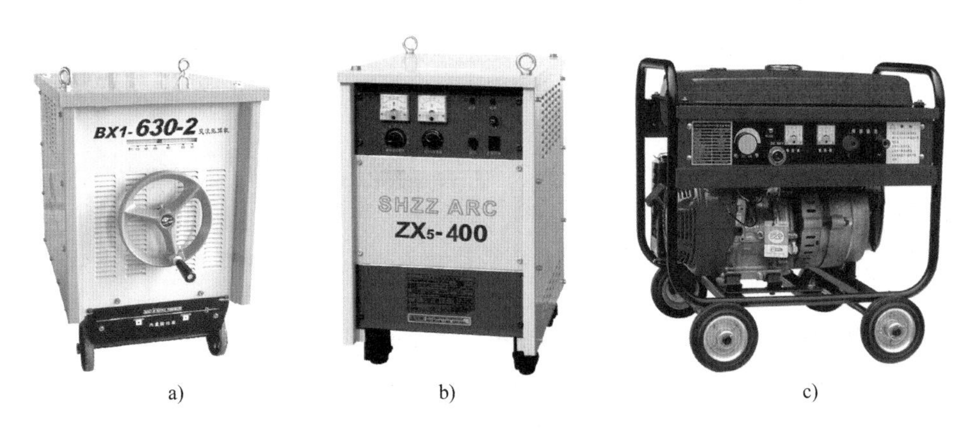

图 3-3-8 常用弧焊电源

a）弧焊变压器 b）弧焊整流器 c）弧焊发电机

弧焊发电机耗电量大、噪声大，属于被淘汰产品。弧焊逆变器是一种新型的弧焊电源，由于其具有高效、节能、质量小、体积小、动特性和工艺性好等特点，因此逐渐被广泛使用。三类弧焊电源的特点见表 3–3–2。

表 3–3–2　三类弧焊电源的特点

项目	弧焊变压器	弧焊整流器	弧焊发电机
电流种类	交流	直流	直流
电弧稳定性	差	好	好
极性可换性	无	有	有
磁偏吹影响	很小	较大	较大
构造和维修	简单	较简单	较繁杂
噪声	小	小	大

提示

选用弧焊电源时，应尽量选用弧焊变压器，当必须使用直流电源时（如使用碱性焊条），最好选用弧焊逆变器，其次是弧焊整流器，尽量不用弧焊发电机。

（2）弧焊电源的正确使用与维护

1）电焊机接入电网时，应注意核对电网电压、相数与电焊机铭牌标示是否相符，以防烧坏设备。

2）焊接前要仔细检查各部位接线是否正确，特别是焊接电缆接头是否紧固，防止因接触不良而造成过热烧损。

3）若电网电源为不接地的三相制，应将电焊机外壳接地；若电网电源为三相四线制，应将电焊机外壳接零。

4）电焊机应尽可能放在通风良好且干燥的地方，远离热源，并保持平稳。

5）改变电焊机接法时应在切断电源的情况下进行，调节电流时应在空载情况下进行。

6）防止电焊机受潮，保持机内干燥、清洁，定期用干燥的压缩空气吹净内部灰尘，尤其是弧焊整流器。

7）应按照电焊机的额定焊接电流和负载持续率来使用电焊机，不要使电焊机因过载而损坏。

8）当电焊机发生故障时，应立即切断电源，及时进行检查和修理。

9）工作完毕或临时离开工作场地，必须及时切断电焊机电源。

10）电焊机的接线和安装应由专业电工负责。

观察记录

通过参观焊接生产车间，加深对焊条电弧焊设备和焊条的认识，并将观察到的个人防护用品和手工工具记录于下表内。

参观车间	电焊机类型	焊条种类	个人防护用品	手工工具
观后感想				

4. 焊接用具

焊条电弧焊必备的焊接用具有焊接电缆、焊钳、面罩和辅助器具等，见表 3–3–3。

表 3–3–3　焊接用具

焊接用具	说明	图例
焊接电缆	焊接电缆是用于传输弧焊电流、焊钳及焊条之间焊接电流的导线。电缆外表应有良好的绝缘层，不允许导线裸露。电缆外皮如有破损，应用绝缘胶布包好，以防破损处引发短路和触电等事故	
焊钳	焊钳是夹持焊条并传导电流以进行焊接的工具。焊钳必须严格绝缘	

续表

焊接用具	说明	图例
面罩	面罩是防止焊接时的飞溅、电弧光和电弧产生的高温等对焊工面部和颈部损伤的一种遮盖工具，有手持式和头盔式两种	
辅助器具	常用的辅助器具有敲渣锤（清除焊渣用尖锤）、錾子、钢丝刷等，用于清除焊件上的铁锈和焊渣	
个人防护用品	焊工手套、护脚等	

5. 焊条电弧焊的工艺

焊条电弧焊的工艺包括焊前准备、电源种类与极性、焊接参数等。

（1）焊前准备

1）接头与坡口形式。焊接前，一般应根据焊接结构的形式、焊件厚度及对焊接质量的要求确定焊接接头的形式。

焊接接头的形式主要有对接接头、角接接头、搭接接头和 T 形接头，如图 3–3–9 所示。焊接厚板时，往往需要把焊件的待焊部位加工成具有一定几何形状的沟槽，称为坡口，常见坡口形式如图 3–3–10 所示，然后进行焊接。开坡口的主要目的是保证接头焊透，便于清除熔渣，从而保证焊缝质量。

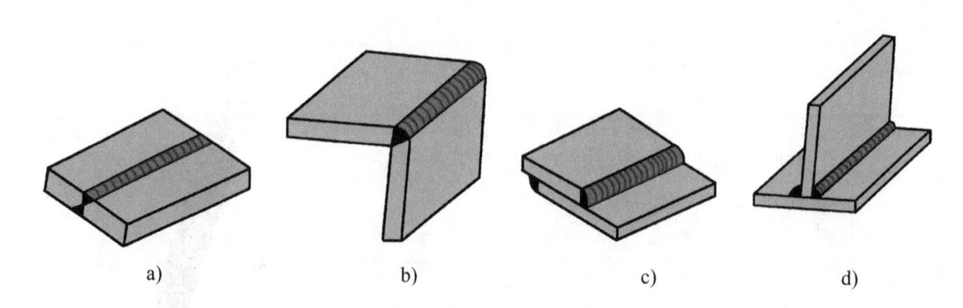

图 3–3–9　焊接接头的形式

a）对接接头　b）角接接头　c）搭接接头　d）T 形接头

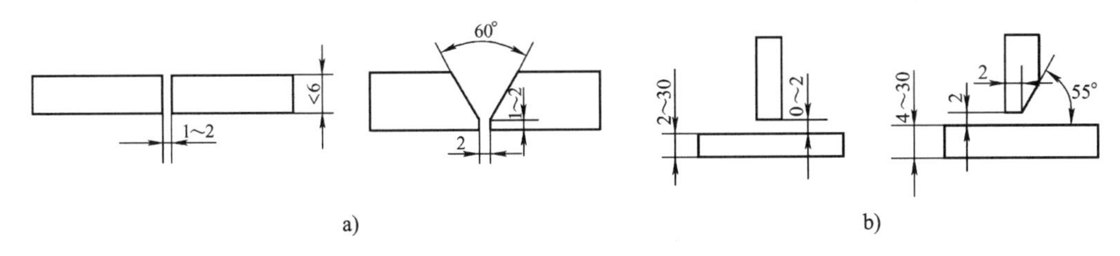

图 3-3-10　常见坡口形式

a）对接接头坡口　b）T 形接头坡口

2）焊前还要对待焊部位的油污、铁锈等进行清理，以免造成焊接困难及产生焊接缺陷，清理的范围一般为坡口两侧各 10 ~ 20 mm 处。

3）焊条烘干放于保温筒内，随取随用。一般酸性焊条的烘干温度为 75 ~ 150 ℃，保温 1 ~ 2 h；碱性焊条的烘干温度为 350 ~ 400 ℃，保温 1 ~ 2 h。焊条累计烘干次数一般不宜超过三次。

（2）电源种类与极性

1）电源种类。采用交流电源焊接时，电弧稳定性差；采用直流电源焊接时，电弧稳定性好，飞溅少，但电弧偏吹较严重。低氢钠型药皮焊条稳弧性差，通常必须采用直流电源。用小电流焊接薄板时，也常用直流电源，其引弧比较容易，电弧比较稳定。

2）电源极性。电源极性是指在进行直流电弧焊时焊件的极性。焊件与电源输出端正、负极的接法，分为正接和反接两种。正接就是焊件接电源正极、焊条接电源负极的接线法，也称正极性；反接就是焊件接电源负极、焊条接电源正极的接线法，也称反极性，如图 3-3-11 所示。

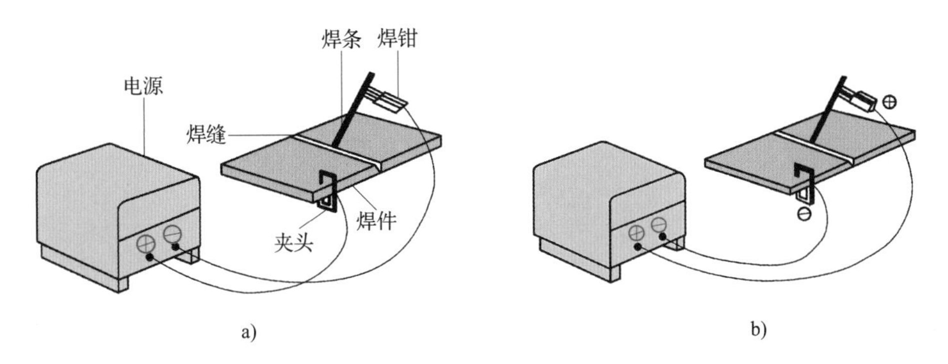

图 3-3-11　直流电弧焊的正接与反接

a）正接　b）反接

当使用交流电进行焊接时，由于极性是交替变化的，因此没有正接与反接之分。

（3）焊接参数

为了保证焊接质量，焊接之前应选定各项参数，例如焊条直径、焊接电流、电弧电压、焊接速度等。

1）焊条直径。焊条直径根据焊件厚度、焊接位置、接头形式、焊接层数等进行选择。例如焊件厚度越大，所选焊条直径也越大。平焊的焊条直径应大于立焊、仰焊和横焊的焊条直径，这样可形成较小的熔池，减少熔化金属的下淌。

2）焊接电流。焊接电流主要由焊条直径、焊接位置、焊条类型及焊接层数等决定。

焊条直径越大，焊接电流也越大。非合金钢酸性焊条的焊接电流大小与焊条直径的关系，一般可通过下面的经验公式来表示：

$$I_h=(35\sim55)d$$

式中 I_h——焊接电流，A；

d——焊条直径，mm。

当其他条件相同时，立焊、横焊的焊接电流应比平焊的焊接电流小 10%～15%；仰焊的焊接电流应比平焊的焊接电流小 15%～20%；碱性焊条的焊接电流应比酸性焊条的焊接电流小 10%～15%，否则焊缝中易形成气孔；不锈钢焊条使用的焊接电流应比非合金钢焊条使用的焊接电流小 15%～20%。

焊接打底层时，为保证背面焊缝质量，常使用较小的焊接电流；焊接填充层时，为提高效率和保证熔合良好，常使用较大的焊接电流；焊接盖面层时，为防止咬边和保证焊缝成形，使用的焊接电流应比填充层稍小些。

提示

在实际生产中，焊工一般可根据焊接电流的经验公式先计算出一个大概的焊接电流，然后在钢板上进行试焊调整，直至确定合适的焊接电流。

3）电弧电压。电弧电压主要由弧长决定。弧长是指从熔化的焊条端部到熔池表面的最短距离。电弧长，则电弧电压高；电弧短，则电弧电压低。焊接时应力求使用短弧。

4）焊接速度。焊接速度是指焊接时焊条向前移动的速度。焊接速度应均匀、适当，既要保证焊透又要保证不烧穿，可根据具体情况灵活掌握。

三、其他焊接方法

1. 气焊

气焊是利用气体火焰作为热源的一种熔焊方法。常用氧气和乙炔混合燃烧的火焰进行焊接，又称为氧－乙炔焊。

（1）气焊的原理、特点及应用

气焊是将可燃气体和助燃气体通过焊炬按一定比例混合，获得所要求的火焰作为热源，熔化被焊金属和填充金属，使其形成牢固的焊接接头的焊接方法。气焊时，先将焊件的焊接处加热到熔化状态形成熔池，并不断地熔化焊丝向熔池中填充，气体火焰覆盖在熔化金属的表面起保护作用，随着焊接的进行，熔化金属冷却形成焊缝。气焊的原理示意图如图 3-3-12 所示。

气焊具有设备简单、操作方便、成本低、适应性强等优点，但火焰温度低，加热分散，热影响区宽，焊件变形大且过热严重，因此，气焊接头质量不如焊条电弧焊容易保证。目前，在工业生产中气焊主要用于焊接薄板、小直径薄壁管、铸铁、有色金属、低熔点金属及硬质合金等。

（2）气焊焊接材料

1）焊丝。气焊用的焊丝起填充金属作用，与熔化的母材一起形成焊缝。常用的气焊焊

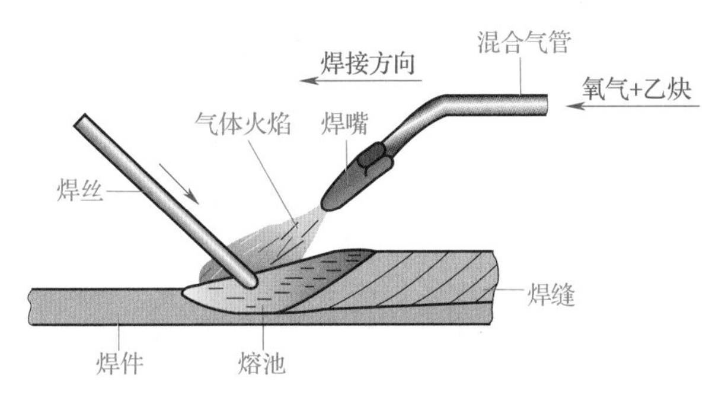

图 3–3–12　气焊的原理示意图

丝有碳素结构钢焊丝、合金结构钢焊丝、不锈钢焊丝、铜及铜合金焊丝、铝及铝合金焊丝和铸铁焊丝等。

2）气焊熔剂。气焊熔剂是气焊时的助熔剂，其作用是与熔池内的金属氧化物或非金属夹杂物相互作用生成熔渣，覆盖在熔池表面，使熔池与空气隔离，因而能有效防止熔池金属的继续氧化，改善焊缝质量。焊接有色金属（如铜及铜合金、铝及铝合金）、铸铁、耐热钢及不锈钢等材料时，通常采用气焊熔剂。

（3）气焊设备及工具

气焊设备及工具主要有氧气瓶、乙炔瓶、减压器、焊炬等，气焊设备及工具的连接如图 3–3–13 所示。

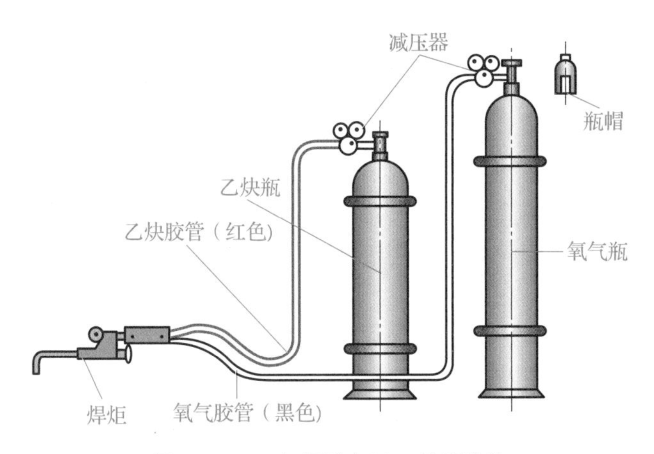

图 3–3–13　气焊设备及工具的连接

（4）气焊工艺参数

气焊工艺参数包括焊丝的型号、牌号及直径，气焊熔剂，火焰的性质及能率，焊炬的倾斜角度，焊接方向，焊接速度和接头形式等，它们是保证焊接质量的主要技术依据。

2. 埋弧焊

（1）埋弧焊的原理和特征

埋弧焊是电弧在焊剂层下燃烧进行焊接的方法。埋弧焊分自动和半自动两种，最常用的是自动埋弧焊。与焊条电弧焊比较，自动埋弧焊具有三个显著的特征：

1）采用连续焊丝。

2）使用颗粒焊剂。

3）焊接过程自动化。

（2）埋弧焊的优点

1）焊缝质量好。电弧在焊剂层下燃烧，熔池金属不受空气的影响，焊丝的送进和沿焊缝的移动均为自动控制，因此工作稳定，焊接质量好。

2）生产率高。埋弧焊允许使用较大的焊接电流，熔深大，焊接速度快，因而生产率高。

3）成本低。埋弧焊能量损失少，使用连续焊丝余料损失少，一般厚度的焊件不需要开坡口，因此可节约大量能源、材料和工时，成本低。

4）劳动条件得到改善。埋弧焊过程已实现机械化、自动化，焊接时无可见电弧光，烟尘少，焊工劳动条件得到改善。

（3）埋弧焊的缺点

埋弧焊的缺点是适应性差，只适用于水平位置焊接（允许倾斜坡度不超过20°）和长而直或大圆弧的连续焊缝，而且对生产批量有一定要求（大批生产），因而应用受到一定的限制。

3. 气体保护电弧焊

气体保护电弧焊是用外加气体作为电弧介质并保护电弧和焊接区的电弧焊，简称气体保护焊。按保护气体的不同，气体保护电弧焊分为二氧化碳气体保护焊和惰性气体保护焊（氩弧焊、氦弧焊等）。

气体保护电弧焊具有下列特点：

（1）采用外加气体保护，与熔渣保护比较，电弧可见，焊接时容易对中。

（2）电弧受气体压缩而热量集中，熔池小，热影响区较窄，焊件变形小。

（3）电弧气氛的含氢量较易控制，可减小冷裂倾向。

（4）适用于焊接钢铁及各种非铁金属。

二氧化碳气体保护焊是利用CO_2作为保护气体的气体保护焊，具有成本低、焊接质量好、生产率较高、操作方便等优点，常用于低碳钢和低合金结构钢的焊接。

4. 氩弧焊

氩弧焊是使用氩气作为保护气体的气体保护电弧焊。

（1）氩弧焊的原理、特点及应用

氩弧焊时，氩气流从焊枪喷嘴中连续喷出，在电弧区形成严密的保护气层，将电极和金属熔池与空气隔离。同时，利用电极（钨极或焊丝）与焊件之间产生的电弧热量来熔化附加的填充焊丝或自动给送的焊丝及母材金属形成熔池，液态熔池中的金属凝固后形成焊缝。

氩弧焊的焊缝质量高，焊接变形和应力小，焊接范围广，几乎可以焊接所有的金属材料，特别适合焊接化学性质活泼的金属和合金。

（2）氩弧焊的分类

氩弧焊根据所用的电极材料不同，分为钨极（不熔化极）氩弧焊和熔化极氩弧焊；根据操作方式不同，分为手工氩弧焊、半自动氩弧焊和自动氩弧焊；根据采用的电源种类不同，分为直流氩弧焊、交流氩弧焊和脉冲氩弧焊等。在实际生产中，钨极氩弧焊应用最为广泛。

（3）钨极氩弧焊

钨极氩弧焊是使用纯钨或活化钨（钍钨、铈钨等）作为电极的氩弧焊，简称 TIG 焊。手工钨极氩弧焊如图 3-3-14 所示，焊工一手握焊枪，一手持焊丝，随焊枪的摆动和前进，逐渐将焊丝填入熔池之中。有时也不添加填充焊丝，仅将接口边缘熔化后形成焊缝。

图 3-3-14 手工钨极氩弧焊

由于所用的焊接电流受到钨极熔化与烧损的限制，因此电弧功率较小，只适合焊接厚度小于 6 mm 的焊件。

钨极氩弧焊的焊接材料主要是钨极、氩气和焊丝。钨极氩弧焊要求钨极具有电流容量大、损耗小、引弧和稳弧性能好等特性。

氩弧焊对氩气的纯度要求很高，如果氩气中含有一些氧气、氮气或少量其他气体，将会降低氩气保护性能，对焊接质量造成不良影响。按我国现行标准规定，其纯度应达到 99.99%。

焊丝按照熔敷金属化学成分或力学性能与被焊材料相当的原则选用。

手工钨极氩弧焊设备包括电焊机、焊枪、氩气瓶、流量计、开关等，如图 3-3-15 所示。自动钨极氩弧焊设备除上述几部分外，还有送丝装置及焊接小车行走机构。

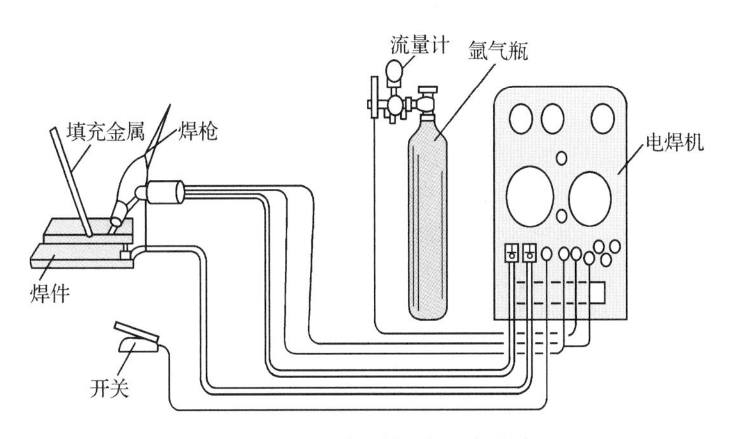

图 3-3-15 手工钨极氩弧焊设备

钨极氩弧焊的工艺主要包括焊前清理和焊接参数。

1）焊前清理。焊前必须对被焊材料的坡口、坡口附近 20 mm 范围内及焊丝进行清理，去除金属表面的氧化膜和油污等杂质，以确保焊缝质量。常用的焊前清理方法有化学清理、机械清理和化学－机械清理。

2）焊接参数。钨极氩弧焊的焊接参数主要有电源种类与极性、焊接电流、氩气流量和喷嘴直径等。

①电源种类与极性。钨极氩弧焊既可以使用直流电源，也可以使用交流电源。电源种类与极性可根据焊件材料进行选择，见表 3–3–4。

表 3–3–4　电源种类与极性的选择

电源种类与极性	焊件材料
直流正接	低碳钢，低合金钢，不锈钢，耐热钢，铜与铜合金，钛与钛合金
直流反接	常用于各种金属的熔化极氩弧焊，钨极氩弧焊很少采用
交流电源	铝与铝合金，镁与镁合金

②焊接电流。焊接电流主要根据焊件厚度、钨极直径和焊缝空间位置来选择，过大或过小的焊接电流都会使焊缝成形不良或产生焊接缺陷。焊件厚度越大，钨极直径越大，则焊接电流越大。

③氩气流量和喷嘴直径。氩气流量过大，不仅浪费，而且容易形成紊流，不利于对焊接区的保护；同时，带走电弧的热量多，影响电弧稳定燃烧。氩气流量过小，气流挺度差，容易受到外界气流的干扰，以致影响气体保护效果。通常，氩气流量为 3 ~ 20 L/min。喷嘴直径随着氩气流量的增加而增加，一般为 5 ~ 14 mm。

5. 真空电子束焊

电子束焊是利用加速和聚焦的电子束轰击焊件所产生的热能进行焊接的方法。真空电子束焊是电子束焊的一种，是目前发展较为成熟的一种先进工艺，现已在核工业、航空航天、仪表、工具制造等领域得到了广泛应用。

电子束是从电子枪中产生的，电子束的产生原理示意图如图 3–3–16 所示。电子枪的阴极通电加热到高温，发射出大量电子，经电子枪的聚焦透镜和偏转线圈的作用，聚成一束能量（动能）极大的电子束。这种电子束以极高的速度撞击焊件表面，电子的动能转变为热能，使接头局部金属迅速熔化和蒸发。强烈的金属气流将熔化的金属排开，使电子束继续撞击深处的固态金属，很快在被焊焊件上“钻”出一个锁形小孔（匙孔），如图 3–3–17 所示。小孔被周围的液态金属包围，随着电子束与焊件的相对移动，液态金属沿小孔周围流向熔池后部，逐渐冷却、凝固形成焊缝。

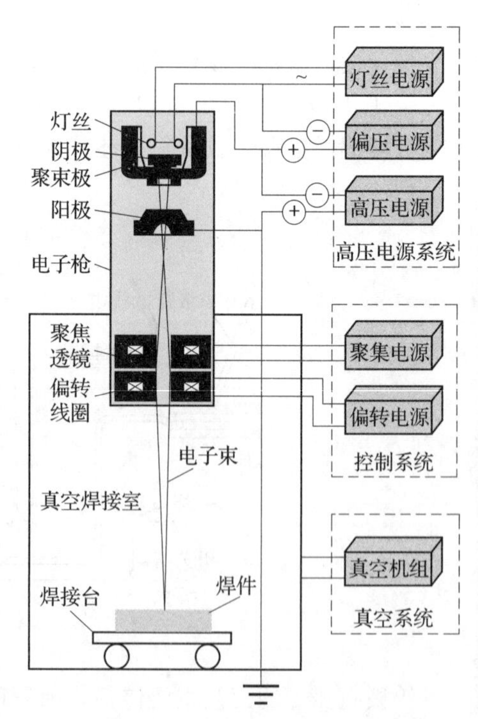

图 3–3–16　电子束的产生原理示意图

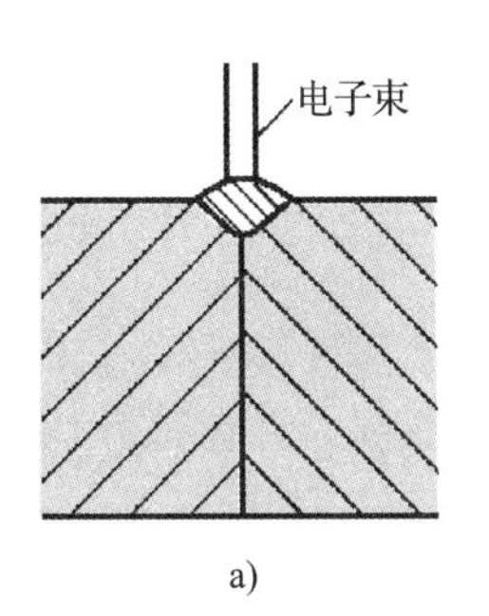

a)

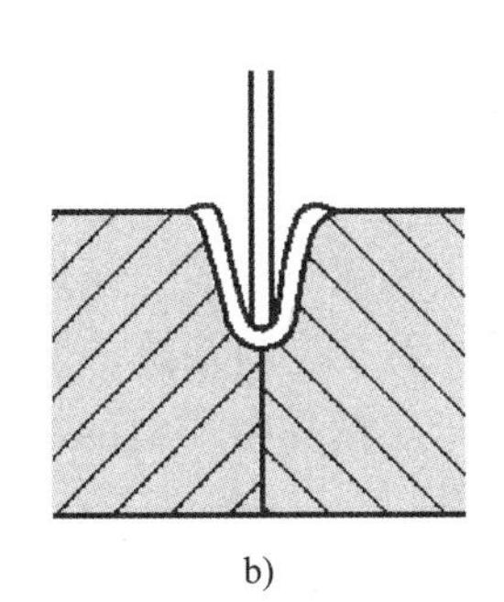
b)

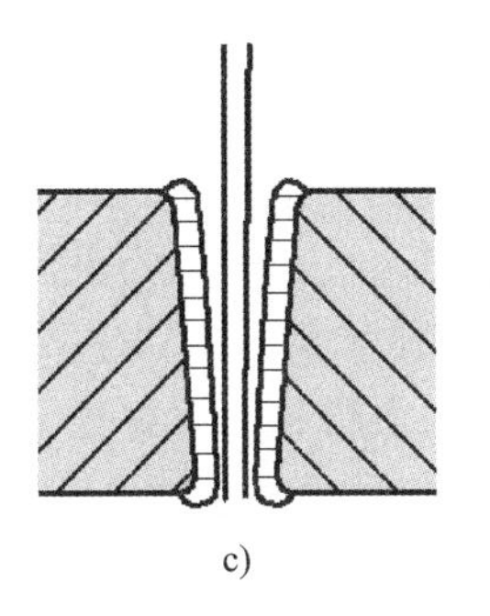
c)

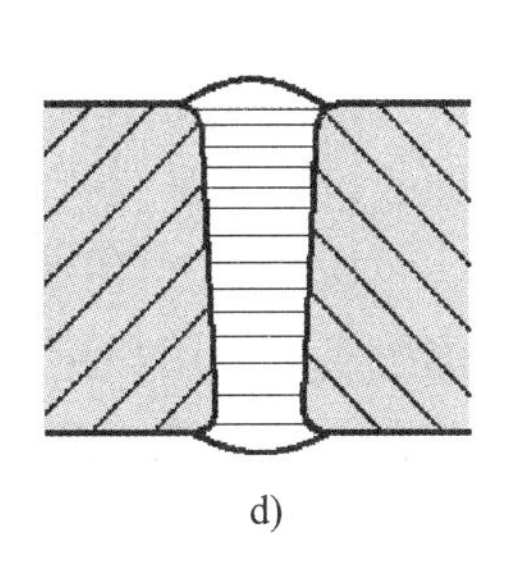
d)

图 3–3–17　电子束焊的焊缝成形过程

a）接头局部金属熔化、蒸发　b）金属气流排开熔化金属，电子束“钻入”焊件，形成“匙孔”

c）电子束穿透焊件，“匙孔”由液态金属包围　d）焊缝凝固成形

真空电子束焊的特点是：功率密度很高，为电弧焊的 5 000 ~ 10 000 倍，所以焊接速度快，热影响区和变形极小；焊缝深宽比大，可达 50 : 1，焊接时可不开坡口实现单道大厚度焊接，比电弧焊节省材料和能量消耗；在真空环境下焊接，有利于焊缝金属的除气和净化；能焊接其他焊接方法难以或根本不能焊接的形状复杂的焊件、特种金属、难熔金属和某些非金属材料。真空电子束焊的主要缺点是设备复杂，成本高，使用维护较困难，对接头装配质量要求严格及需要防护 X 射线等。

6. 激光焊

激光焊就是利用激光器产生的单色性、方向性非常高的激光束，经过光学聚焦后，把其聚焦到直径为 10 μm的焦点上，使能量密度达到 10^6 W/cm^2 以上，通过将光能转变为热能从而熔化金属进行的焊接。激光焊是当今先进的制造技术之一。

激光焊的特点是：焊缝极为窄小，变形极小，热影响区极窄；功率密度高，加热集中，可获得深宽比大的焊缝；焊接过程迅速，焊件不易氧化；不论是在真空、保护气体或空气中焊接，效果几乎相同，即能在几乎任何空间进行焊接。激光焊的不足之处是设备较复杂，一次性投资大，对高反射率的金属直接进行焊接较为困难。

激光焊常用于仪器、微型电子工业中的超小型元件及航天工业中的特殊材料的焊接，可以焊接同种或异种材料。

7. 扩散焊

焊件在高温下加压但不产生可见变形和相对移动的固态焊接方法称为扩散焊。

扩散焊是把两个相接触的金属焊件加热到高温（一般为 $0.7T_{熔} \sim 0.8T_{熔}$），并施加一定的压力，此时焊件产生一定的显微变形，经过较长时间的原子互相扩散而得到牢固的连接。为了防止金属接触面在热循环中被氧化污染，扩散焊一般在真空或保护气体中进行。

扩散焊的接头质量好，零部件变形小，可焊接其他焊接方法难以焊接的工件和材料，但焊接热循环时间长，生产率低，焊件装配要求较高，设备一次性投资较大，焊件尺寸相对受到限制等。

扩散焊适用于要求真空密封、与基本金属等强度、无变形的小零件，因此在工业生产中得到了广泛应用。在电子真空设备中，金属与非金属的焊接，切削刀具中的硬质合金、陶瓷、高速钢与非合金钢的焊接，均采用扩散焊。

8. 焊接机器人

（1）焊接机器人的组成和特点

机器人是由程序控制的电子机械装置，具有某些类似人的器官的功能，能完成一定的操作或运输任务。焊接机器人按用途分为点焊机器人和弧焊机器人两类。

如图 3–3–18 所示为弧焊机器人，主要由机械手、控制系统、焊接装置和焊件夹持装置等组成。应用焊接机器人会带来许多好处，如易于实现焊接质量的稳定和提高，并保证其均一性；可提高生产率，实现 24 h 连续生产；改善焊工劳动条件，可在有害环境下长期工作；降低对焊工操作技能的要求；缩短产品改型换代的准备周期，减少相应的设备投资；可实现小批产品焊接自动化；为焊接柔性生产线奠定基础。

图 3–3–18　弧焊机器人

（2）焊接机器人的操作

焊接机器人普遍采用示教方式工作，即机器人通过示教盒的操作键引导到起始点，然后用按键确定位置、运动方式（直线或圆弧）、摆动方式、焊枪姿态以及各种焊接参数。同时，还可通过示教盒确定周围设备的运动速度等。焊接工艺操作包括引弧、施焊、熄弧、填满弧坑，都通过示教盒给定。示教完毕，机器人控制系统进入程序编辑状态，焊接程序生成后即可进行实际焊接。

第 4 章

冷加工基础

§4-1 切削运动与刀具

切削加工就是使用切削工具（或设备）从工件上切除多余（或预留）的材料，以获得尺寸精度、几何形状、表面粗糙度等都符合要求的零件或半成品的加工方法。切削加工包括钳加工和机械加工。钳加工在第 2 章已介绍。机械加工是工人通过操作机床设备对工件进行切削加工的方法。常用机械加工方法的分类如图 4–1–1 所示。

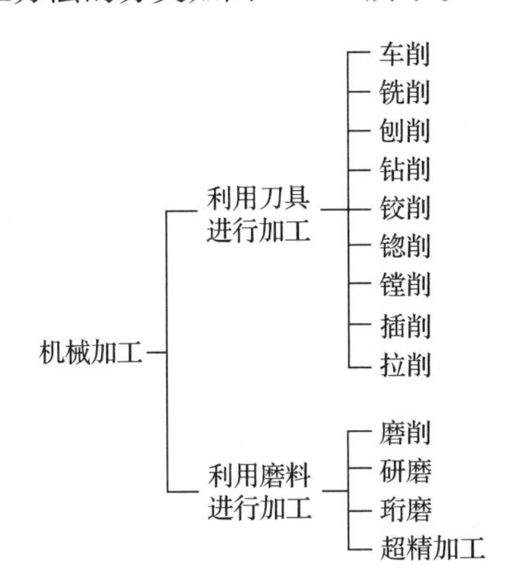

图 4–1–1　常用机械加工方法的分类

一、切削运动

课堂讨论

用小刀削铅笔，注意观察铅笔和小刀的运动。采用其他方法削铅笔，观察铅笔是如何被切削的。讨论在不同的切削过程中铅笔与刀具之间的相对运动。

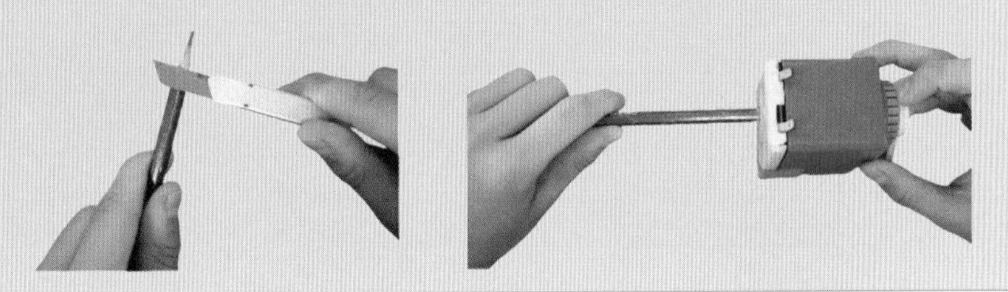

使用机床进行切削加工同削铅笔一样，除了要有一定切削性能的切削工具外，还要由机床提供工件与切削工具间所必需的相对运动，这种相对运动应与工件各种表面的形成规律和几何特征相适应。

1. 切削中的运动

切削时，工件与刀具的相对运动称为切削运动。切削运动包括主运动和进给运动。

主运动是切除工件表面多余材料所需的最基本的运动。

进给运动是使工件切削层材料相继投入切削，从而加工出完整表面所需的运动。

在切削运动中，通常主运动的运动速度（线速度）较高，所消耗的功率也较大。

表 4–1–1 所列为常见切削加工方法的切削运动。

表 4–1–1　　常见切削加工方法的切削运动

切削加工方法	图例	1—主运动	2—进给运动
车外圆	1 2	工件的回转运动	车刀的纵向运动
铣平面	1 2	铣刀的回转运动	工件的纵向运动
刨平面	1 2	刨刀的往复直线运动	工件的横向间歇运动
钻孔	2 1	钻头的回转运动	钻头的轴向运动

续表

切削加工方法	图例	1—主运动	2—进给运动
磨外圆		砂轮的回转运动	工件的回转运动和工件的纵向往复直线运动

2. 零件表面的形成

工件和刀具各种不同的相对运动形成了各种不同的切削加工方法。在不同的切削过程中，工件上还会形成三个表面：

（1）待加工表面——工件上有待切除的表面。

（2）已加工表面——工件上经刀具切削后所形成的表面。

（3）过渡表面——工件上由切削刃切除的那部分表面，它在下一个切削行程、刀具或工件的下一转里被切除，或者被下一切削刃切除。

图 4-1-2 所示为车削外圆工件时形成的三个表面。

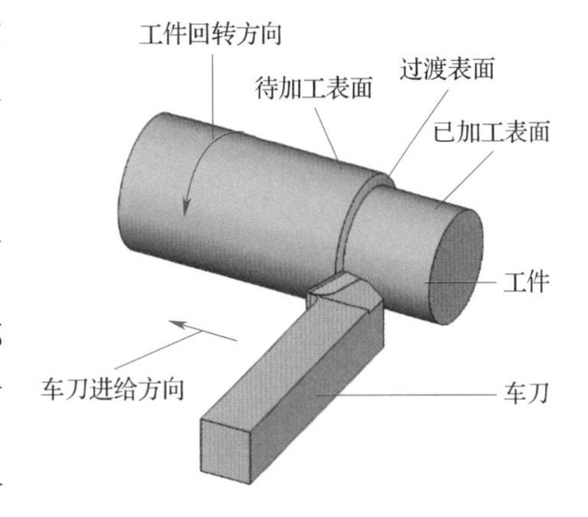

图 4-1-2　车削外圆工件时形成的三个表面

二、切削用量及其选择原则

课堂讨论

观看粗车外圆和精车外圆的切削过程，观察粗车与精车时所形成的切屑和已加工表面各有什么不同，并完成表格内容的填写。

粗车外圆

精车外圆

观察内容	切屑	已加工表面
粗车外圆		
精车外圆		

1. 切削用量

切削用量是切削加工过程中的切削速度、进给量和背吃刀量的总称。图 4–1–3 所示为车削外圆时的切削用量示意图。

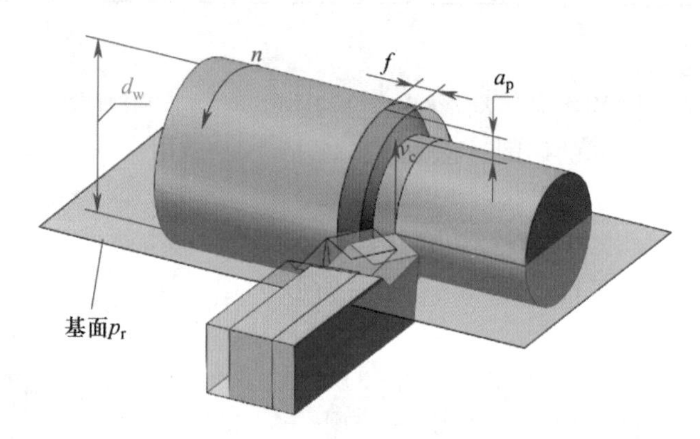

图 4–1–3　车削外圆时的切削用量示意图

（1）切削速度 v_c

在进行切削加工时，刀具切削刃上的选定点相对于待加工表面在主运动方向上的瞬时速度称为切削速度。切削速度的单位为 m/min 或 m/s。

通常，选定点是瞬时速度（线速度）最大的点。如车削外圆时的切削速度：

$$v_c = \pi d_w n/1\,000$$

式中　v_c——切削速度，m/min；

d_w——工件待加工表面直径，mm；

n——工件转速，r/min。

（2）进给量 f

工件或刀具每转或每行程，工件与刀具在进给运动方向上的相对位移量称为进给量。

（3）背吃刀量 a_p

背吃刀量一般是指工件已加工表面和待加工表面间的垂直距离，单位为 mm。

2. 切削用量的选择原则

选择切削用量的原则是在保证加工质量、降低加工成本和提高生产率的前提下，使背吃刀量、进给量和切削速度的乘积最大，这时加工的切削工时最少。

切削用量可以参照表 4–1–2 进行选择。

表 4-1-2　　切削用量的选择原则

加工类型	加工目的	选择步骤	选择原则	选择理由
粗加工	尽快地去除工件的加工余量	选择背吃刀量	在保证机床动力和工艺系统刚度的前提下，尽可能选择较大的背吃刀量	背吃刀量对刀具使用寿命的影响最小，同时，选择较大的背吃刀量也可以提高加工效率
		选择进给量	在保证工艺装配和技术条件允许的前提下，选择较大的进给量	进给量对刀具使用寿命的影响比背吃刀量要大，但比切削速度对刀具使用寿命的影响要小
		选择切削速度	根据刀具使用寿命选择合适的切削速度	切削速度对刀具使用寿命的影响最大，切削速度越快，刀具越容易磨损
精加工	保证工件最终的尺寸精度和表面质量	选择背吃刀量	根据工件的尺寸精度选择合适的背吃刀量，通常背吃刀量为 0.5 ~ 1 mm	背吃刀量对尺寸精度的影响较大，背吃刀量大，尺寸精度难以保证；反之，尺寸精度容易保证
		选择进给量	根据工件的表面粗糙度要求选择合适的进给量	进给量的大小直接影响工件的表面粗糙度。通常，进给量越小，表面粗糙度值越小，得到的表面越光洁
		选择切削速度	根据切削刀具使用寿命选择合适的切削速度	切削速度对刀具使用寿命的影响最大，切削速度越快，刀具越容易磨损

三、刀具的结构

课堂讨论

用美工刀分别以两种不同的切削角度对熔丝（钨丝）、铜丝和钢丝进行切削。用同一把刀具对硬度不同的材料变换不同的角度进行切削时，切削效果有什么不同？哪些因素可能造成切削效果不同？

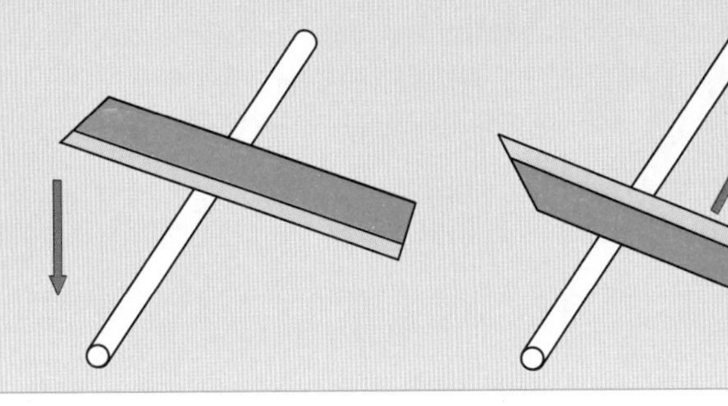

1. 刀具切削部分的组成

各种刀具都是由刀体（切削部分）和刀柄组成的。刀柄是刀具上的夹持部分。切削部分是刀具起切削作用的部分，由切削刃、前面及后面等产生切屑的各要素组成。图 4–1–4 所示为普通外圆车刀的组成。

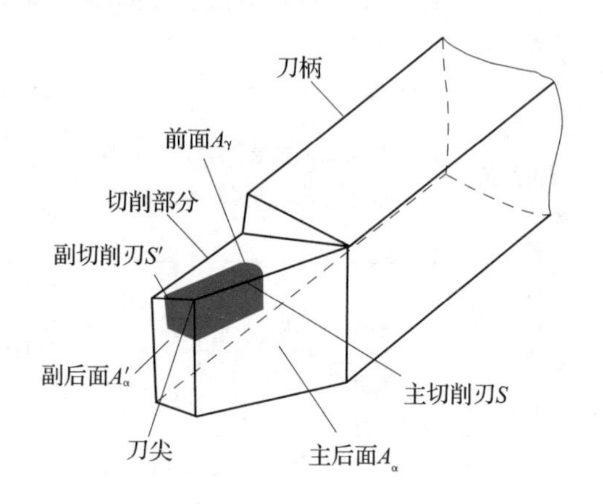

图 4–1–4　普通外圆车刀的组成

（1）前面 A_γ——刀具上切屑流过的表面。
（2）主后面 A_α——刀具上同前面相交形成主切削刃的后面。
（3）副后面 A_α'——刀具上同前面相交形成副切削刃的后面。
（4）主切削刃 S——前面与主后面的交线，切削时起主要切削作用。
（5）副切削刃 S'——前面与副后面的交线，切削时起辅助切削作用。
（6）刀尖——指主切削刃与副切削刃的连接处相当少的一部分切削刃。

2. 车刀主要几何角度及选用原则（表 4–1–3）

表 4–1–3　　车刀主要几何角度及选用原则

角度	图示	定义及主要作用	选用原则
前角 γ_o	基面p_r 前角γ_o 前面A_γ 进给方向 正交平面p_o	前角是在正交平面内测量的前面与基面的夹角 影响刃口的锋利程度、刀尖强度、切削变形和切削力	（1）切削较软的塑性材料时，可选择较大的前角 （2）切削脆性材料或较硬的材料时，可选择较小的前角 （3）当刀具材料强度低、韧性差时，取较小的前角 （4）粗加工时取较小的前角 （5）精加工时取较大的前角

续表

角度	图示	定义及主要作用	选用原则
主后角 α_o	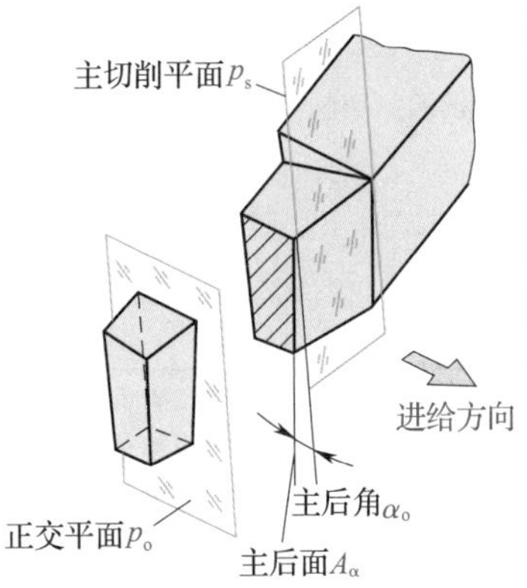	主后角是在正交平面内测量的主后面与主切削平面的夹角 减小车刀主后面与工件过渡表面间的摩擦	（1）粗加工时取较小的后角 （2）精加工时取较大的后角 （3）工件材料较硬时取较小的后角 （4）工件材料较软时取较大的后角
楔角 β_o	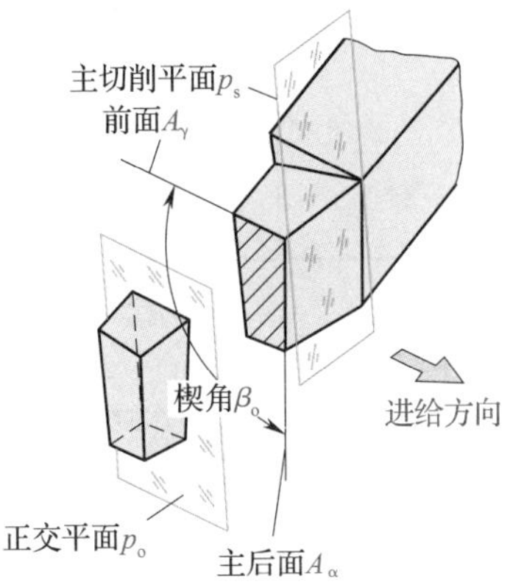	楔角是在正交平面内测量的前面与主后面的夹角 影响刀头横截面面积的大小，从而影响刀头强度	楔角的大小取决于前角和主后角，三者之和为90°
主偏角 κ_r	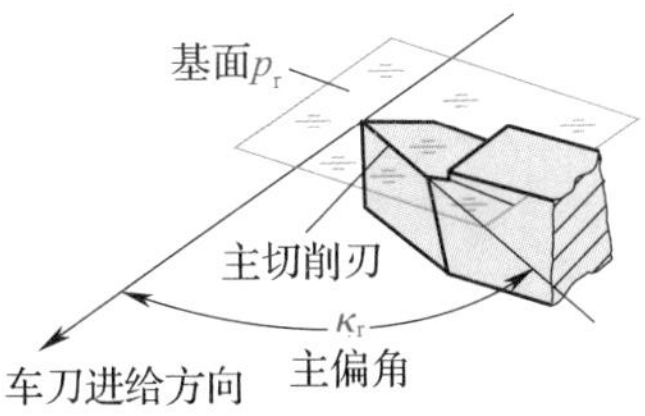	主偏角是在基面内测量的主切削刃与进给方向的夹角 改变主切削刃的受力及导热能力，影响切屑的厚度	工件的刚度高或工件的材料较硬时，应选较小的主偏角；反之，应选较大的主偏角
副偏角 κ_r'	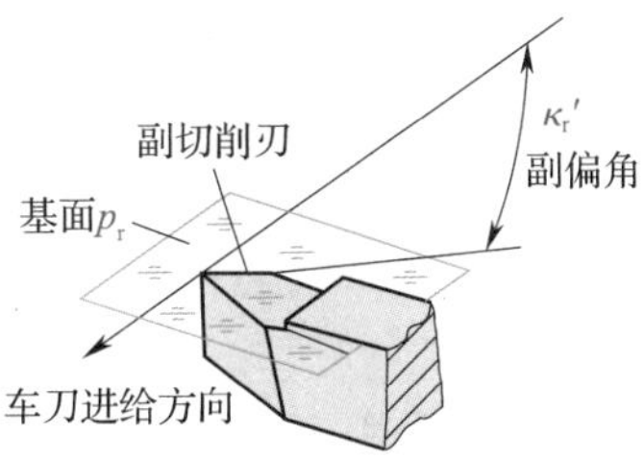	副偏角是在基面内测量的副切削刃与进给方向的夹角 减小副切削刃与已加工表面之间的摩擦。减小副偏角，可以减小工件的表面粗糙度值	通常情况下取值较小，但也不能太小，否则会使背向力增大

续表

角度	图示	定义及主要作用	选用原则
刀尖角 ε_r	副切削刃 基面 p_r ε_r 刀尖角 主切削刃 车刀进给方向	刀尖角是在基面内测量的主切削刃与副切削刃的夹角 影响刀尖强度和散热性能	刀尖角的大小取决于主偏角和副偏角的大小，三者之和为 180°
刃倾角 λ_s	基面 p_r λ_s 刃倾角 主切削刃	刃倾角是在主切削平面内测量的主切削刃与基面的夹角 主要影响切屑流向和刀具强度	（1）粗加工时，以及在断续、冲击性切削时，为增强刀尖强度，刃倾角应取负值 （2）精加工时，为保证已加工表面质量，使切屑流向待加工表面，刃倾角应取正值 （3）刃倾角为 0° 时，切屑垂直于主切削刃方向流出

四、刀具材料

课堂讨论

用普通高速钢车刀和硬质合金车刀车削工件外圆，观察不同的切削效果；观察用立方氮化硼材料的先进刀具对淬硬钢等高硬度材料工件直接进行高速切削的过程，感受不同材料刀具的性能。

普通高速钢车刀车削工件外圆

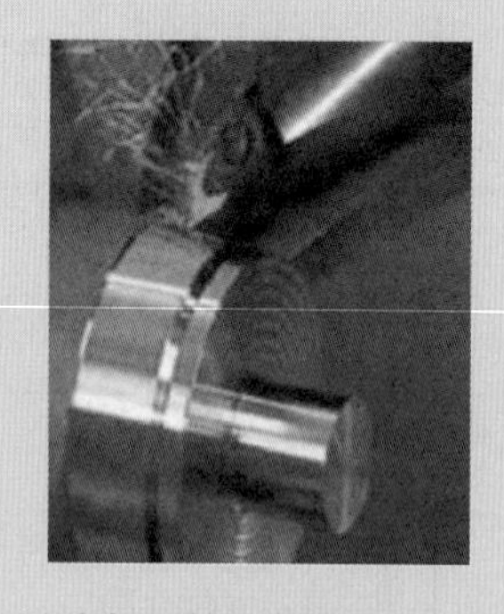

硬质合金车刀车削工件外圆

先进刀具车削高硬度材料工件

1. 对刀具切削部分材料的基本要求

刀具切削部分和刀柄可以采用同一种材料制成一体，也可以采用不同材料分别制造，然后用焊接或机械夹持的方法将两者连接成一体。

刀具切削部分在切削过程中要承受很大的切削力和冲击力，并且在很高的温度下进行工作，经受连续和强烈的摩擦。因此，刀具切削部分材料必须满足以下基本要求：

（1）高的硬度。刀具切削部分材料的硬度必须高于工件材料的硬度，其常温下的硬度一般要求在 60HRC 以上。

（2）良好的耐磨性。耐磨性是指抵抗磨损的能力。耐磨性除了与切削部分材料的硬度有关外，还与材料组织结构中碳化物的种类、数量、大小及分布情况有关。

（3）足够的强度和韧性。它指切削部分材料承受切削力、冲击力和振动而不破碎的能力。

（4）高的热硬性。它指切削部分材料在高温下仍能保证切削正常进行所需的硬度、耐磨性、强度和韧性的能力。

（5）良好的工艺性。它一般是指材料的可锻性、焊接性、切削加工性、可磨性、高温塑性和热处理性能等。工艺性越好，越便于刀具的制造。

除上述基本要求外，刀具切削部分材料还应有较好的导热性和化学性能。

2. 常用的刀具切削部分材料

常用的刀具切削部分材料及其性能和应用见表 4–1–4。

表 4–1–4　　常用的刀具切削部分材料及其性能和应用

材料		典型牌号	性能	应用
优质碳素工具钢		T8A、T10A、T12A	常温硬度为 60～64HRC，磨利性好，热硬性差，在 200 ℃以下切削，v_c=8～10 m/min	主要用于加工切削速度低、尺寸较小的手动工具
合金工具钢		9SiCr、CrWMn	常温硬度为 60～64HRC，热硬性温度为 300～350 ℃，v_c 较碳素工具钢高 10%～20%	主要用于加工形状复杂的低速刀具，如铰刀、丝锥和板牙等
高速工具钢（高速钢）		W18Cr4V、W6Mo5Cr4V2	常温硬度为 63～66HRC，红硬性好，热硬性温度达 550～600 ℃，v_c 约为 30 m/min	主要用于加工成形车刀、钻头和拉刀等
高性能高速钢		W6Mo5Cr4V2Co8、W2Mo9Cr4VCo8、W9Mo3Cr4V、W6Mo5Cr4V2Al	常温硬度为 66HRC 以上，在 630～650 ℃时，仍可保持 60HRC 的硬度	主要用于加工高硬度钢、不锈钢、钛合金、高温合金等难切削材料
硬质合金	钨钴类（K 类）	K01、K10、K20、K30	常温硬度达 89～93HRA，热硬性温度高达 900～1 000 ℃，切削速度比通用高速钢高 4～7 倍，耐磨性好，但韧性差、抗弯强度低	主要用于加工脆性材料，如铸铁、青铜等
	钨钛钴类（P 类）	P01、P10、P20、P30		主要用于加工韧性材料，如非合金钢等
	钨钛钽钴类（M 类）	M10、M20、M30、M40		可用于加工铸铁，也可用于加工钢，通常用于切削难加工材料

3. 先进刀具材料

先进刀具材料具有加工效率高、使用寿命长和加工质量好等特点，利用其加工钢、铸铁、有色金属及其合金等零件，切削速度可比硬质合金刀具高一个数量级，刀具使用寿命可比硬质合金刀具高几倍、几十倍甚至几百倍。同时，先进刀具材料的出现还使得传统的工艺概念发生了变化，可用单一工序代替多道工序，提高加工效率。

（1）陶瓷

陶瓷刀具分为氧化铝（Al_2O_3）基和氮化硅（Si_3N_4）基两大类。目前，陶瓷刀具能以200～1 000 m/min 的切削速度高速切削加工钢、铸铁及其合金等材料，刀具使用寿命比硬质合金刀具高几倍甚至几十倍。与人造金刚石和立方氮化硼（CBN）等相比，陶瓷的价格相对较低，应用前景更为广阔。

（2）超硬材料

超硬材料是指与天然金刚石的硬度、性能相近的人造金刚石和立方氮化硼，硬度可达8 000～9 000HV。

人造金刚石是刀具材料中最硬的材料，其摩擦系数小，切屑易流出，热导率高，切削时不易产生积屑瘤，加工表面质量好，能有效地加工非铁金属材料和非金属材料。其缺点是韧性差，热稳定性低，700～800 ℃时容易碳化，故不适合加工钢铁材料。此外，切削镍基合金时，其也会迅速磨损。

立方氮化硼热稳定性高达 1 250～1 350 ℃，对铁族元素的化学惰性大，抗黏结能力强，而且用人造金刚石砂轮即可磨削开刃，故适合加工各种淬硬钢、热喷涂材料、冷硬铸铁和硬度 35HRC 以上的钴基和镍基合金等难切削材料。

4. 常用刀具的选用

（1）常用刀具的选用方法

刀具的选用是金属切削加工工艺中的重要内容之一，不仅会影响零件的加工效率，而且会影响零件的加工质量。在选用常用刀具时应考虑以下几个方面：

1）根据零件材料的切削性能选用刀具。如零件材料为高强度钢、钛合金、不锈钢，建议选用耐磨性较好的可转位硬质合金刀具。

2）根据零件的加工阶段选用刀具。即粗加工阶段以去除加工余量为主，应选用刚度较好、精度较低的刀具；半精加工、精加工阶段以保证零件的加工精度和产品质量为主，应选用使用寿命长、精度较高的刀具。

3）根据零件加工区域的结构特点选择刀具切削部分结构。如车削零件上沟槽部分时，应根据沟槽的形状、结构和尺寸等参数选择合适的车刀进行加工。

（2）选用举例

下面以车削图 4–1–5 所示的台阶轴（材料为 45 钢）为例，说明刀具的选用方法。

分析图 4–1–5 可知，工件主要由外圆柱面、端面、沟槽等结构要素组成，两端台阶轴有较高的尺寸精度和表面质量要求。根据这些技术要求，零件两端外圆柱面车削分粗车和精车两个阶段进行，两端端面和沟槽一次切削完成，刀具选用见表 4–1–5。

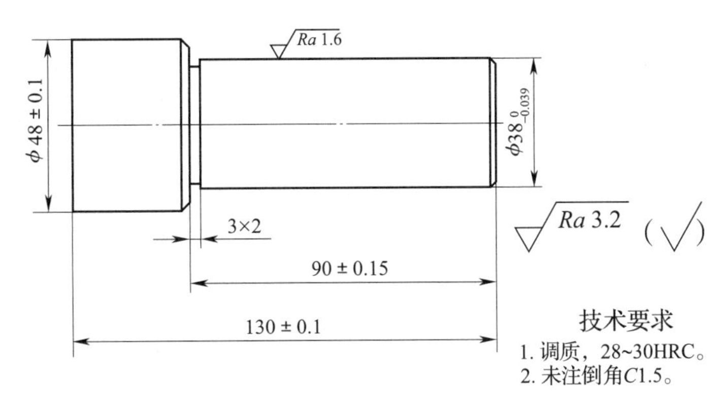

图 4–1–5　台阶轴零件图

表 4–1–5　　**刀具选用**

工艺内容	图示	
车削外圆柱面		
粗车外圆柱面	刀具材料	选用理由
	高速工具钢	红硬性好，热硬性温度达 550 ~ 600 ℃，高温切削时仍能保持较好的切削性能，粗加工时优势明显
	刀具角度参数	选用理由
	前角 γ_o 取较小值	粗加工时，为保证刀尖强度，前角取较小值
	主后角 α_o 适当取小值	粗加工时，为保证刀尖强度，主后角取较小值
	主偏角 κ_r 取 90°	为防止切削时引起振动，同时提高切削效率，可以选用较大的主偏角，同时零件两外圆柱面之间有台阶，综合考虑，主偏角选 90°
	副偏角κ_r'取较大值	粗加工时，在保证刀尖强度的前提下，应尽可能选择较大的副偏角，一方面避免背向力的影响，另一方面提高切削时的散热能力
	刃倾角 λ_s 取负值	粗加工时，刃倾角取负值，以增强刀尖强度

续表

工艺内容	刀具材料	选用理由
精车外圆柱面	钨钛钴类硬质合金	硬度高，耐热性好，但韧性差，适合精加工塑性较好的材料
	刀具角度参数	选用理由
	前角 γ_o 取较大值	精加工时，前角取较大值，以提高刃口的锋利程度和切削性能
	主后角 α_o 适当取大值	精加工时，为避免后面与已加工表面之间的摩擦，提高已加工表面质量，主后角取大值
	主偏角 κ_r 取 90°	由于两外圆柱面之间存在台阶，因此主偏角仍取 90°
	副偏角 κ_r' 取较小值	精加工时，应取较小的副偏角，以提高已加工表面质量
	刃倾角 λ_s 取正值	使切屑流向待加工表面，以获得较好的表面质量
工艺内容	图示	
车端面	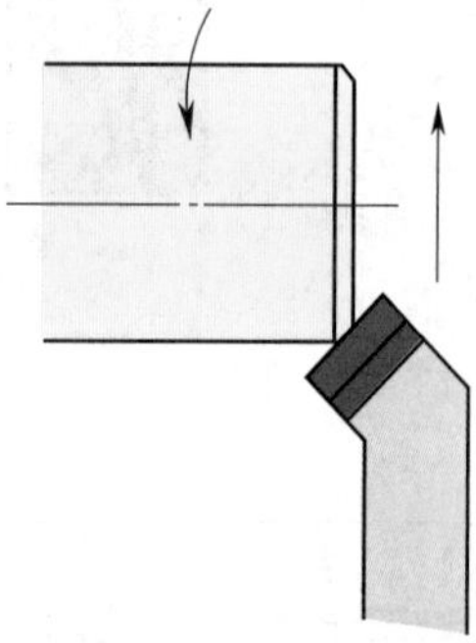	
	刀具材料	选用理由
	钨钛钴类硬质合金	硬度高，耐热性好，端面切削冲击应力较小
	刀具角度参数	选用理由
	前角 γ_o 取较大值	切削材料较软，为提高刀具的锋利程度，可以适当增大前角
	主后角 α_o 适当取大值	切削材料塑性较大，为减小后面与已加工表面之间的摩擦，可以适当增大主后角
	主偏角 κ_r 取 45°	根据零件端面倒角的角度值选取主偏角角度，既可用于零件端面车削，又可进行倒角加工，操作方便灵活
	副偏角 κ_r' 取 45°	此时刀尖角 ε_r 为 90°，刀尖强度较好，且便于散热
	刃倾角 λ_s 取正值	使切屑流向待加工表面，保证零件端面加工质量

续表

工艺内容	图示	
车沟槽	刀具材料	选用理由
	高速工具钢	刃磨方便，抗弯强度高，抗冲击能力好，车沟槽时不易打刀
	刀具角度参数	选用理由
	前角 γ_o 取较小值	增强刀尖强度
	主后角 α_o 适当取大值	便于散热
	主偏角 κ_r 取 90°	基于沟槽形状特点，选择主偏角为 90°
	副偏角 κ_r' 取较小值	副偏角取较小值，以保证加工表面质量
	刃倾角 λ_s 取 0°	切屑垂直于主切削刃方向流出，不会影响加工表面质量

§4-2 切削液与加工质量

一、切削液的作用

课堂讨论

右图所示为加工设备工作的场景，可以看到，在加工过程中，设备向工件喷射液体，依据以往所学知识和生活经验思考，这样做的目的有哪些？

切削液是为了提高切削加工效果而使用的液体。切削液具有冷却、润滑、清洗和排屑等作用。

1. 冷却作用

切削液能从切削区带走大量的切削热，使切削温度降低。因此，切削液可延长刀具的使用寿命，提高工件的加工质量。在刀具材料热硬性差、工件材料热膨胀系数较大，以及两者的导热性都较差的情况下，切削液的冷却作用尤为重要。

2. 润滑作用

切削液渗入刀具、切屑和工件之间，形成润滑膜，可以减小刀具与切屑、刀具与工件过渡表面之间的摩擦，从而减小切削变形，抑制积屑瘤、鳞刺的生长，控制残余应力和微观裂纹的产生，使刀具使用寿命延长，工件的加工表面质量得以提高。

3. 清洗和排屑作用

切削液能将细小的切屑或磨削时从砂轮上脱落的磨粒及时冲走，避免切屑堵塞或划伤工件已加工表面及机床导轨。切削液的清洗和排屑作用对磨削、深孔加工等尤为重要。

二、切削液的种类

现用的切削液大都是以水或油为基体加入适当的添加剂而制成的。切削液分水基和油基两大类。常用的水基切削液有水溶液和乳化液；常用的油基切削液即切削油。切削液的种类见表 4–2–1。

表 4–2–1　　切削液的种类

<table>
<tr><th>种类</th><th>主要成分</th><th>冷却性</th><th>润滑性</th><th>应用</th></tr>
<tr><td>水溶液</td><td>水 + 防锈剂 + 添加剂</td><td rowspan="3">好
↑
差</td><td rowspan="3">差
↓
好</td><td>常用于磨削</td></tr>
<tr><td>乳化液</td><td>矿物油 + 乳化剂 + 添加剂</td><td>常用于粗加工</td></tr>
<tr><td>切削油</td><td>矿物油 + 添加剂</td><td>常用于精加工</td></tr>
</table>

三、切削液的选用

加工中使用的切削液应根据工件材料、刀具材料、加工方法、加工要求等情况综合考虑，合理选用，切削液的选用见表 4–2–2。

表 4–2–2　　切削液的选用

<table>
<tr><th>选用依据</th><th>加工条件</th><th>切削液选用原则</th></tr>
<tr><td rowspan="5">工件材料</td><td>切削钢等塑性材料</td><td>需用切削液</td></tr>
<tr><td>切削铸铁等脆性材料</td><td>因使用切削液的作用不明显，且会弄脏工作场地和使碎屑黏附在机床导轨与滑板间造成阻塞和擦伤，故一般不使用切削液</td></tr>
<tr><td>切削高强度钢、高温合金等难切削材料</td><td>选用极压切削油或极压乳化液[①]</td></tr>
<tr><td>切削铜与铜合金、铝与铝合金</td><td>因硫对该工件材料有腐蚀作用，故不能使用含硫的切削液</td></tr>
<tr><td>切削镁合金</td><td>不能使用水基切削液，以免引起燃烧</td></tr>
</table>

① 极压添加剂具有一定的活性，在高温下能快速与金属发生反应，生成氯化铁、硫化铁等化学吸附膜，这些生成物能起到固体润滑剂的作用，因而能减轻刀具与工件材料间的摩擦。

续表

选用依据	加工条件	切削液选用原则
刀具材料	高速钢刀具	热硬性差，一般应使用切削液
	硬质合金刀具	热硬性好，耐热、耐磨，一般不用切削液，必要时可使用低浓度的乳化液或合成切削液，但必须连续、充分浇注，以免刀片因冷热不均匀产生较大内应力而破裂
加工方法	钻孔（尤其是钻深孔）、铰孔、攻螺纹、拉削等加工	因工具与已加工表面的摩擦严重，故宜采用乳化液、极压乳化液、极压切削油，并充分浇注
	使用螺纹刀具、齿轮刀具及成形刀具切削	刀具价格较贵，刃磨困难，要求刀具寿命高，宜采用极压切削油、硫化切削油等
	磨削	因其加工时温度很高，且会产生大量的细屑及脱落的磨粒，容易堵塞砂轮和使工件烧伤，故要选用冷却作用好、清洁能力强的切削液，如合成切削液和低浓度乳化液
	磨削不锈钢、高温合金	应选用润滑性能较好的极压型合成切削液和极压乳化液
加工要求	粗加工	金属切除量大，切削温度高，应选用冷却作用好的切削液
	精加工	为保证加工质量，宜选用润滑作用好的极压切削液

四、加工精度

工件的加工质量指标分为两大类：加工精度和加工表面质量。

1. 加工精度的概念

加工精度指工件加工后的实际几何参数（尺寸、形状和位置）与理想几何参数的符合程度。工件的加工精度包括尺寸精度、形状精度和位置精度三个方面。

2. 获得规定尺寸精度的方法

切削加工中，工件获得规定尺寸精度的方法主要有两种：

（1）试切法

试切法是通过试切—测量—调整—再试切的反复过程而最终获得规定尺寸精度的方法。这种方法只适用于单件生产。

（2）自动获得尺寸精度的方法

1）用定尺寸刀具加工。工件的尺寸精度由刀具本身尺寸精度保证。例如，使用钻头、铰刀、拉刀进行孔加工，用丝锥、圆板牙加工内、外螺纹。

2）调整法。预先按规定的尺寸调整好机床、夹具、刀具及工件的相对位置和运动，并要求在一批工件的加工过程中，保持这种相对位置不变，或定期做补充调整，以保证在加工时自动获得规定的尺寸精度。

3）自动控制法。使用由测量装置、进给装置和控制系统组成的自动加工循环系统。在工件达到规定的尺寸精度要求时，机床的自动测量装置发出指令使机床自动退刀并停止工作。加工过程中如果刀具磨损（在磨损的允许范围内），自动测量装置则发出补偿指令，使进给装置进行微量补偿进给。整个工作循环自动进行，加工后的工件尺寸稳定，生产率高。

随着数控机床的迅速发展和应用普及，获得工件要求的尺寸精度越来越方便，使精度要求较高、形状复杂工件的单件、小批生产易于实现自动化。

五、加工表面质量

1. 加工表面质量的概念

加工表面质量包括工件表面微观几何形状和工件表面层材料的物理性能、力学性能两个方面的内容。

工件的加工表面质量对工件的耐磨性、耐腐蚀性、疲劳强度、配合性质等使用性能有着很大的影响，特别是对在高速、重载、变载、高温等条件下工作的工件的影响尤为显著。

2. 表面粗糙度

表面粗糙度是加工表面上具有较小间距和峰谷所组成的微观几何形状特性。一般由所采用的加工方法和（或）其他因素形成。其波距小于 1 mm。它主要是由加工过程中刀具和工件表面的摩擦、刀痕、切屑分离时工件表面层金属的塑性变形以及工艺系统中的高频振动等原因形成。

表面粗糙度是衡量加工表面微观几何形状精度的主要标志。表面粗糙度值越小，加工表面的微观几何形状精度越高。

3. 表面层材料的物理性能和力学性能

切削加工时，工件表面层材料在刀具的挤压、摩擦及切削区温度变化的影响下，发生材质变化，致使表面层材料的物理性能、力学性能与基体材料的物理性能、力学性能不一致，从而影响加工表面质量。这些材质的变化主要有以下几个方面：

（1）表面层材料因塑性变形引起冷作硬化。

（2）表面层材料因切削热的影响引起金相组织的变化。

（3）表面层材料因切削时的塑性变形、热塑性变形、金相组织变化引进残余应力。

§4-3 金属切削机床的分类及型号

做一做

通过参观金属加工生产车间，认识不同种类的金属切削机床。在这些金属切削机床上查找如下图所示的铭牌，观察并记录铭牌上的信息。

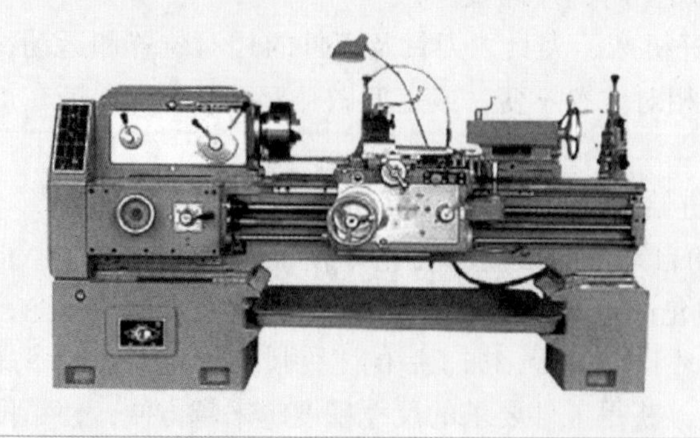

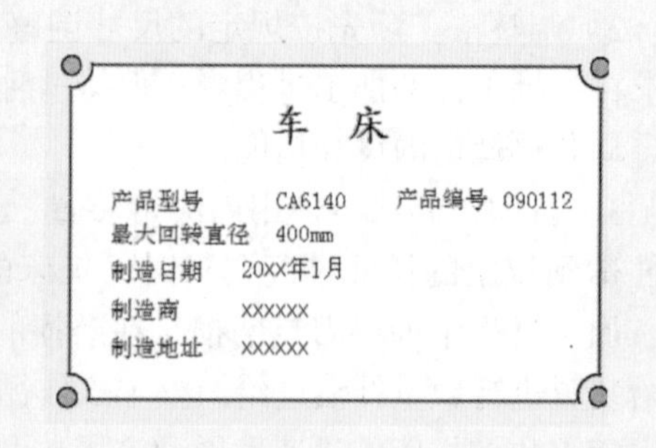

机床名称	型号	参数

金属切削机床是用切削方法将金属材料加工成零件的机器，通常简称为机床。由于金属切削加工仍是机械制造过程中获取具有一定尺寸、形状和精度的零件的主要加工方法，因此机床是机械制造的主要加工设备。

一、金属切削机床的分类

金属切削机床的种类和规格繁多，为便于区别、使用和管理，需对机床进行分类。

根据国家标准《金属切削机床型号编制方法》（GB/T 15375—2008），金属切削机床按其工作原理划分为车床、钻床、镗床、磨床、齿轮加工机床、螺纹加工机床、铣床、刨插床、拉床、锯床和其他机床等。

二、金属切削机床型号编制

机床的型号是机床产品的代号，用以表明机床的类型、通用特性和结构特性、主要技术参数等。目前，我国机床型号是按《金属切削机床型号编制方法》（GB/T 15375—2008）编制的。

1. 通用机床的型号编制

（1）型号表示方法

型号由基本部分和辅助部分组成，中间用“/”隔开，读作“之”。基本部分需统一管理，辅助部分纳入型号与否由企业自定。

型号由大写汉语拼音字母和阿拉伯数字按一定规律组合而成，通用机床型号的表示方法如图 4–3–1 所示。

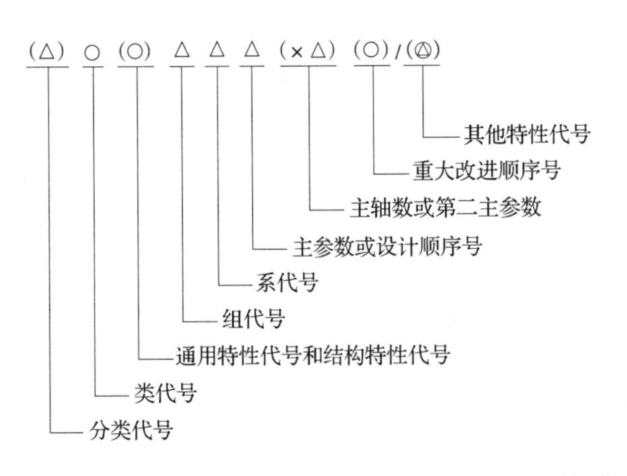

注：① 有“（ ）”的代号或数字，当无内容时不表示，若有内容则不带括号。
② 有“○”符号者，为大写汉语拼音字母。
③ 有“△”符号者，为阿拉伯数字。
④ 有“◎”符号者，为大写汉语拼音字母或阿拉伯数字，或两者兼而有之。

图 4–3–1　通用机床型号的表示方法

（2）机床的分类和代号

机床的类别用大写汉语拼音字母表示。必要时，每类可分为若干分类。分类代号在类代号之前，作为型号的首位，并用阿拉伯数字表示。第一分类代号的“1”省略，第二、第三分类代号的“2”“3”则应予以表示。机床的分类和代号见表 4–3–1。

表 4–3–1　　机床的分类和代号

分类	车床	钻床	镗床	磨床			齿轮加工机床	螺纹加工机床	铣床	刨插床	拉床	锯床	其他机床
代号	C	Z	T	M	2M	3M	Y	S	X	B	L	G	Q
读音	车	钻	镗	磨	二磨	三磨	牙	丝	铣	刨	拉	割	其

对于具有两类特性的机床，编制代号时主要特性应放在后面，次要特性应放在前面。例如铣镗床是以镗为主，铣为辅。

（3）机床的通用特性代号和结构特性代号

这两种特定代号用大写汉语拼音字母表示，并位于类代号之后。

1）通用特性代号。通用特性代号有统一的规定含义，在各类机床的型号中表示相同的意义，见表 4–3–2。例如 XK5032 型铣床，K 表示该机床具有程序控制特性，在类代号 X 之后。当需要同时使用 2 ~ 3 个特性代号时，应按重要程度排序。

表 4–3–2　　机床的通用特性代号

通用特性	高精度	精密	自动	半自动	数控	加工中心（自动换刀）	仿形	轻型	加重型	柔性加工单元	数显	高速
代号	G	M	Z	B	K	H	F	Q	C	R	X	S
读音	高	密	自	半	控	换	仿	轻	重	柔	显	速

2）结构特性代号。对于主参数相同而结构、性能不同的机床，在型号中加结构特性代号予以区分。但是，结构特性没有统一的含义。当型号中有通用特性代号时，结构特性代号排在通用特性代号之后，否则结构特性代号直接排在类代号之后。结构特性代号用汉语拼音字母表示，但通用特性代号中已用的字母及“I”“O”两个字母不能选用。

例如 CA6140 型卧式车床型号中的“A”是结构特性代号，表示与 C6140 型卧式车床主参数相同，但结构不同。

（4）机床的组、系代号

每类机床划分为十个组，每个组又划分为十个系（系列），分别用一位阿拉伯数字表示，组代号位于类代号或特性代号之后，系代号位于组代号之后。

1）在同一类机床中，主要布局或使用范围基本相同的机床，即为同一组。

2）在同一组机床中，主参数、主要结构及布局形式相同的机床，即为同一系。

（5）主参数和设计顺序号

1）主参数。主参数在机床型号中用折算值表示，位于系代号之后。主参数等于主参数代号（折算值）除以折算系数。例如 CA6140 型卧式车床的主参数折算系数为 1/10，所以该卧式车床的主参数为 400 mm。

2）设计顺序号。当无法用一个主参数表示某些通用机床时，可用设计顺序号表示，由 1 起始。当设计顺序号小于 10 时，由 01 开始编号。

（6）主轴数和第二主参数

1）主轴数。对于多轴机床、多轴钻床、排式钻床等机床，其主轴数应以实际数值列入型号，置于主参数之后，用“×”分开，读作“乘”。单轴可省略。

2）第二主参数。第二主参数（多轴机床的主轴数除外）一般不予表示。在型号中表示的第二主参数，一般以折算成两位数为宜，最多不超过三位数。以长度、深度值等表示的，其折算系数为 1/100；以直径、宽度值等表示的，其折算系数为 1/10；以厚度、最大模数值等表示的，其折算系数为 1。当折算值大于 1 时，则取整数；当折算值小于 1 时，则取小数点后第一位数，并在前面加“0”。

例如 Z3040×16 表示摇臂钻床的第二主参数——最大跨距为 1 600 mm。

（7）重大改进顺序号

当机床的结构、性能有更高的要求，并需按新产品重新设计、试制和鉴定时，按改进的先后顺序选用 A、B、C 等汉语拼音字母（但“I”“O”两个字母不能选用），加在型号基本部分的尾部，以区别原机床型号。

例如 M1432A 表示经第一次重大改进后的万能外圆磨床。

（8）其他特性代号

其他特性代号主要反映机床的各类特性，置于辅助部分之首，用汉语拼音字母（除“I”“O”两个字母外）、阿拉伯数字或阿拉伯数字与汉语拼音字母组合表示。

2. 专用机床的型号编制

（1）型号表示方法

专用机床型号的表示方法如图 4–3–2 所示。

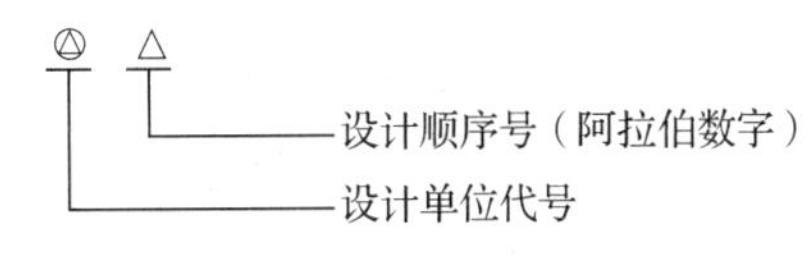

图 4–3–2　专用机床型号的表示方法

（2）设计单位代号

设计单位代号包括机床生产企业和机床研究单位代号（位于型号之首）。

（3）设计顺序号

专用机床的设计顺序号按该单位的设计顺序号排列，由 001 起始，位于设计单位代号之后，并用“—”隔开。

三、识读常见机床型号

识读机床型号时，应从左往右依次读取各代号含义，机床型号读取顺序如图 4–3–3 所示。若机床型号中有个别代号未标出或省略，可以不读。

例如：

1. C A 6 1 40

C——类别为车床类；

A——结构特性为 A 结构；

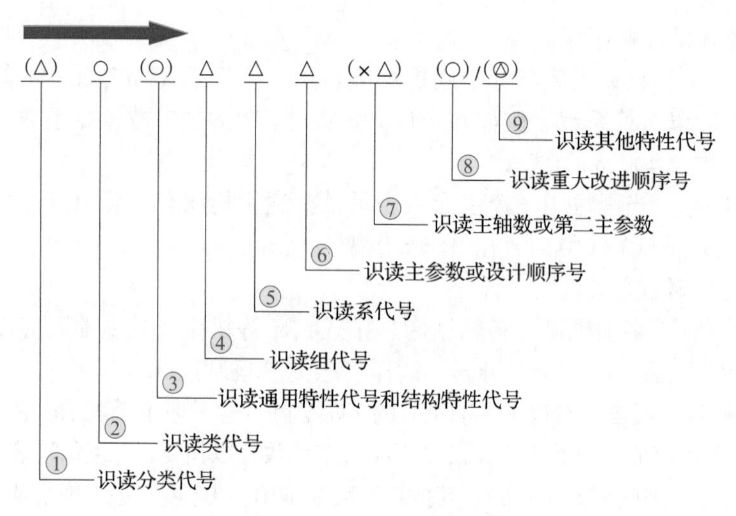

图 4-3-3　机床型号读取顺序

6——组别为落地及卧式车床组；
1——系别为普通车床系；
40——主参数为床身上最大回转直径 400 mm。

2. Z 3 0 40 × 16 / S2

Z——类别为钻床类；
3——组别为摇臂钻床组；
0——系别为摇臂钻床系；
40——主参数为最大钻孔直径 40 mm；
16——第二主参数为最大跨距 1 600 mm；
S2——制造企业为沈阳第二机床厂。

3. T H M 6 3 50 / JCS

T——类别为镗床类；
H——通用特性为加工中心；
M——通用特性为精密；
6——组别为卧式铣镗床组；
3——系别为卧式铣镗床系；
50——主参数为工作台面宽度 500 mm；
JCS——制造企业为北京机床研究所。

§4-4 车床及其应用

课堂讨论

观察车床加工出来的下图所示零件，分析它们的特点。生活中还有哪些物品与这些零件相似？

车削是以工件旋转为主运动，以车刀移动为进给运动的切削加工方法。车削的切削运动由车床实现。车床的种类很多，主要有仪表小型车床、单轴自动车床、多轴自动或半自动车床、回轮或转塔车床、曲轴及凸轮轴车床、立式车床、落地及卧式车床、仿形及多刀车床以及其他车床等。其中，以卧式车床应用最为广泛。

一、卧式车床

1. 认识卧式车床

认识车床是了解车削加工及其特点的前提，可以通过参观车工实训车间（图 4-4-1）来认识车床。

CA6140 型卧式车床如图 4-4-2 所示，各部分的结构及作用见表 4-4-1。

图 4-4-1　车工实训车间

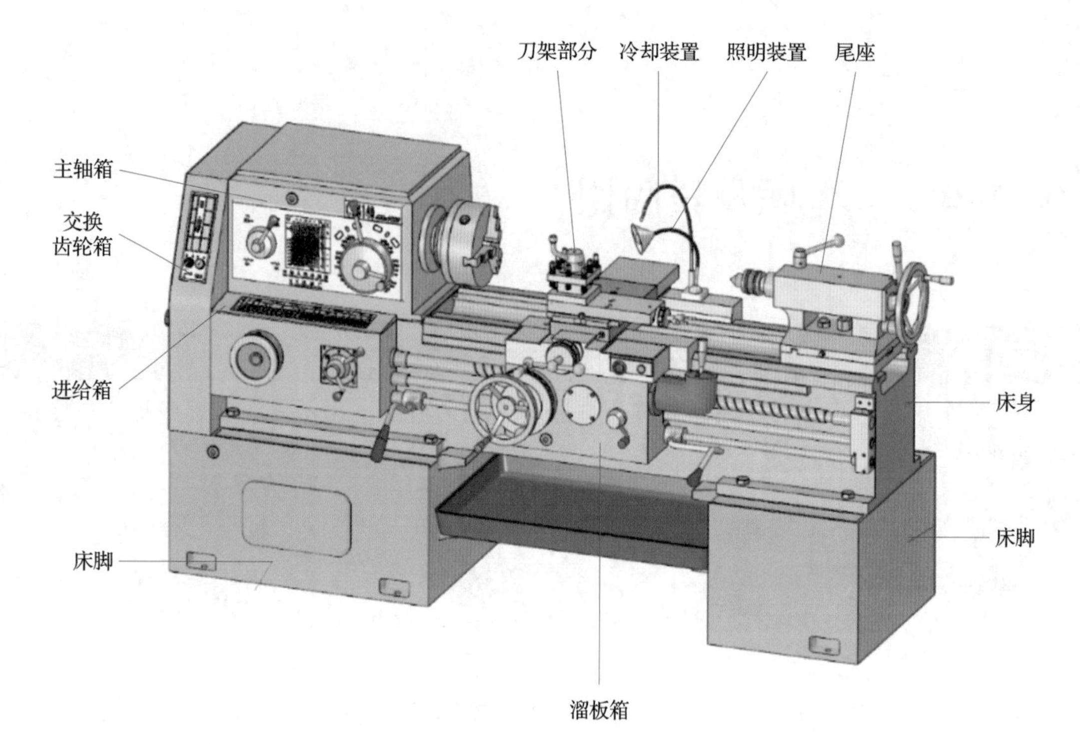

图 4-4-2　CA6140 型卧式车床

表 4-4-1　　CA6140 型卧式车床各部分的结构及作用

名称	结构	作用
主轴箱	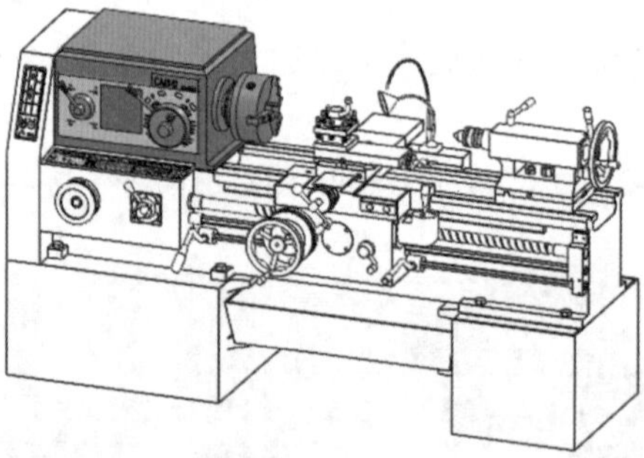	用于支承主轴，带动工件做旋转运动。箱体外有变速手柄，变换手柄位置可使主轴得到多种转速。卡盘装在主轴上，夹持工件做旋转运动
交换齿轮箱	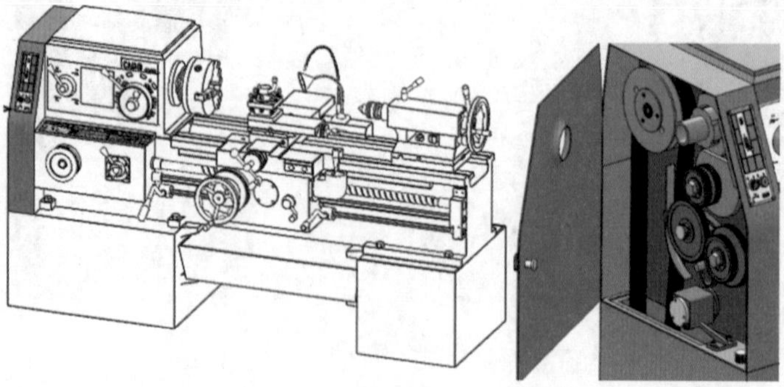	它将主轴的旋转运动传递给进给箱。更换箱内的齿轮，配合进给箱变速机构可以车削各种导程的螺纹，并满足车削时对纵向和横向不同进给量的需求

续表

名称	结构	作用
进给箱	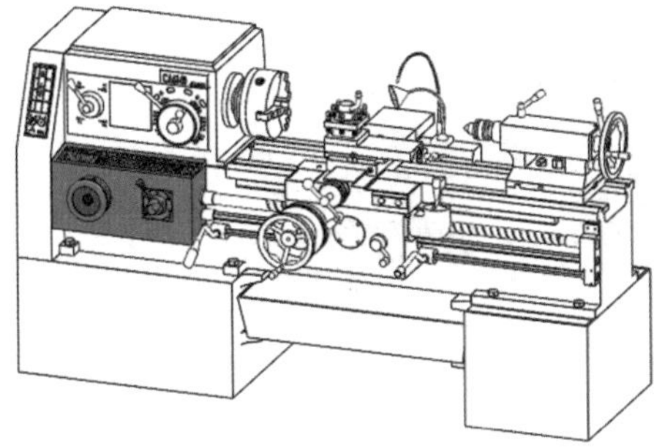	它是改变进给量、传递进给运动的变速机构，它将交换齿轮箱传递过来的运动，经过变速后传递给丝杠或光杠
溜板箱	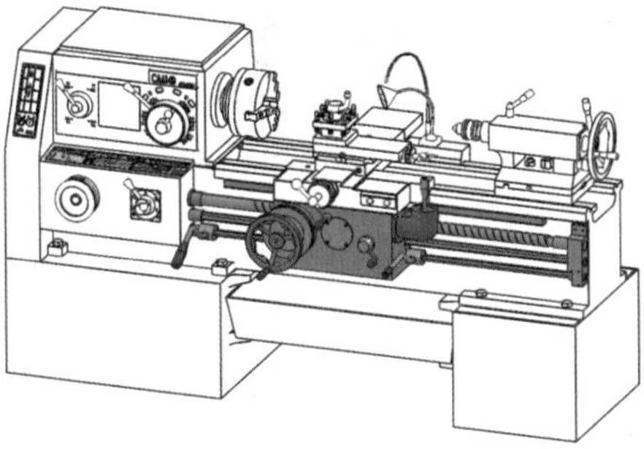	通过溜板箱将光杠或丝杠的转动变为滑板的移动，操纵箱外手柄及按钮，通过快移机构驱动刀架部分可实现车刀的纵向或横向运动
刀架部分	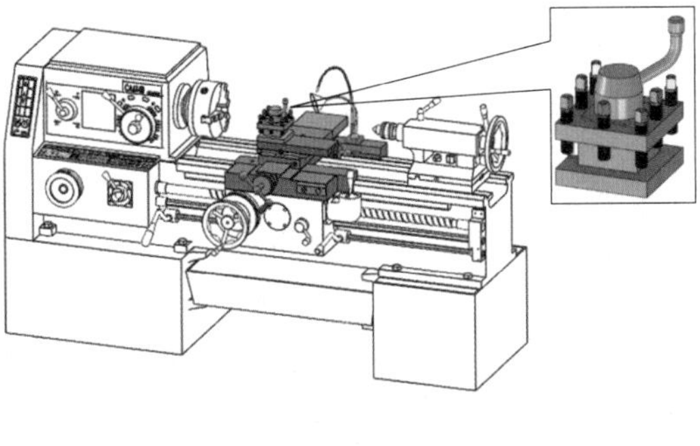	它由床鞍、中滑板、小滑板和刀架等组成。刀架用于装夹车刀并带动车刀做纵向、横向、斜向和曲线运动，从而使车刀完成工件各种表面的车削
尾座	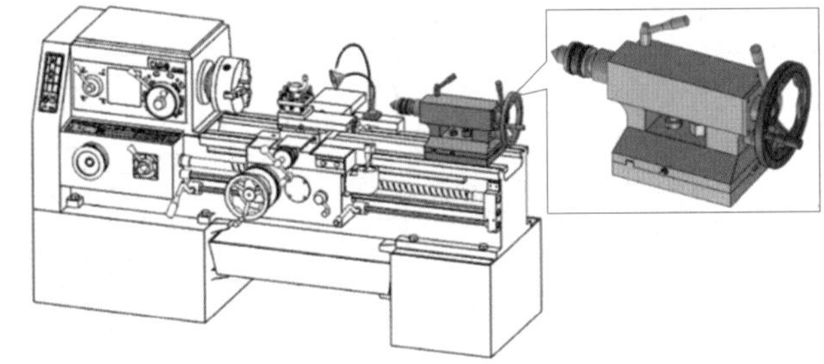	尾座安放在床身导轨上，并可沿此导轨调整纵向位置，主要用于安装后顶尖，以支承较长工件；也可安装钻夹头来装夹中心钻或钻头等

续表

名称	结构	作用
床身		床身是车床的大型基础部件，有两条精度很高的V形导轨和矩形导轨，主要用于支承和连接车床各部件，并保证各部件在工作时有准确的相对位置
照明、冷却装置		照明灯使用安全电流，为操作者提供充足的光线，以保证明亮清晰的操作环境 切削液被冷却泵加压后，通过冷却管喷射到切削区域

2. 卧式车床的运动和传动路线

现以CA6140型卧式车床为例介绍卧式车床的运动和传动路线。CA6140型卧式车床运动示意图如图4-4-3所示，传动路线图如图4-4-4所示。电动机驱动带轮，将运动传递到主轴箱，通过变速机构变速，使主轴得到不同转速，再经卡盘（或夹具）带动工件旋转。

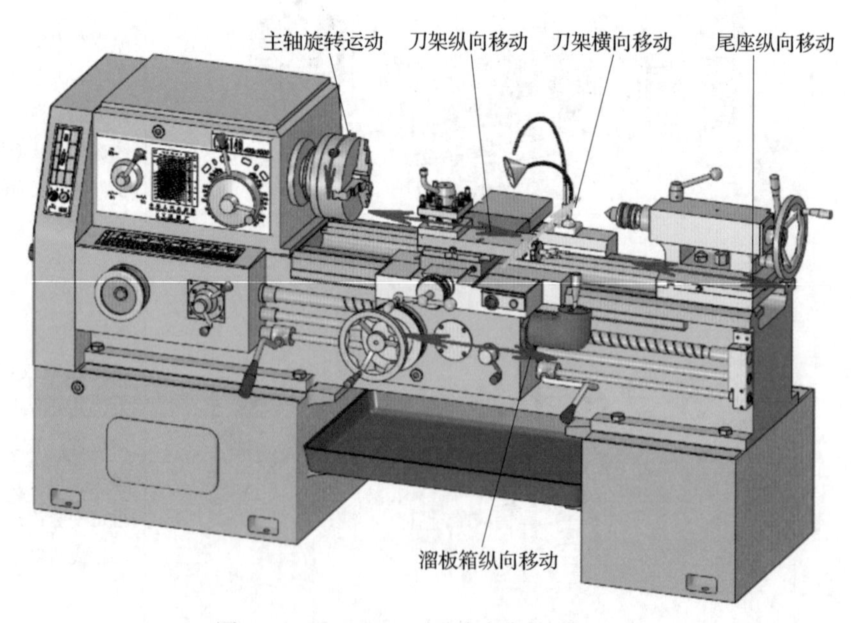

图4-4-3　CA6140型卧式车床运动示意图

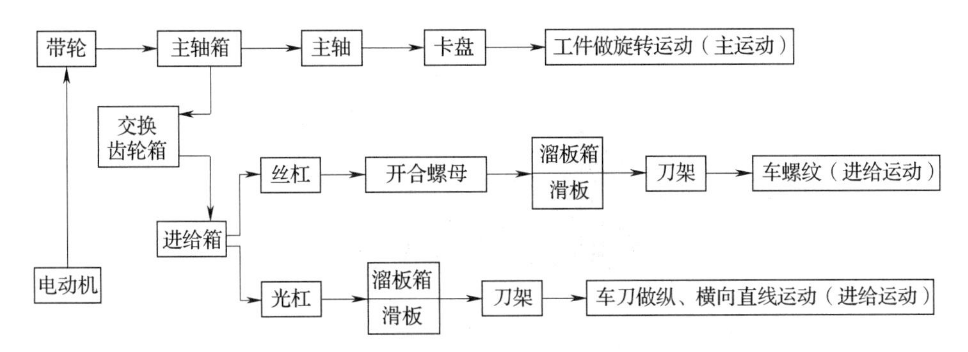

图 4-4-4　CA6140 型卧式车床传动路线图

主轴将旋转运动传递到交换齿轮箱，再通过进给箱变速后由丝杠或光杠驱动溜板箱和刀架部分，可以很方便地实现手动、机动、快速移动及车螺纹等运动。

二、立式车床和自动车床

1. 立式车床

立式车床分单柱立式车床和双柱立式车床两种，如图 4-4-5 所示。立式车床用于加工径向尺寸大而轴向尺寸相对较小的大型和重型工件。

立式车床的结构布局特点是主轴垂直布置，有一个水平布置的直径很大的圆形工作台，用来装夹工件。因此，对于笨重工件的装夹、找正比较方便。由于工作台和工件的质量由床身导轨、推力轴承支承，极大地减轻了主轴轴承的负荷，因此可长期保持车床的加工精度。

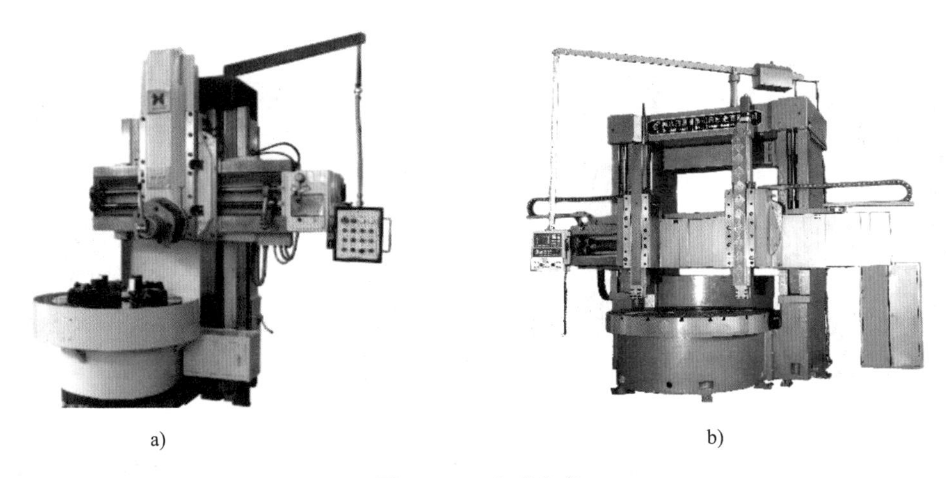

a)　b)

图 4-4-5　立式车床

a）单柱立式车床　b）双柱立式车床

2. 自动车床

经调整后，不需工人操作便能自动地完成一定的切削加工循环（包括工作行程和空行程），并且可以自动地重复这种工作循环的车床称为自动车床，如图 4-4-6 所示。

使用自动车床能大大地减轻工人的劳动强度，提高加工精度和劳动生产率。

自动车床适用于加工大批、形状复杂的工件。

图 4-4-6　自动车床

三、车床的加工范围和加工特点

1. 车床的加工范围

车床的加工范围很广，可以进行车外圆、车端面、切断和车槽、钻中心孔、钻孔、扩孔、铰孔、车孔、车圆锥、车成形面、滚花、车螺纹等加工，如图 4-4-7 所示。如果在车床上安装一些附件和夹具，还可以进行镗削、磨削、研磨和抛光等加工。

a)　b)　c)

d)　e)　f)

g)　　h)　　i)

j)　　k)　　l)

图 4-4-7　车床的加工范围

a）车外圆　b）车端面　c）切断和车槽　d）钻中心孔　e）钻孔

f）扩孔　g）铰孔　h）车孔　i）车圆锥　j）车成形面　k）滚花　l）车螺纹

2. 车床的加工特点

（1）适应性强，应用广泛，适合车削不同材料、不同精度要求的工件。

（2）所用刀具结构相对简单，制造、刃磨和装夹都较方便。

（3）切削力变化较小，车削过程相对平稳，生产率较高。

（4）车削可以加工出尺寸精度和表面质量都较高的工件，车削的尺寸精度等级通常为IT9 ~ IT7，表面粗糙度值可达 $Ra1.6$ μm。

观察记录

通过参观车削车间或观看车削教学视频，你对车削技术有了哪些认识？请列举一些典型的车削零件并填写下表。

<table>
<tr><th>参观车间</th><th>车床型号</th><th>轴类零件</th><th>套类零件</th><th>滚花零件</th></tr>
<tr><td rowspan="3"></td><td></td><td></td><td></td><td></td></tr>
<tr><td></td><td></td><td></td><td></td></tr>
<tr><td></td><td></td><td></td><td></td></tr>
<tr><td>观后感想</td><td colspan="4"></td></tr>
</table>

四、车床常用夹具

用以装夹工件和引导刀具的装置称为夹具。车床夹具分为通用夹具和专用夹具两类。车床的通用夹具一般作为车床附件供应，且已标准化。常见的车床夹具见表 4-4-2。

表 4–4–2　　常见的车床夹具

夹具		图示	特点及应用	应用示例
卡盘	三爪自定心卡盘		三个卡爪均匀分布在圆周上，能同步沿卡盘的径向移动，实现对工件的夹紧或松开，能自动定心；装夹工件时，一般无须找正，使用方便，但夹紧力较小	
	四爪单动卡盘		四个卡爪均匀分布在圆周上，每个卡爪单独沿径向移动；装夹工件时，需通过调节各卡爪的位置对工件的位置进行找正，装夹较慢	
顶尖	前顶尖	前顶尖	顶尖的作用是定中心，承受工件的重力与切削时的切削力 前顶尖是安装在主轴上的顶尖，它随主轴和工件一起回转，与工件中心孔无相对运动，不产生摩擦	拨盘 鸡心夹头 后顶尖 前顶尖 锁紧螺钉

续表

夹具		图示	特点及应用	应用示例
顶尖	后顶尖	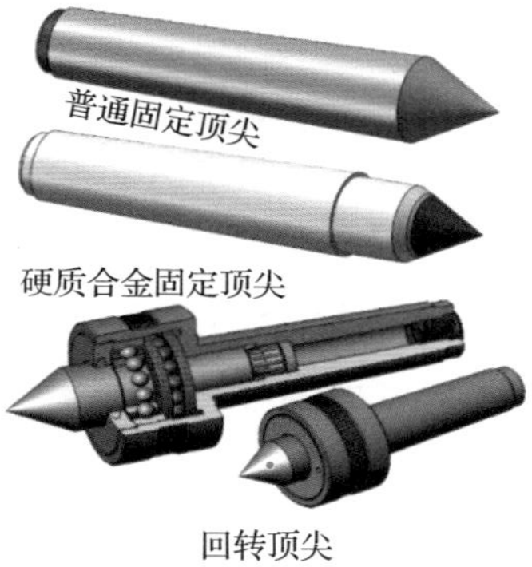 普通固定顶尖 硬质合金固定顶尖 回转顶尖	后顶尖是插入尾座套筒锥孔中的顶尖。后顶尖可以是固定顶尖，也可以是回转顶尖 固定顶尖定心好、刚度高，切削时不易产生振动，但与工件中心孔有相对运动，容易发热和磨损 回转顶尖可克服发热和磨损的缺点，但定心精度稍差，刚度也稍低	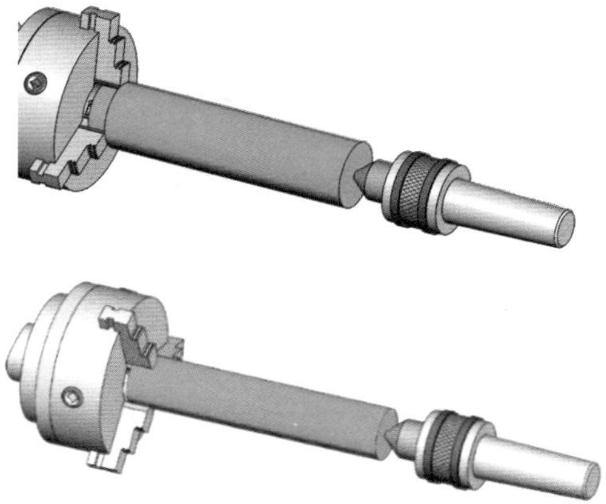
中心架	普通中心架	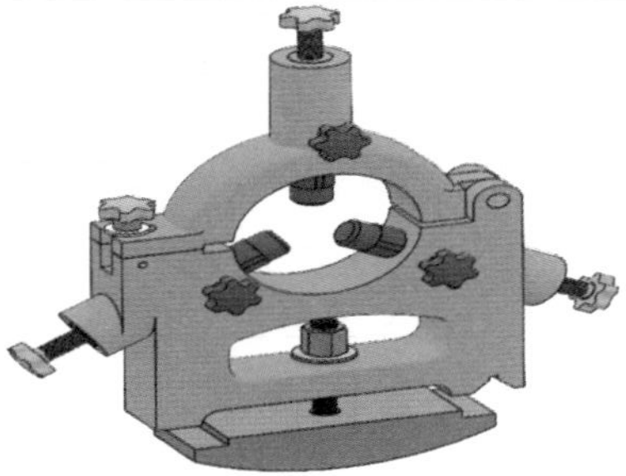	采用中心架可以增强细长轴的刚度，保证工件加工时的同轴度	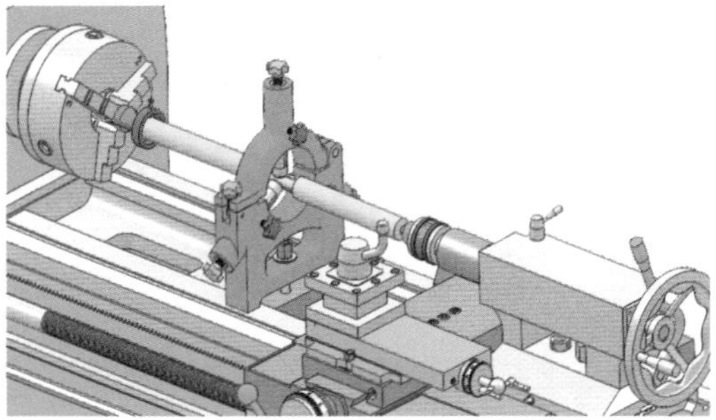
	滚动轴承中心架	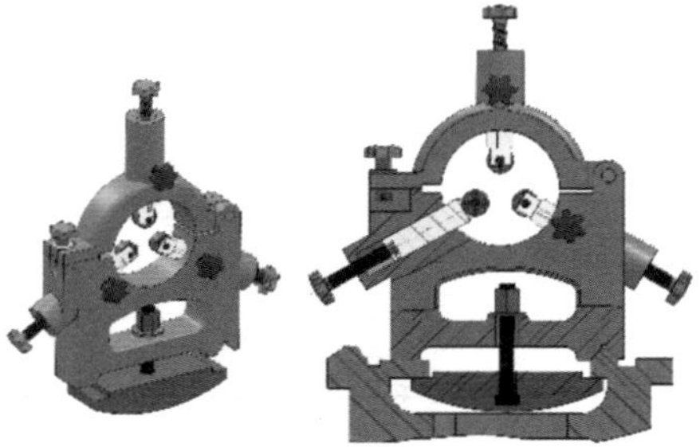	带滚动轴承的中心架是在普通中心架支承爪的前端装有滚动轴承。其特点是耐高速，不会研伤工件，但同轴度稍差	

续表

夹具		图示	特点及应用	应用示例
跟刀架	两爪跟刀架	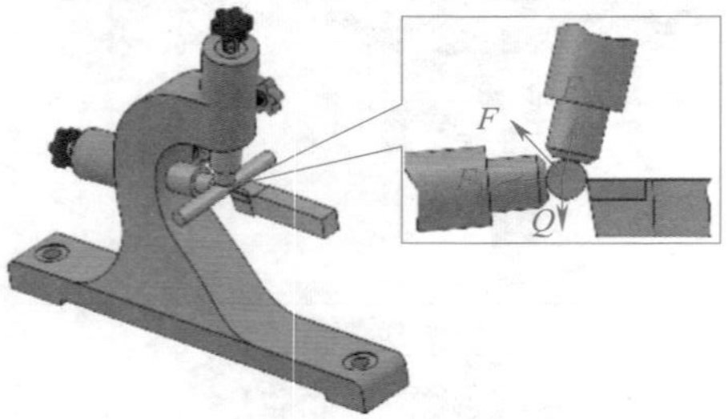 F Q	使用时一般固定在车床床鞍上，车削时跟随在车刀后面移动，承受作用在工件上的切削力 常用的有两爪跟刀架和三爪跟刀架两种，在车削细长光轴时宜选用三爪跟刀架	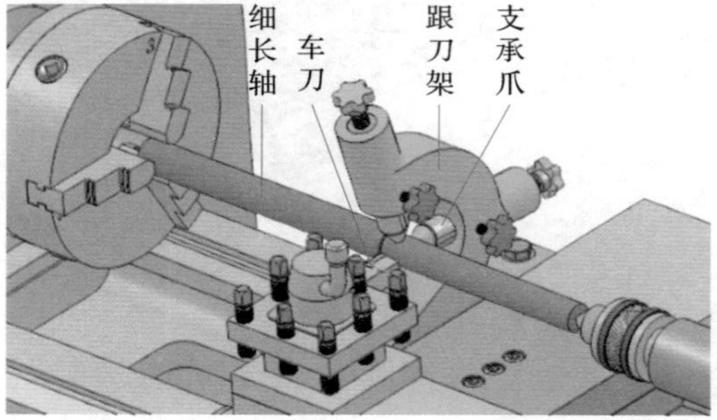 细长轴 车刀 跟刀架 支承爪
	三爪跟刀架	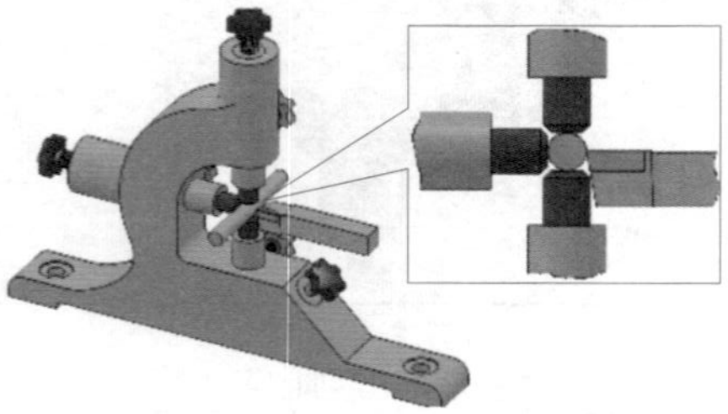		
花盘、角铁等		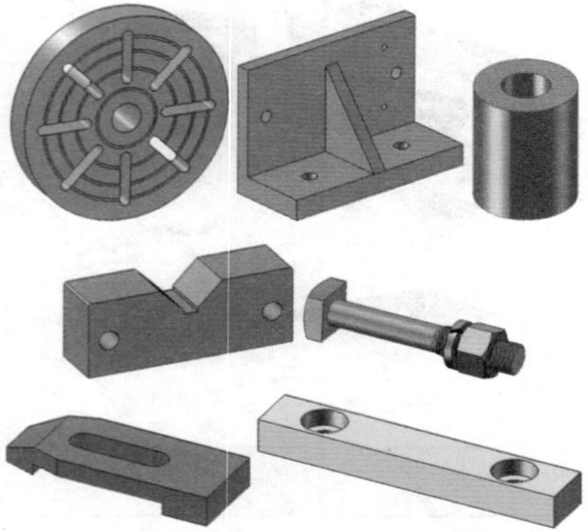	花盘是材质为铸铁的大圆盘，安装在车床主轴上，上面有若干呈辐射状分布的长短不一的通槽，用于安装各种螺钉，以紧固工件 花盘和角铁配合使用，可以装夹用其他方法不便装夹的形状不规则的工件	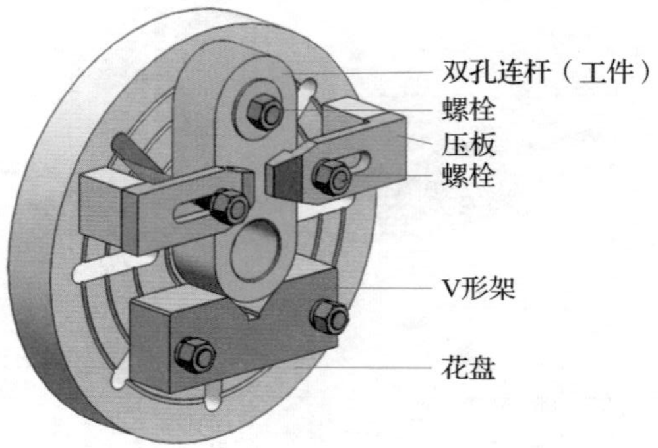 双孔连杆（工件） 螺栓 压板 螺栓 V形架 花盘

五、车刀

车削时，需根据不同的车削要求选用不同种类的车刀。焊接式车刀是车床中常用的车刀，机夹车刀也逐渐被广泛使用，车刀的种类及应用见表 4–4–3。

表 4–4–3　　车刀的种类及应用

车刀种类	焊接式车刀	机夹车刀	应用	车削示意图
90° 车刀（偏刀）	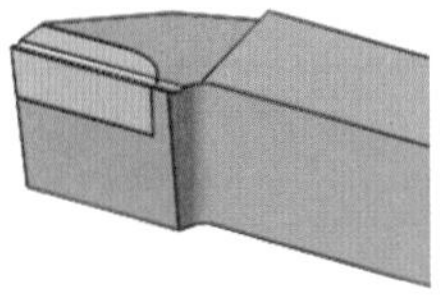		车削工件的外圆、台阶和端面	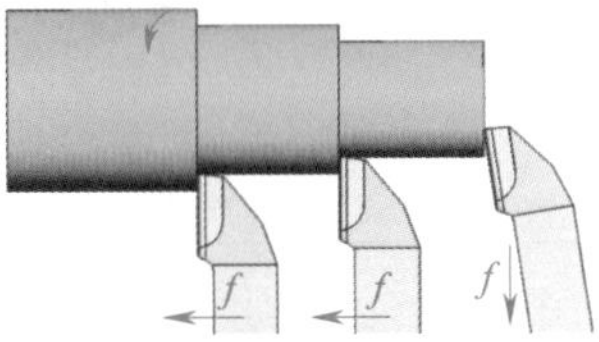
75° 车刀	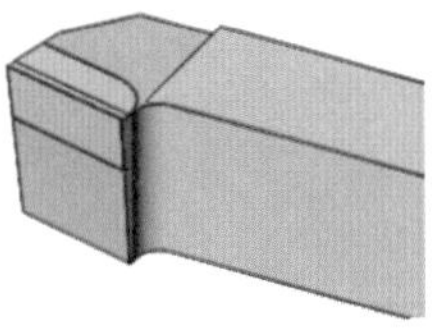	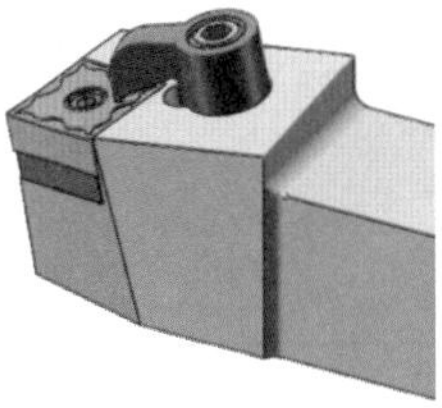	车削工件的外圆和端面	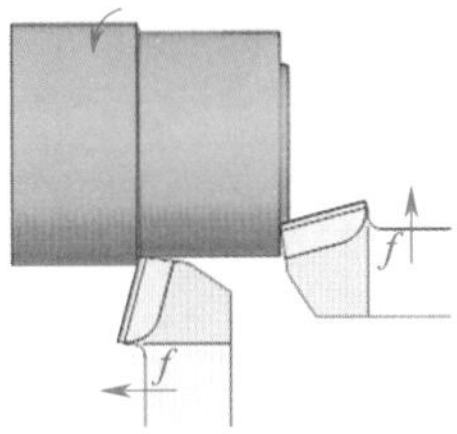
45° 车刀（弯头车刀）	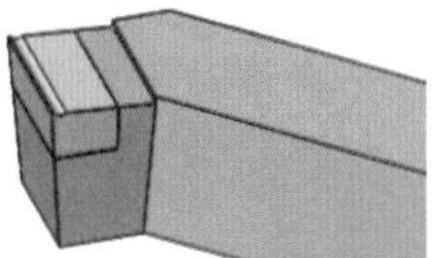		车削工件的外圆、端面或进行 45° 倒角	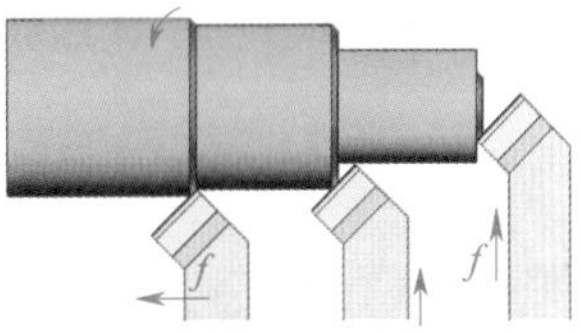
切断刀	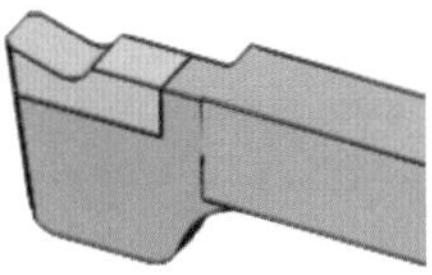	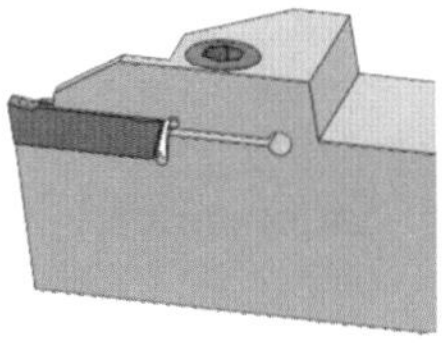	切断或在工件上车槽	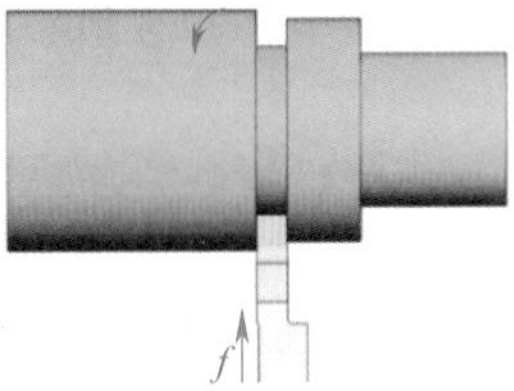
内孔车刀	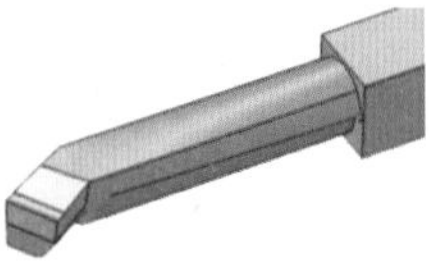	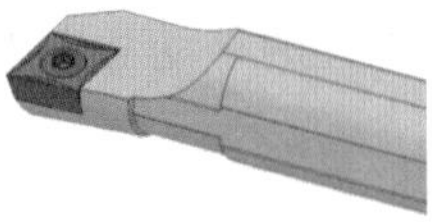	车削工件的内孔	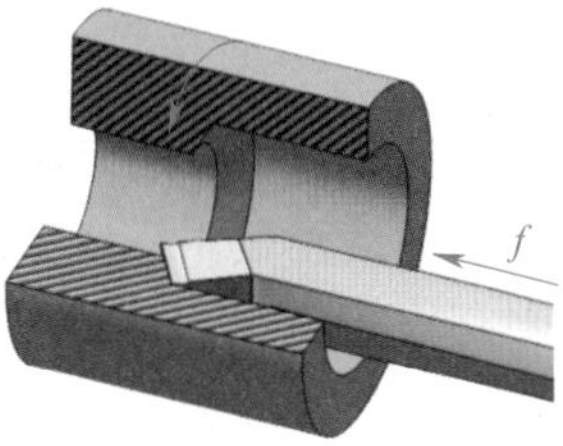

续表

车刀种类	焊接式车刀	机夹车刀	应用	车削示意图
成形车刀			车削工件的圆弧面或成形面	f
螺纹车刀			车削螺纹	f

§4-5 铣床及其应用

课堂讨论

观察铣床加工出来的下图所示零件，讨论它们在结构上与车床加工出来的零件有何不同，加工表面有何特点。

铣削是以铣刀的旋转运动为主运动，以工件的移动为进给运动的一种切削加工方法。铣削的切削运动是由铣床实现的。根据结构、用途及运动方式不同，铣床可分为不同的种类，主要有仪表铣床、悬臂式及滑枕式铣床、龙门铣床、平面铣床、仿形铣床、立式升降台铣床、卧式升降台铣床、床身式铣床、工具铣床和其他铣床等。

一、认识铣床

认识铣床是了解铣削加工及其特点的前提，可以通过参观铣工实训车间（图 4–5–1）来了解铣床。

图 4–5–1　铣工实训车间

1. 认识 X6132 型卧式万能升降台铣床

X6132 型卧式万能升降台铣床是生产中最常见的铣床之一，如图 4–5–2 所示，其各部分的结构及作用见表 4–5–1。

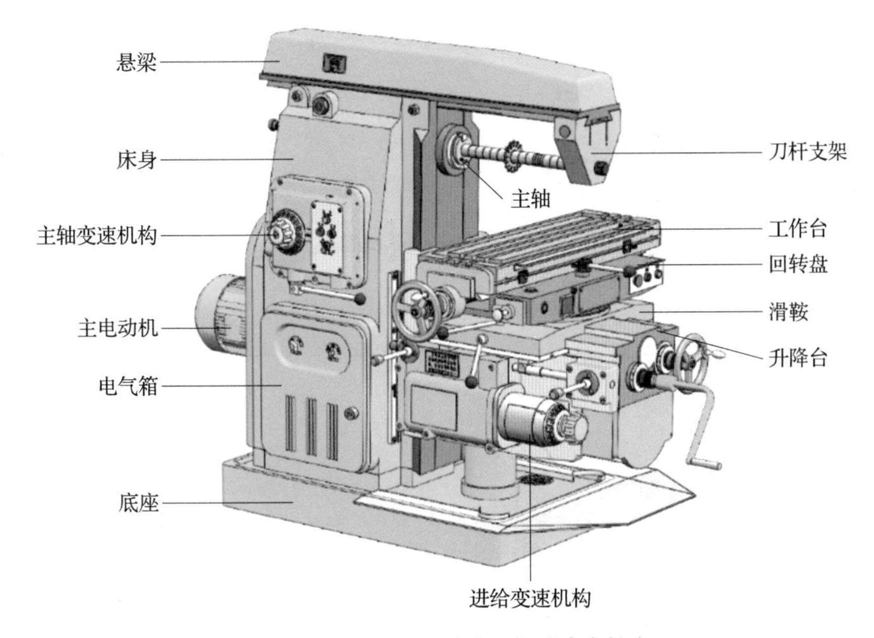

图 4–5–2　X6132 型卧式万能升降台铣床

表 4-5-1　　X6132 型卧式万能升降台铣床的结构及作用

名称	结构	作用
底座	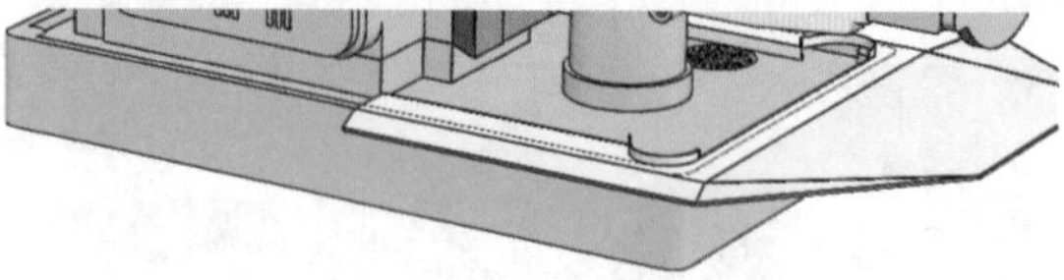	用于支持床身，承受铣床的全部重力，存放切削液
床身	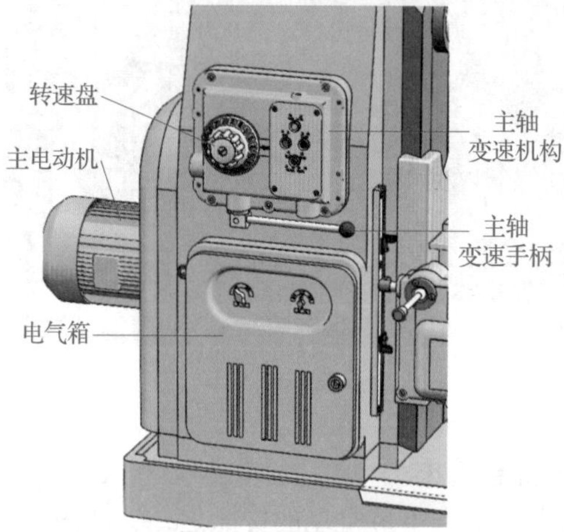 转速盘 主电动机 主轴变速机构 主轴变速手柄 电气箱	机床的主体，用于安装和连接机床其他部件；正面有垂直导轨，引导升降台上下移动；顶部有燕尾形水平导轨，安装悬梁并引导悬梁水平移动；内部装有主轴和主轴变速机构
悬梁与刀杆支架	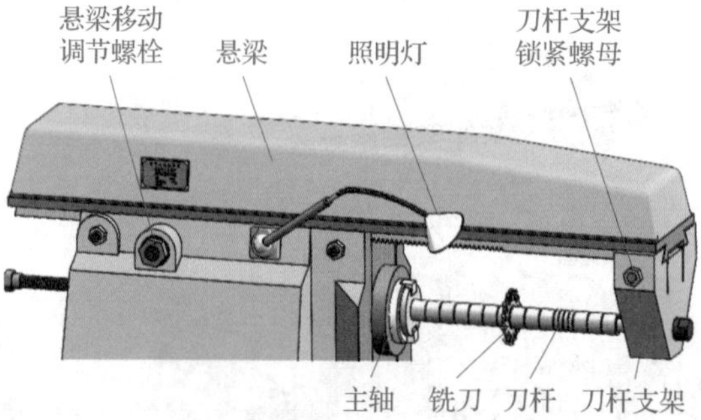 悬梁移动调节螺栓 悬梁 照明灯 刀杆支架锁紧螺母 主轴 铣刀 刀杆 刀杆支架	悬梁可沿床身顶部燕尾形导轨移动，并可按需要调节其伸出床身的长度；悬梁上可安装刀杆支架，用以支承刀杆的外端，增强刀杆的刚度
主轴	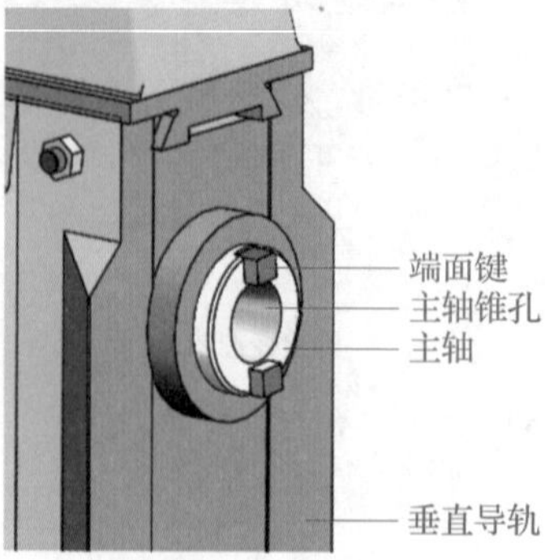 端面键 主轴锥孔 主轴 垂直导轨	主轴为前端带锥孔的空心轴，锥孔的锥度为 7:24，用于安装刀杆和铣刀；主电动机输出的旋转运动，经主轴变速机构驱动主轴连同铣刀一起旋转，以实现主运动

续表

名称	结构	作用
主轴变速机构	 快进按钮 停止按钮 启动按钮 锁刀旋钮	主轴变速机构安装于床身内，其操作机构位于床身左侧，作用是将主电动机的额定转速（1 450 r/min），通过齿轮变速转换成 30 ~ 1 500 r/min 的 18 种不同主轴转速，以适应不同铣削速度的需要
进给变速机构	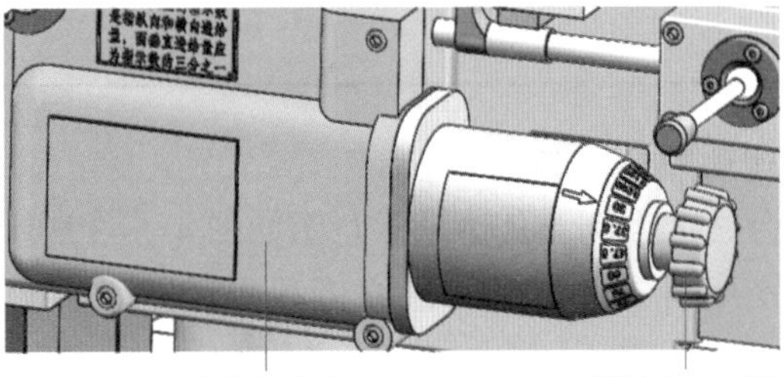 进给变速箱 进给变速手柄	用于调整和变换工作台的进给速度，以适应铣削的需要
工作台	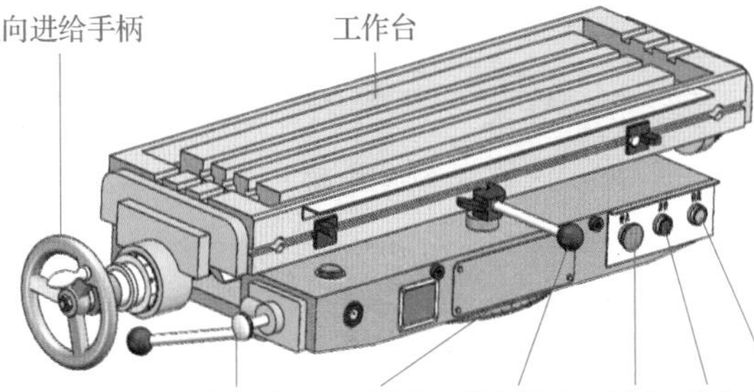 纵向进给手柄 工作台 手拉泵 回转盘 纵向机动进给手柄 停止按钮 启动按钮 快进按钮	用于安装铣床夹具和工件，铣削时带动工件实现纵向进给运动
滑鞍	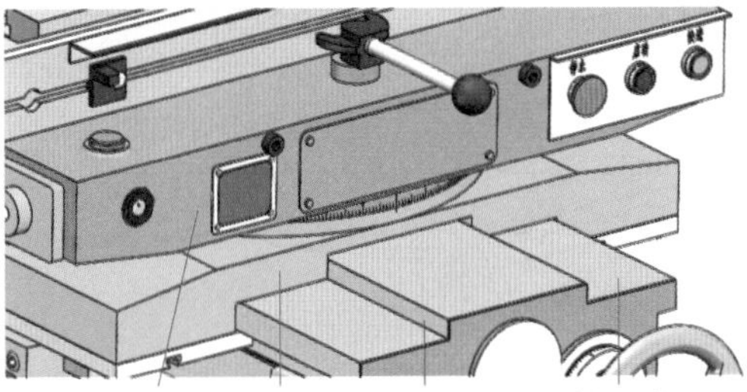 回转盘 滑鞍 升降台 横向导轨	用于带动工作台实现横向进给运动；在滑鞍与工作台之间设有回转盘，可使工作台在水平面内进行 ±45° 范围内的扳转

续表

名称	结构	作用
升降台	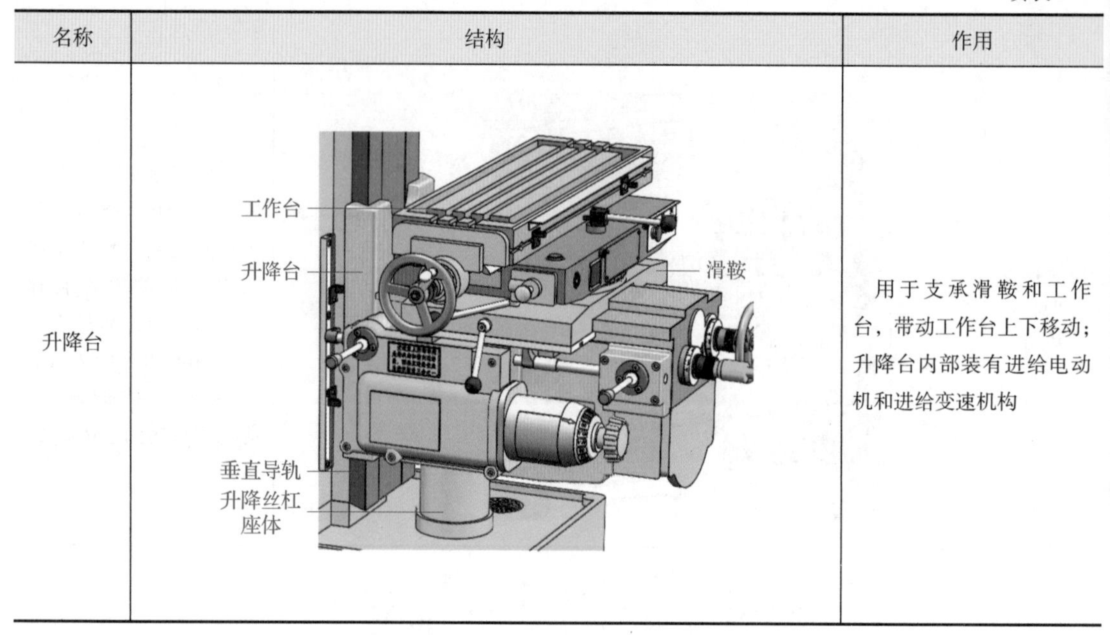	用于支承滑鞍和工作台，带动工作台上下移动；升降台内部装有进给电动机和进给变速机构

2. 卧式万能升降台铣床的运动和传动路线

以 X6132 型卧式万能升降台铣床为例，其运动示意图如图 4-5-3 所示。

X6132 型卧式万能升降台铣床有主轴传动和进给传动两套传动系统，其传动路线图如图 4-5-4 所示。

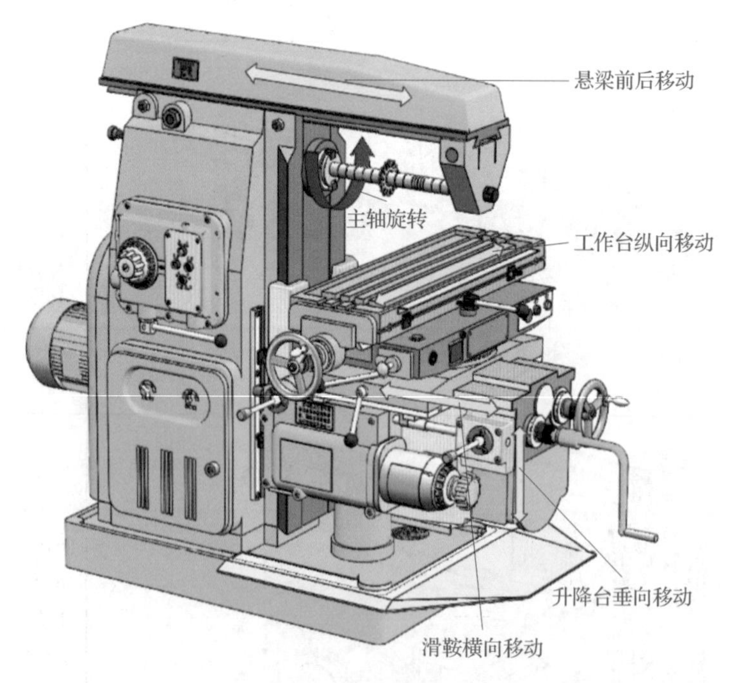

图 4-5-3　X6132 型卧式万能升降台铣床运动示意图

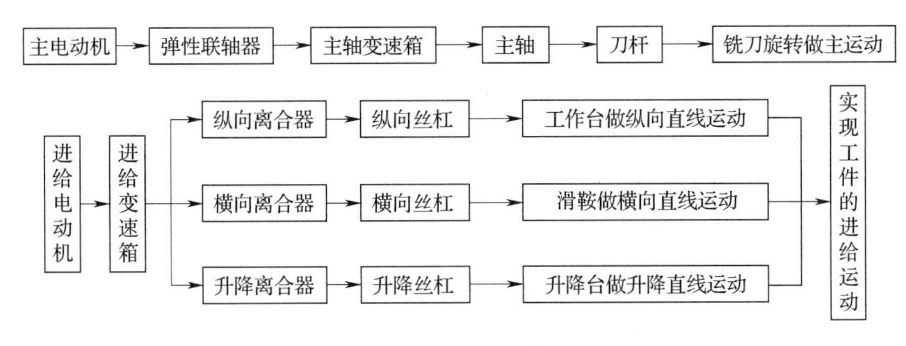

图 4–5–4　X6132 型卧式万能升降台铣床传动路线图

二、其他常用铣床

除卧式万能升降台铣床外，常用的铣床还有立式升降台铣床、万能摇臂铣床、万能工具铣床、龙门铣床等，见表 4–5–2。

表 4–5–2　　常用铣床

铣床	图示	说明
立式升降台铣床	X5032型立式升降台铣床	其规格、操纵机构、传动变速情形等和 X6132 型铣床基本相同 主轴位置与工作台面垂直，具有可沿床身导轨垂直移动的升降台，通常安装在升降台上的工作台和滑鞍可分别做纵向、横向移动 该机床刚度高，进给变速范围广，能承受重负荷切削。适于加工较大平面及利用各种带柄铣刀加工槽及台阶平面，生产率要比卧式铣床高
万能摇臂铣床	X6325型万能摇臂铣床	万能摇臂铣床的特点是具有广泛的应用性能。这种铣床能进行以铣削为主的多种切削加工，可以进行立铣、卧铣、镗、钻、磨、插等加工工序。适用于维修零件、工具和制造模具。该机床结构紧凑，操作灵活，加工范围广，是一种典型的多功能铣床

续表

铣床	图示	说明
万能工具铣床	X8130型万能工具铣床	该铣床的加工范围很广，具有水平主轴和垂直主轴，具有卧式铣床与立式铣床的铣削加工范围 它还具有万能角度工作台、圆工作台、水平工作台以及分度机构等装置，再加上机用虎钳和分度头等常用附件，可进行钻削、镗削和插削等加工，加工精度高，加工形状复杂 特别适合加工各种夹具、刀具、工具、模具和小型复杂工件
龙门铣床	X2016型龙门铣床	床身呈水平布置，其两侧的立柱和横梁构成门架。铣头装在横梁和立柱上，可沿其导轨移动。通常横梁可沿立柱导轨垂向移动，工作台可沿床身导轨纵向移动。常用于大型工件加工

三、铣床的加工范围和加工特点

1. 铣床的加工范围

在铣床上使用各种不同的铣刀可以完成平面（平行面、垂直面、斜面）、台阶、槽、特形面等加工，配以分度头等铣床附件还可完成花键轴、齿轮、螺旋槽等加工，铣床的加工范围如图 4–5–5 所示。

2. 铣床的加工特点

（1）以铣刀的旋转运动为主运动，加工位置调整方便。

（2）采用多刃刀具加工，刀齿轮换切削，刀具冷却效果好，使用寿命长。

（3）铣床加工生产率高，加工范围广，铣刀种类多，适应性强，且具有较高的加工精度。

（4）适合加工平面类及形状复杂的组合体零件，在模具制造等行业中占有重要地位。

图 4-5-5　铣床的加工范围

a）铣平面　b）铣齿轮　c）铣槽　d）切断　e）铣台阶　f）铣花键轴　g）铣孔　h）铣特形面　i）铣圆弧

观察记录

通过参观铣削车间或观看铣削教学视频，你对铣削技术有了哪些认识？请列举一些典型的铣削零件并填写下表。

参观车间	铣床型号	带平面零件	带型腔零件	带台阶零件	带直槽零件	带特形沟槽零件
观后感想						

四、铣床常用工具

为了满足铣刀和工件的安装要求，确保铣削时克服铣削力作用，铣床常带有一些工具，使工件与铣床保持正确的位置关系，扩大铣床的使用范围，铣床常用工具见表 4-5-3。

表 4-5-3　　铣床常用工具

工具	图示	特点及应用	应用示例
刀杆与刀柄		用于将铣刀安装在铣床主轴上，安装铣刀前要选择和安装相应的刀杆（刀柄）	
万能立铣头		卧式万能升降台铣床特有的附件，由于能够在多个轴向上进行旋转，可实现不同角度和方向的切削，因此扩大了加工范围	
机用虎钳		铣削中小型工件，如一般长方体工件、平面、斜面、台阶或轴类工件的键槽等，都可以用机用虎钳进行装夹	

续表

工具	图示	特点及应用	应用示例
压板、T形螺栓、阶梯垫铁	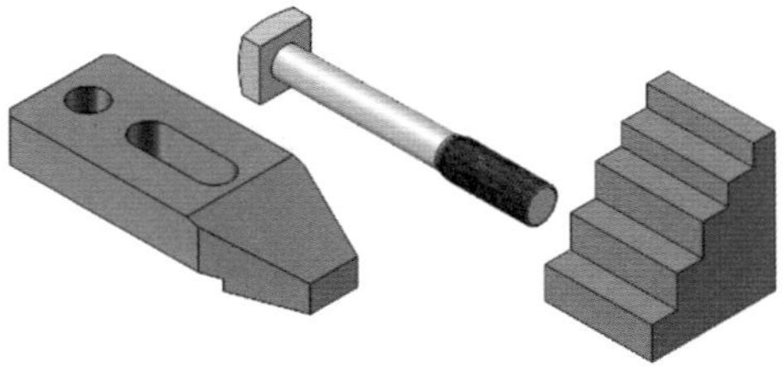	外形尺寸较大或不便用机用虎钳装夹的工件，常用压板、T形螺栓及垫铁将其压紧在铣床工作台面上进行装夹	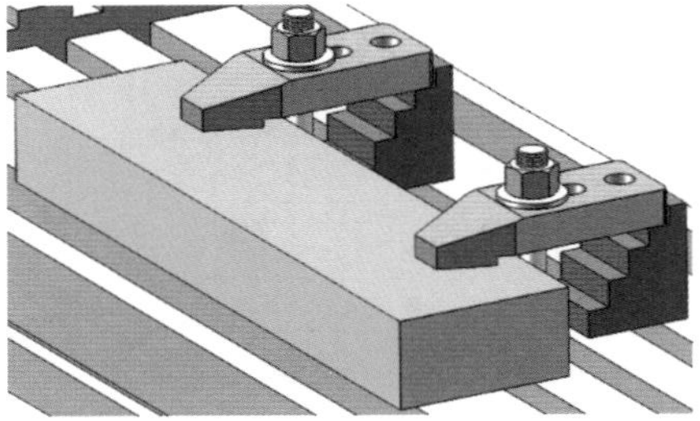
V形垫铁	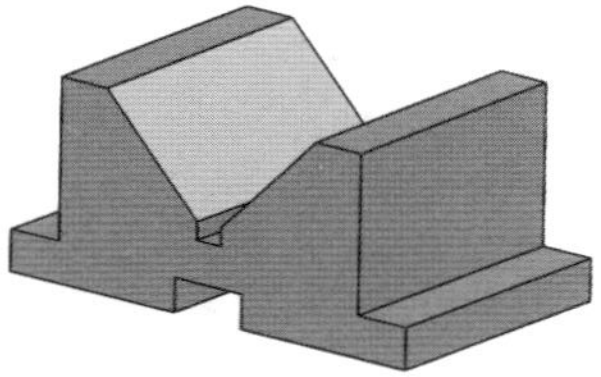	与压板配合使用，主要用于在铣床工作台面上安装轴类工件	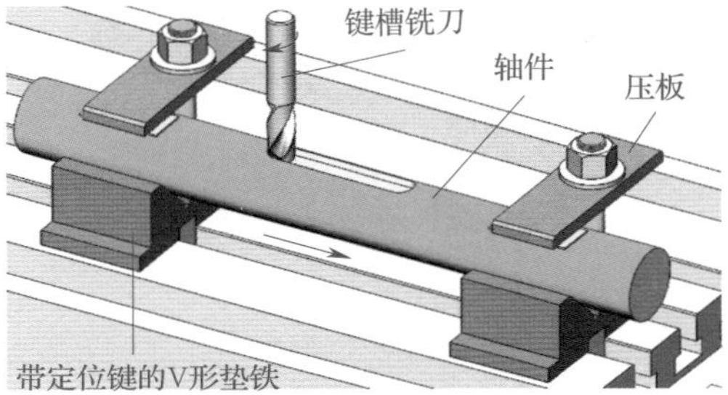

续表

工具	图示	特点及应用	应用示例
万能分度头及尾架	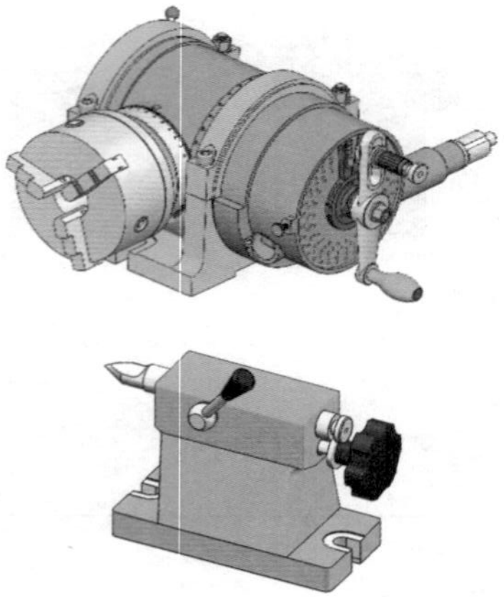	铣床的精密附件之一，用于装夹工件，并可对工件进行圆周等分、角度分度、直线移距分度及做旋转进给，通过配换齿轮与工作台纵向丝杠连接，可加工螺旋槽、等速凸轮等，从而扩大加工范围	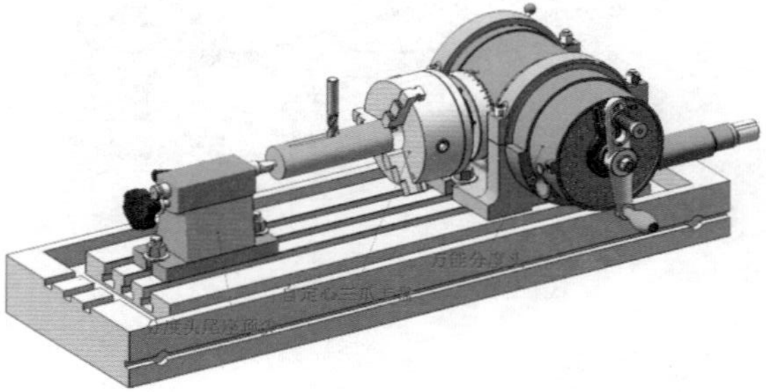
回转工作台		又称圆转台，主要用于装夹中、小型工件，进行圆周分度及做圆周进给，如可对有角度、分度要求的孔或槽、工件上的圆弧槽、曲面等进行铣削	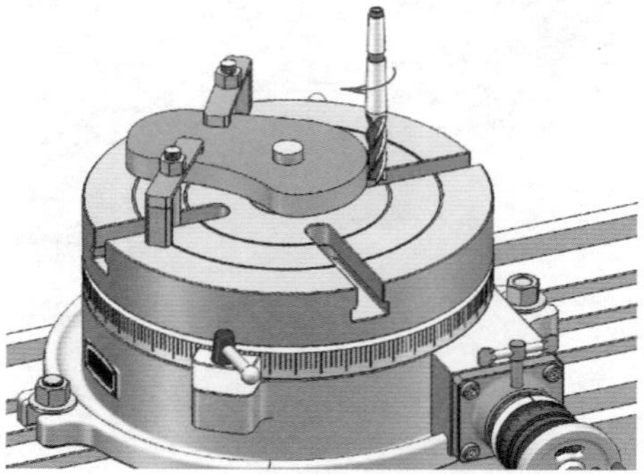

五、铣刀

铣刀的种类很多，加工时选择范围广，可以适应各种形状和部位的切削。此外，铣床上还配有机用虎钳、万能分度头等附件，扩大了铣削加工的工作范围。按用途不同，铣刀可分为铣削平面用铣刀、铣削直角沟槽和台阶用铣刀、切断及铣窄槽用铣刀、铣削特形沟槽用铣刀和铣削特形面用铣刀等，常用的铣刀见表 4–5–4。

表 4–5–4　　常用的铣刀

种类		铣刀图示	铣削示例
铣削平面用铣刀	圆柱铣刀	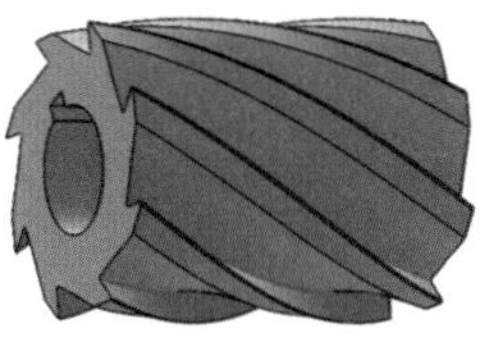	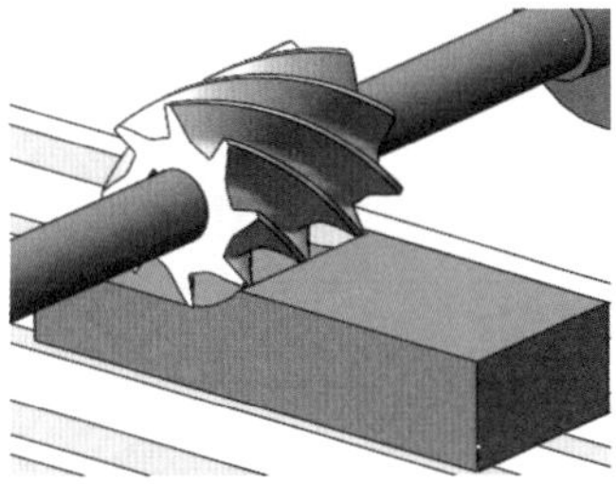
	面铣刀	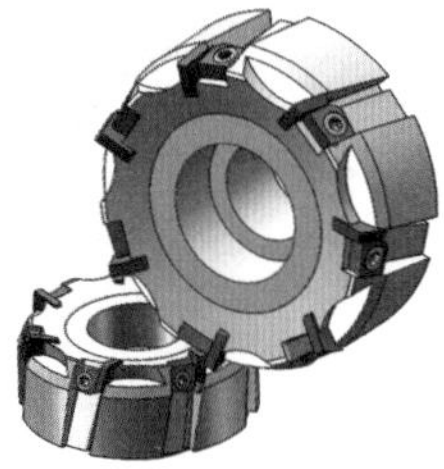	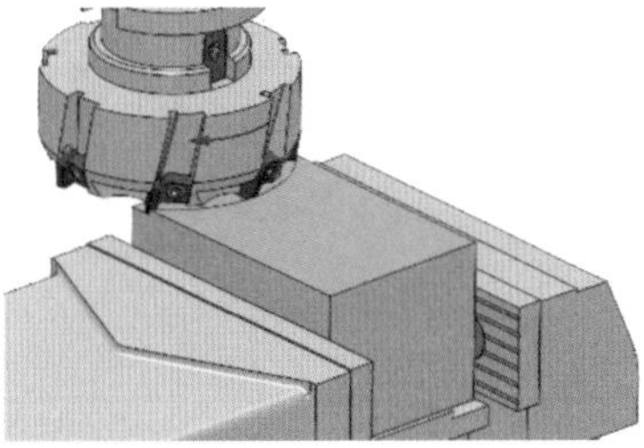
铣削直角沟槽和台阶用铣刀	直柄和锥柄立铣刀	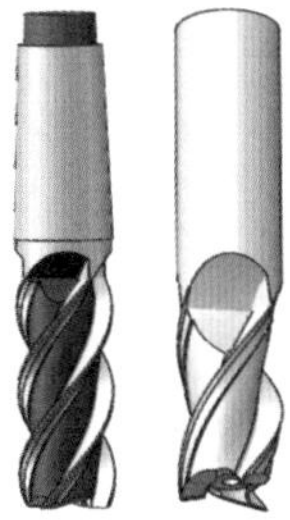	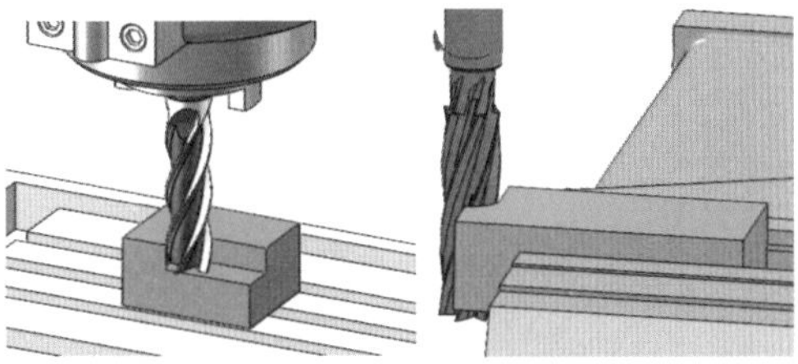
	直齿和错齿三面刃铣刀		

续表

种类		铣刀图示	铣削示例
铣削直角沟槽和台阶用铣刀	键槽铣刀	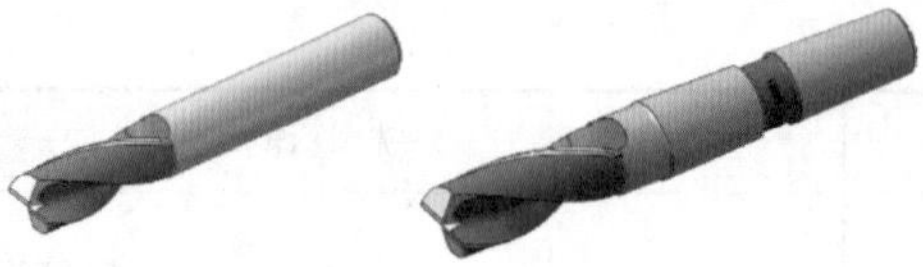	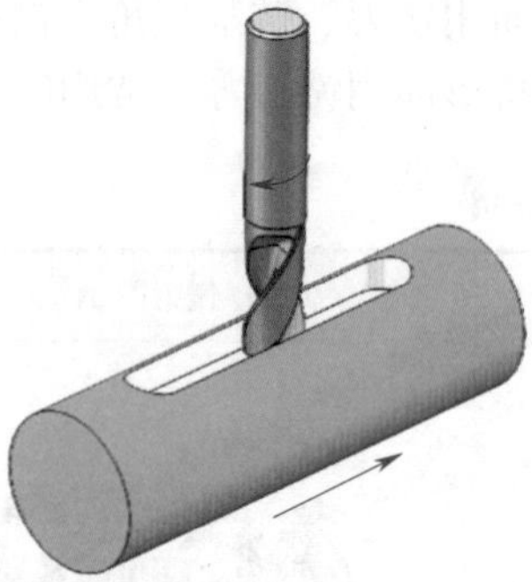
切断及铣窄槽用铣刀	锯片铣刀	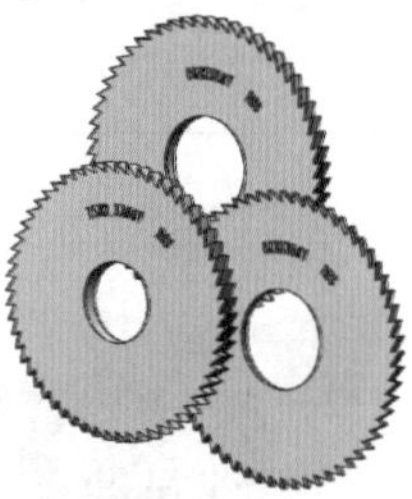	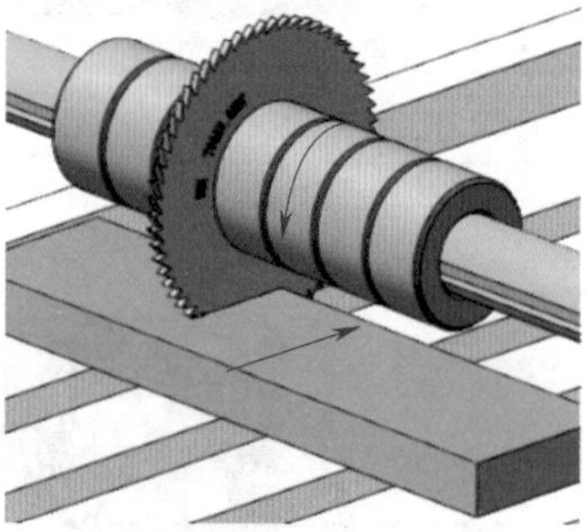
铣削特形沟槽用铣刀	T形槽铣刀		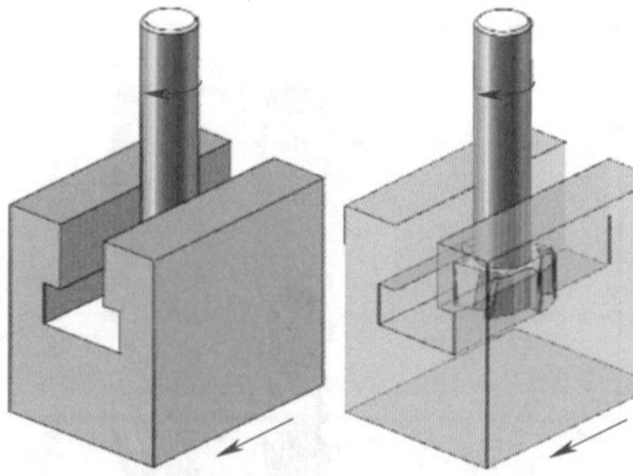
	燕尾槽铣刀		

续表

种类		铣刀图示	铣削示例
铣削特形沟槽用铣刀	角度铣刀		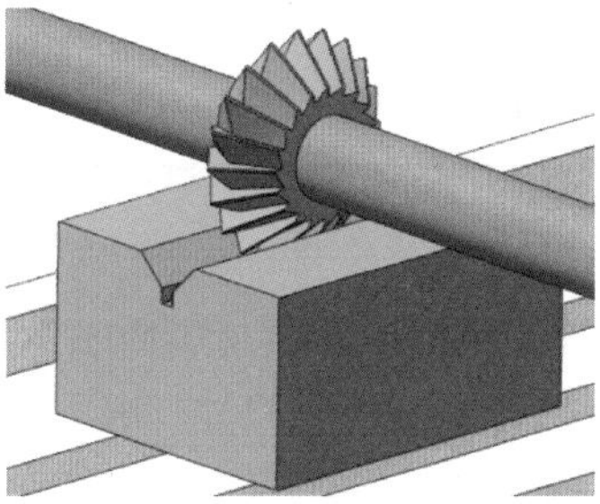
铣削特形面用铣刀	凸、凹半圆铣刀		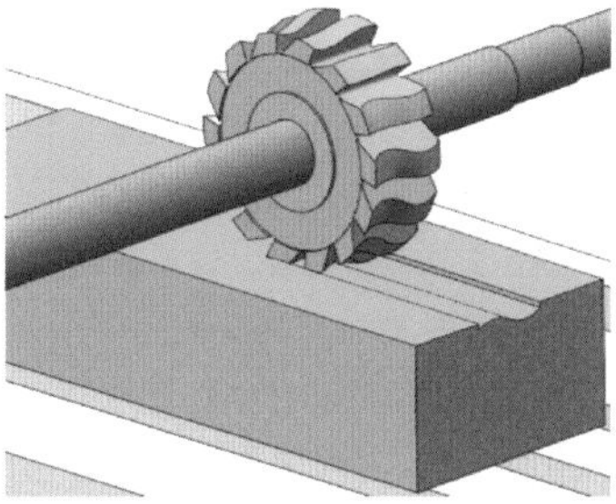
	球头铣刀	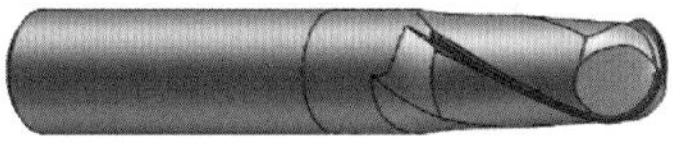	
	齿轮铣刀		

六、铣削方法

在铣床上铣削工件时，由于铣刀的结构不同，工件上被加工的部位不同，因此具体的铣削方法也不一样。根据铣刀在切削时切削刃与工件接触的位置不同，铣削方法可分为周边铣削（简称周铣）、端面铣削（简称端铣）以及圆周铣与端面铣同时进行的混合铣削，见表 4–5–5。

表 4–5–5 铣削方法

类型	特点	图示
周边铣削	周边铣削是用分布在铣刀圆周面上的切削刃铣削并形成已加工表面的一种铣削方法。周铣时，铣刀的旋转轴线与工件被加工表面平行，分为在卧铣上的周铣和在立铣上的周铣	
端面铣削	端面铣削是用分布在铣刀端面上的切削刃铣削并形成已加工表面的一种铣削方法。端铣时，铣刀的旋转轴线与工件被加工表面垂直，分为在卧铣上的端铣和在立铣上的端铣	
混合铣削	混合铣削（简称混合铣）是指在铣削时铣刀的圆周刃与端面刃同时参与切削的铣削方法。混合铣时，工件上会同时形成两个或两个以上的已加工表面	

三种不同的铣削方法具有如下特点：

（1）端铣时铣刀所受的铣削力主要为轴向力，加之面铣刀的刀杆较短，刚度好，同时参与切削的面铣刀齿数多，因此振动小，铣削平稳，效率高。

（2）面铣刀的直径可以做得很大，能一次铣出较大的表面而不用接刀。周铣时工件加工表面的宽度受圆周刃宽度的限制而不能太宽。

（3）面铣刀刀片装夹方便、刚度好，适宜进行高速铣削和强力铣削，可大大提高生产率和减小表面粗糙度值。

（4）面铣刀每个刀齿所切下的切屑厚度变化较小，因此端铣时铣削力变化小。

（5）周铣时能一次切除较厚的铣削层。

（6）混合铣时，由于铣削速度受到周铣的限制，因此用周铣加工出来的表面粗糙度值比用端铣加工出来的表面粗糙度值小。

由于端铣具有较多优点，因此在单一平面的铣削中被广泛采用。

§4-6 钻床及其应用

课堂讨论

观察钻床加工出来的下图所示孔，讨论孔的特点。生活中还有哪些带孔的零件？

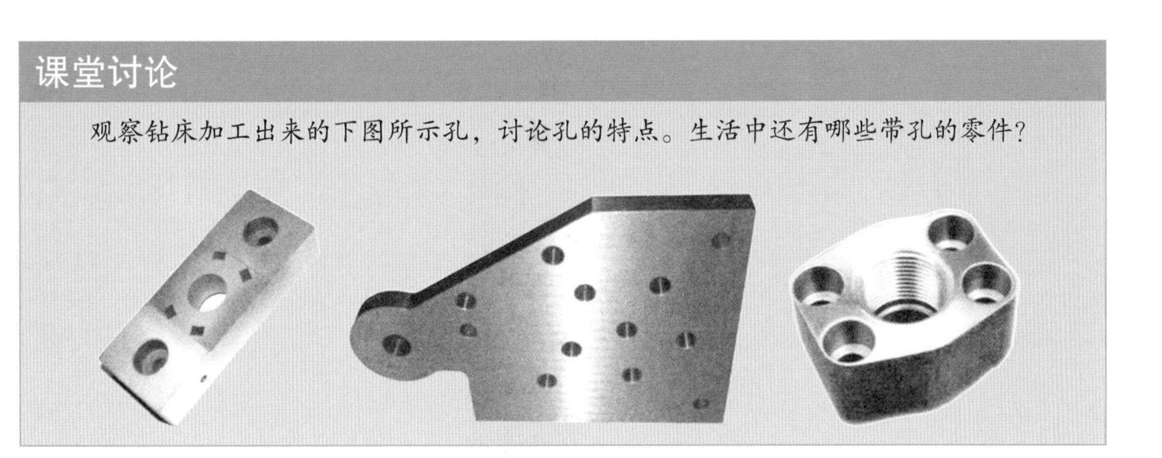

钻削是用孔加工刀具在工件上加工孔的方法。钻削通常在钻床上进行。钻床的种类很多，如立式钻床、台式钻床、摇臂钻床、深孔钻床、卧式钻床、坐标镗钻床、铣钻床、中心孔钻床等。

一、认识钻床

常用的钻床有立式钻床、台式钻床和摇臂钻床，如图 4-6-1 所示。

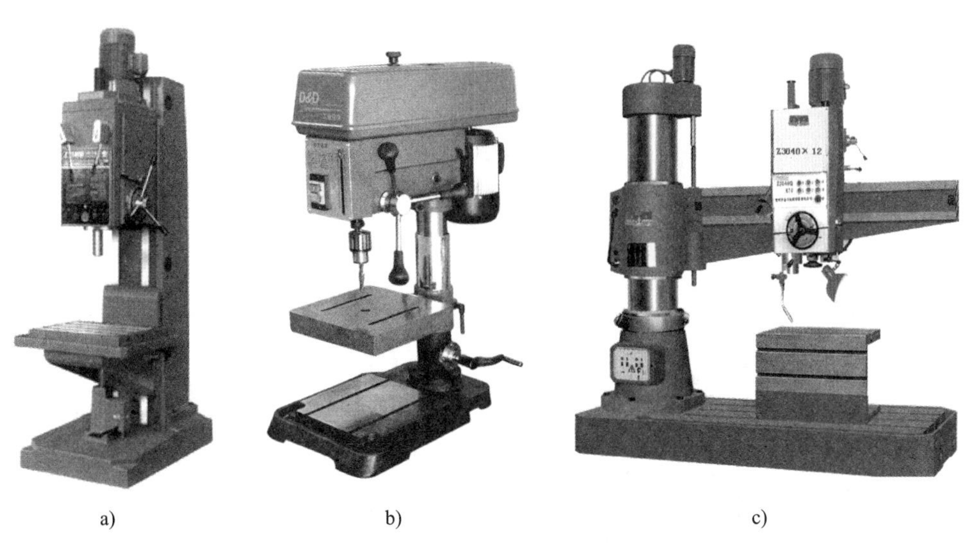

图 4-6-1　常用的钻床

a）立式钻床　b）台式钻床　c）摇臂钻床

1. 立式钻床

（1）立式钻床的结构

立式钻床按其孔加工直径不同，有 18 mm、25 mm、35 mm、40 mm、50 mm、63 mm、80 mm 等多种规格。立式钻床在生产中比较常见，且立式钻床的结构具有典型性。图 4–6–2 所示为 Z5140 型立式钻床的结构，其各部分的结构及作用见表 4–6–1。

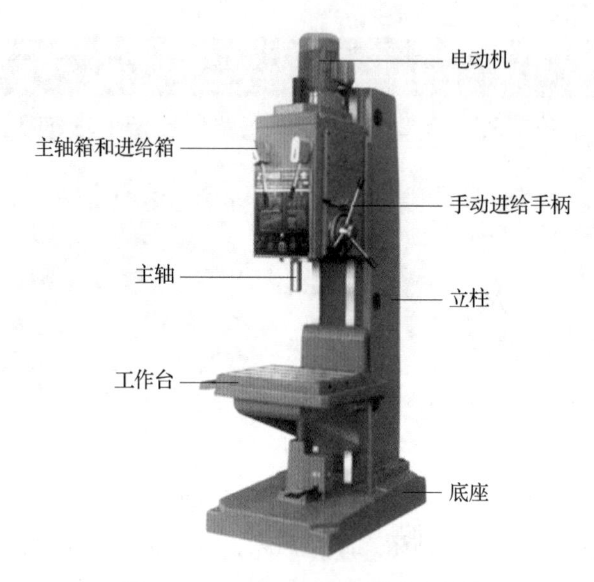

图 4–6–2　Z5140 型立式钻床的结构

表 4–6–1　　Z5140 型立式钻床各部分的结构及作用

结构	图示	作用
底座		用来支承床身，承受钻床全部重力
立柱	立柱 立柱内的机床电气系统	立柱是机床的主体，用来安装和连接机床其他部件。立柱前部装有主轴箱和进给箱 立柱上装有机床电气系统，另外还有齿条与齿轮，通过啮合带动进给箱上下移动

续表

结构	图示	作用
主轴	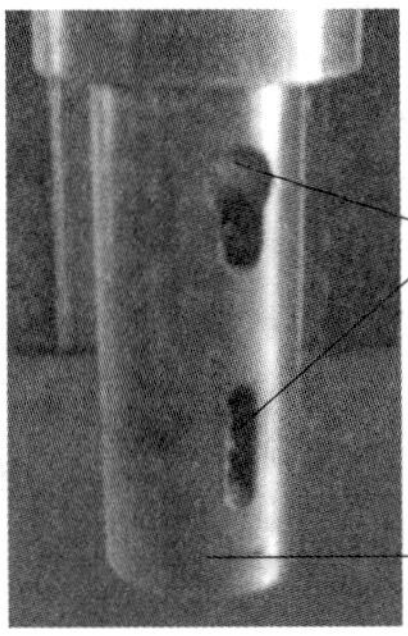	主轴为前端带锥孔的空心轴，锥孔的锥度为莫氏锥度，用来安装刀柄
主轴箱和进给箱		主轴箱和进给箱为一体，将主电动机的额定转速通过齿轮变速转换成16种不同的主轴转速，以适应不同钻削速度的需要；进给箱通过齿轮将主轴传来的运动变速，实现9种不同的进给量
工作台		用来安装夹具和工件
电动机		为主轴的旋转和轴向进给提供动力

（2）立式钻床的运动和传动路线

如图 4–6–3 所示，钻床进行两种基本运动，即旋转运动和轴向移动。其中，旋转运动是钻削所必需的基本运动，即主运动；而轴向移动为进给运动。

立式钻床的传动路线图如图 4–6–4 所示。主轴（刀具）回转中心固定，需要靠移动工件使加工孔轴线与主轴轴线重合以实现工件的定位，因此只适合加工中、小型工件，用于单件或小批生产。

2. 台式钻床

台式钻床是置于作业台上使用的小型钻床，用于钻削中、小型工件上直径小于 13 mm 的孔。台式钻床结构简单，主要用于单件或小批生产。

3. 摇臂钻床

摇臂钻床有一个能绕立柱回转的摇臂，主轴箱可沿立柱轴线上下移动；同时，主轴箱还可沿摇臂的水平导轨做手动或机动移动。因此，操作时能方便地调整主轴（刀具）的位置，使它的轴线对准所需加工孔的轴线而不必移动工件，适合钻削大型工件或多孔工件。

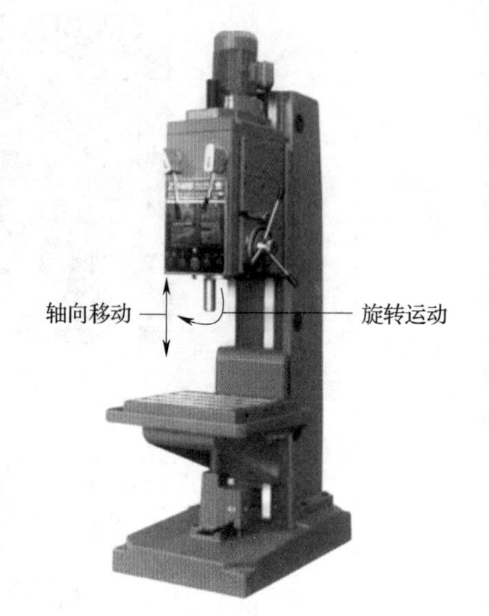

图 4–6–3　钻床运动示意图

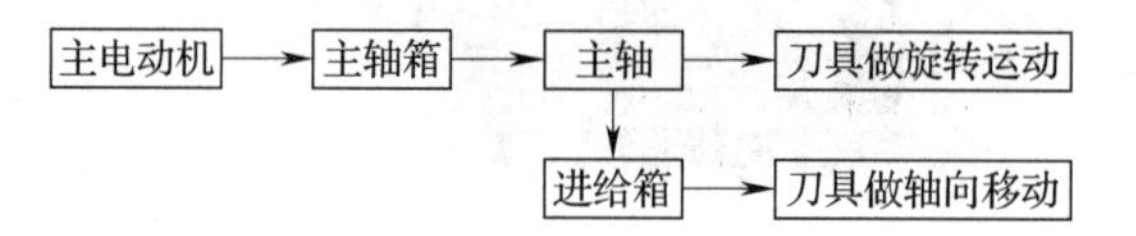

图 4–6–4　立式钻床的传动路线图

二、钻床的加工范围和加工特点

1. 钻床的加工范围

在钻床上可以完成钻孔、扩孔、铰孔、攻螺纹、锪孔、锪端面等加工，钻床的加工范围如图 4–6–5 所示。

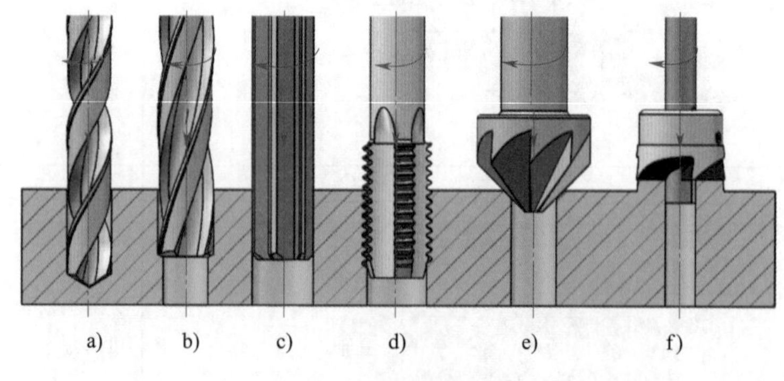

图 4–6–5　钻床的加工范围

a）钻孔　b）扩孔　c）铰孔　d）攻螺纹　e）锪孔　f）锪端面

立式钻床、台式钻床和摇臂钻床的加工范围略有不同，见表 4–6–2。

表 4–6–2 常见钻床的加工范围

钻床名称	钻孔	扩孔	铰孔	攻螺纹	锪孔	锪端面
立式钻床	√	√	√	√	√	√
台式钻床	√	√	√		√	
摇臂钻床	√	√	√	√	√	√

注：“√”表示可以加工，空白表示不可以加工。

2. 钻床的加工特点

（1）钻削加工时，刀具与孔壁表面之间的摩擦比较严重，需要较大的钻削力。

（2）钻削时产生的热量较多，且传热、散热比较困难，切削温度较高。

（3）切削刀具在高速旋转和较高的切削温度下工作，磨损会加重。

（4）由于钻削时的挤压和摩擦，故易产生孔壁的冷作硬化，给下道工序的加工增加难度。

（5）钻削刀具多属于细长型，切削时容易引起振动，导致加工精度下降。

观察记录

通过参观钻削车间或观看钻削教学视频，你对钻削技术有了哪些认识？请列举一些常见的钻削加工任务。

参观车间	钻床类型	钻床型号	钻削加工任务
观后感想			

三、钻削常用工具

为了保证刀具的正确安装以及保持工件与钻床的正确位置关系，钻削时需要使用一些常用工具，见表 4–6–3。

表 4-6-3　钻削常用工具

工具	图示	应用	应用示例
钻夹头与钻夹头钥匙		钻夹头的装夹范围较小，只能装夹直径小于 13 mm 的直柄钻头，使用钻夹头钥匙可将钻头夹紧	
钻套		钻套主要用于装夹直径大于 13 mm 的锥柄钻头，通过钻套的锥度夹紧钻头	
机用虎钳		小型工件一般采用机用虎钳装夹	

续表

工具	图示	应用	应用示例
压板、T形螺栓、阶梯垫铁		在孔径较大的情况下，钻削时转矩增大，为了保证装夹可靠和操作安全，工件应使用压板、T形螺栓和阶梯垫铁等进行装夹	
V形垫铁		与压板配合使用，主要用于在钻床工作台面上安装轴类工件	

四、钻削常用刀具

按钻床的加工范围不同，钻削常用刀具主要有麻花钻、扩孔钻、铰刀、丝锥和锪钻等，见表 4-6-4。

表 4-6-4　　钻削常用刀具

刀具	图示	应用	应用示例
麻花钻	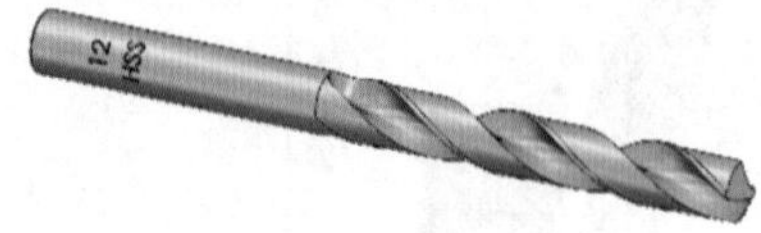 直柄麻花钻  锥柄麻花钻	钻孔	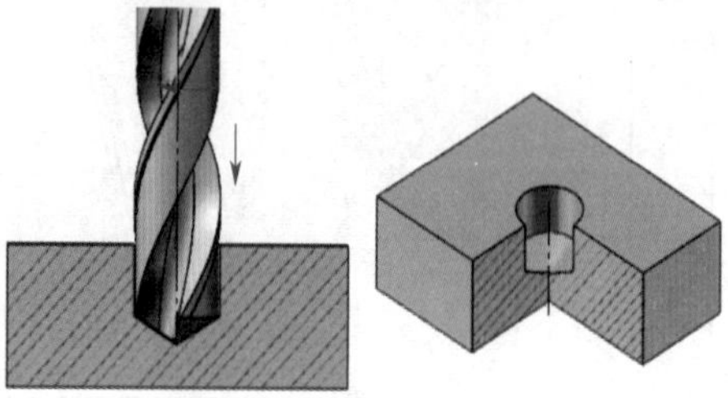
扩孔钻		扩孔	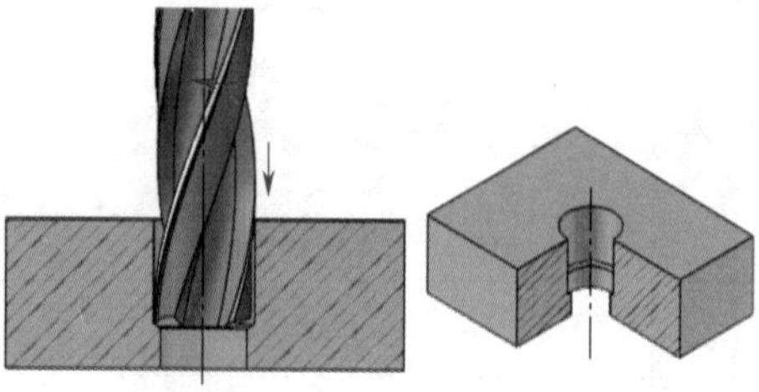
铰刀	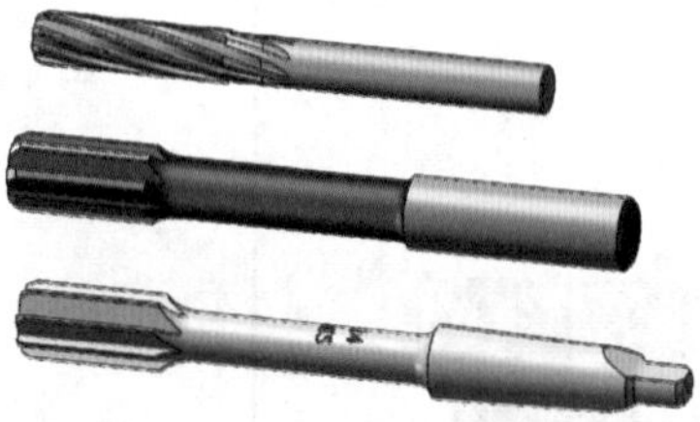	铰孔	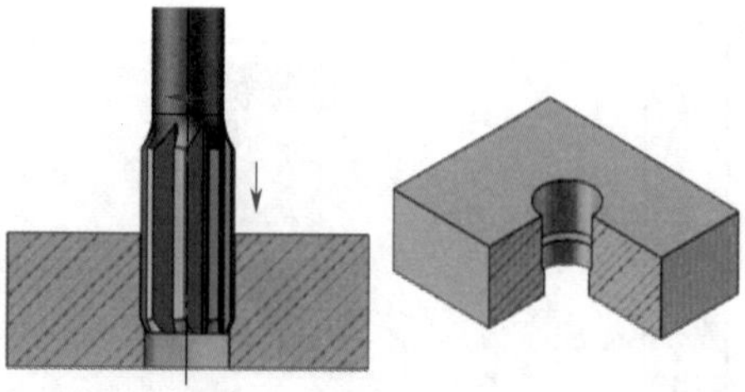
丝锥		攻螺纹	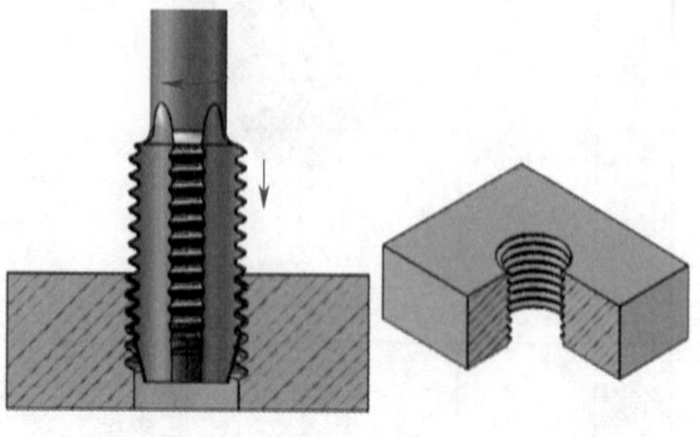

续表

刀具	图示	应用	应用示例
柱形锪钻	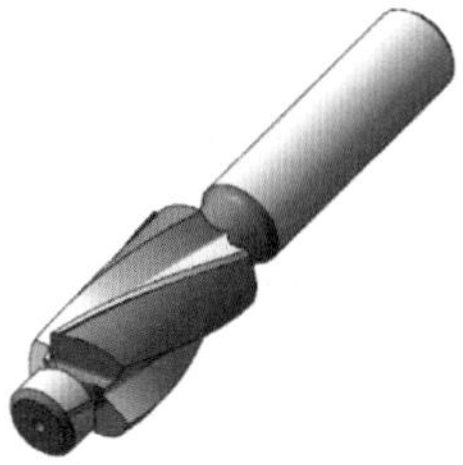	锪孔	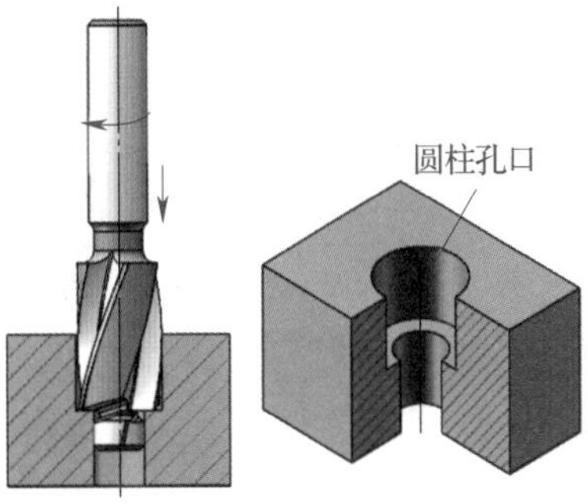 圆柱孔口
锥形锪钻	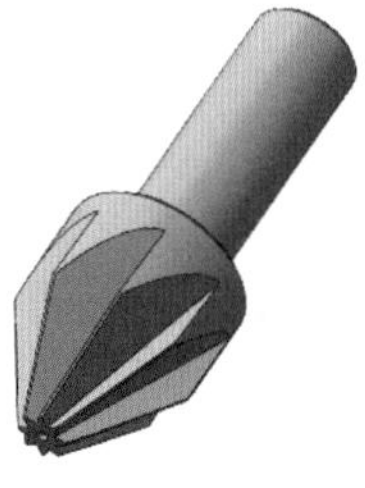	锪孔	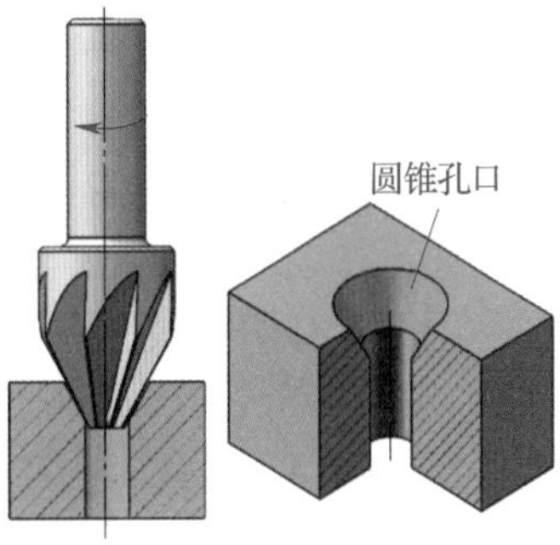 圆锥孔口
端面锪钻	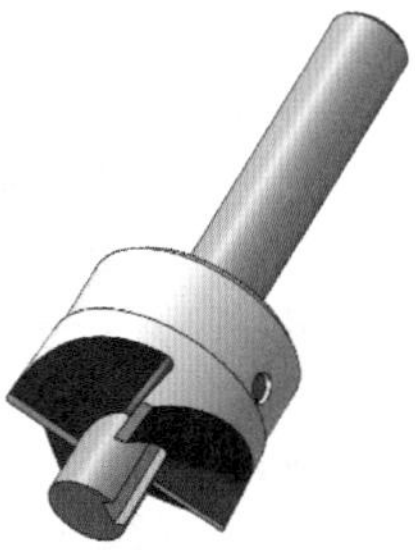	锪端面	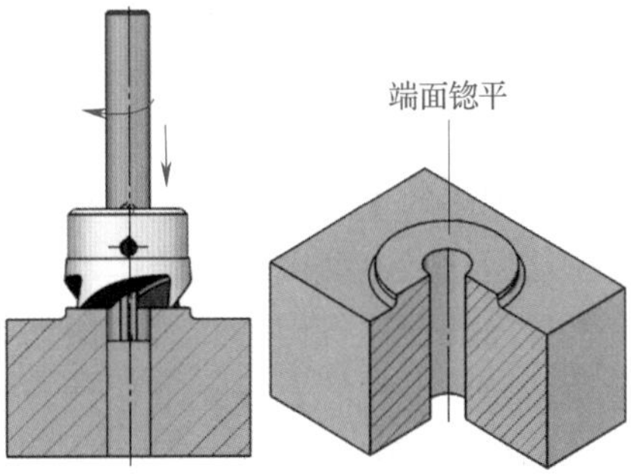 端面锪平

§4-7 其他机床及其应用

课堂讨论

观察以下零件，它们在结构上与常见零件有何不同？加工表面有何特点？

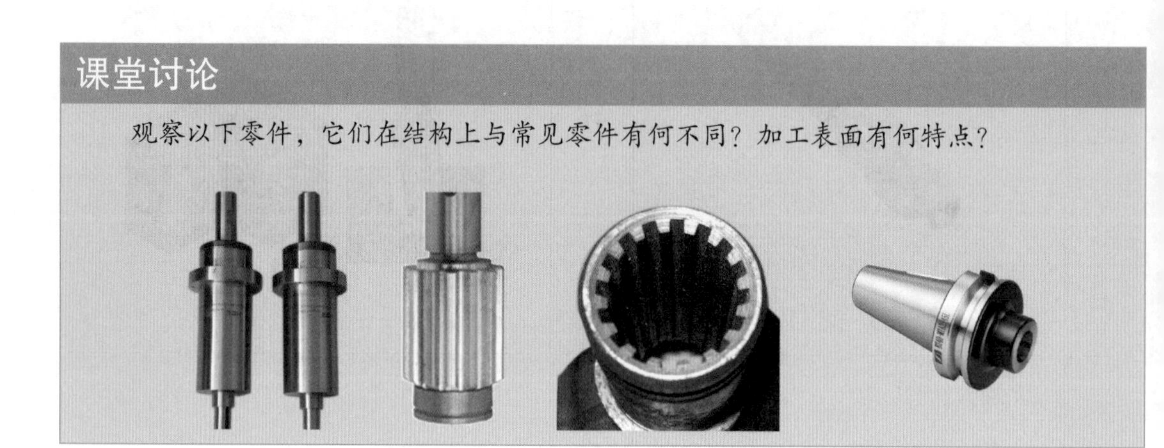

除了车床、铣床、钻床、数控机床外，机械加工中还用到一些具有特殊用途的机床，上述零件就是利用磨床、刨床、插床、镗床等机床加工出来的。

一、刨床及其应用

刨削是用刨刀对工件做水平相对直线往复运动的切削加工方法。刨削在刨床上进行，刀具较简单，但生产率较低（加工长而窄的平面除外），主要用于单件或小批生产及机修车间，在大批生产中往往被铣床所代替。

1. 认识刨床

刨床分为牛头刨床和龙门刨床（包括悬臂刨床）两大类。

（1）牛头刨床的结构和运动

牛头刨床由工作台、刀架、滑枕、床身、横梁和底座等主要部件组成，其结构和运动如图 4–7–1 所示。

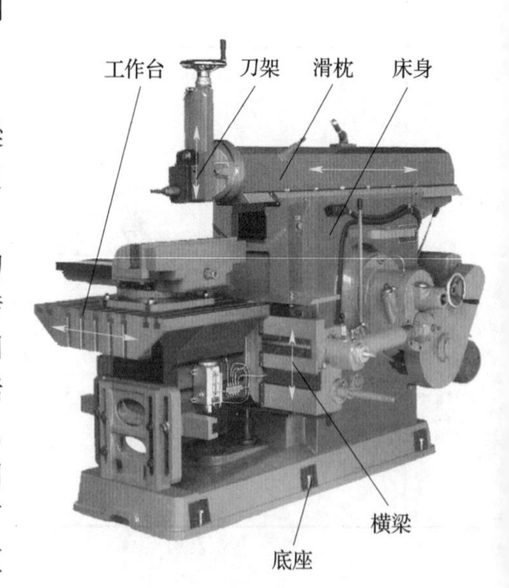

图 4–7–1 牛头刨床的结构和运动

牛头刨床的主运动为滑枕带动刀架（刨刀）的直线往复运动。电动机的回转运动经带传动机构传递给床身内的变速机构，然后由摆动导杆机构将回转运动转换成滑枕的直线往复运动。进给运动包括工作台的横向移动和刨刀的垂直（或斜向）移动。工作台的横向移动由曲柄摇杆机构带动横向丝杠间歇转动实现，在滑枕每次直线往复运动结束后到下一次工作行程开始前的间歇中完成。刨刀的垂直（或斜向）移动则通过手工转动刀架手柄完成。

（2）龙门刨床的结构和运动

龙门刨床以其固有的龙门式框架结构而得名，由床身、工作台、横梁、垂直刀架、顶梁、立柱和侧刀架等主要部件组成，如图 4-7-2 所示。

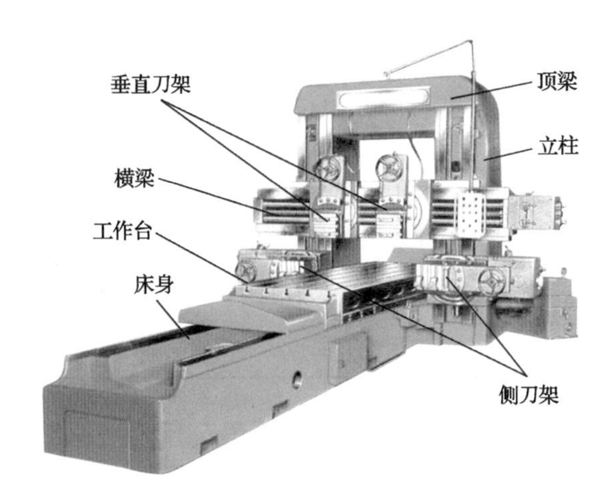

图 4-7-2　龙门刨床

龙门刨床主要用于加工大型工件或同时加工多个工件。与牛头刨床相比，从结构方面来看，其形体大、结构复杂、刚度好；从机床运动方面来看，其主运动是工作台带动工件的直线往复运动，而进给运动则是刨刀的横向或垂直间歇运动，这刚好与牛头刨床的运动相反。

2. 刨床的加工范围和加工特点

（1）刨床的加工范围

刨床一般用于加工水平面、垂直面、内外斜面、沟槽（直槽、燕尾槽、V 形槽、T 形槽）和曲面等，如图 4-7-3 所示。

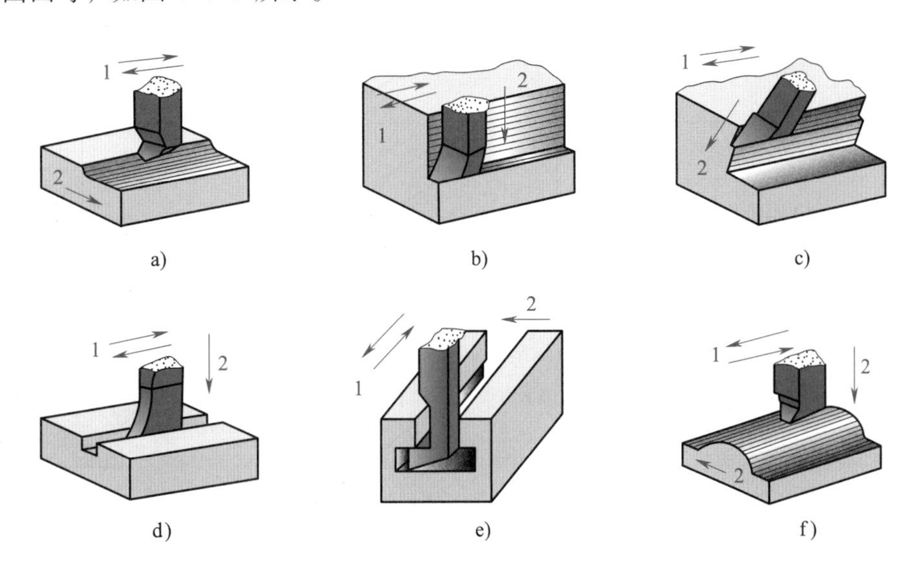

图 4-7-3　刨床的加工范围

a）刨水平面　b）刨垂直面　c）刨斜面　d）刨直槽　e）刨 T 形槽　f）刨曲面

1—主运动　2—进给运动

（2）刨床的加工特点

1）刨床结构简单，调整、操作均较方便；刨刀为单刃刀具，制造和刃磨都较容易，价格低廉。因此，刨削生产成本较低。

2）由于刨削的主运动是直线往复运动，刀具切入和切离工件时有冲击负载，因而限制了切削速度的提高。此外，刨削中还存在空行程损失，故刨削生产率较低。

3）刨削的经济加工精度为 IT9 ~ IT7，表面粗糙度值可达 Ra12.5 ~ 1.6 μm。

3. 刨刀的种类及用途

刨刀的种类很多，加工时选择范围广，可以适应各种形状和部位的切削。此外，刨床上还配有相关附件，扩大了刨削加工的工作范围。按用途不同，刨刀可分为平面刨刀、偏刀、切刀、弯头刀、角度刀、样板刀等，常用刨刀的种类及用途见表 4–7–1。

表 4–7–1　　常用刨刀的种类及用途

种类	用途	刨刀图示	刨削示例
平面刨刀	刨削水平面	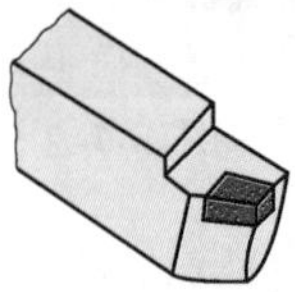	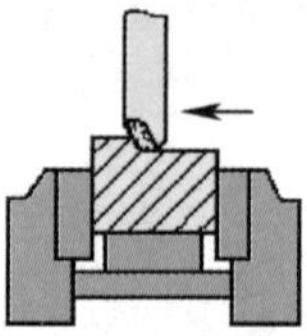
偏刀	刨削垂直面、台阶面和外斜面	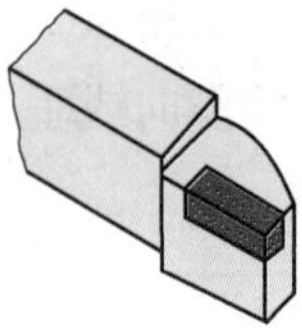	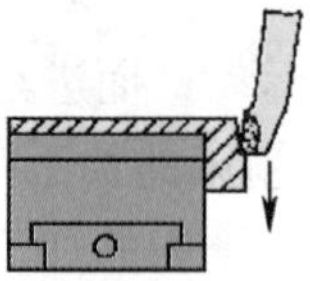
切刀	刨削直角槽、割槽及切断	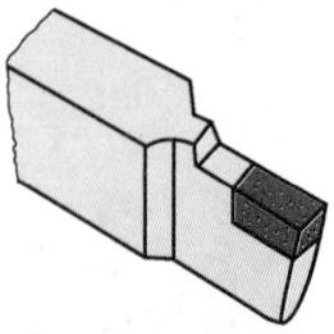	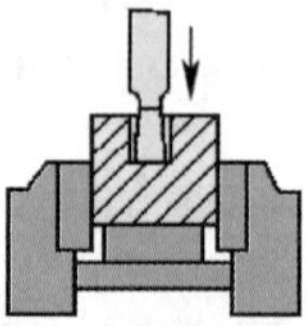
弯头刀	刨削 T 形槽及侧面割槽	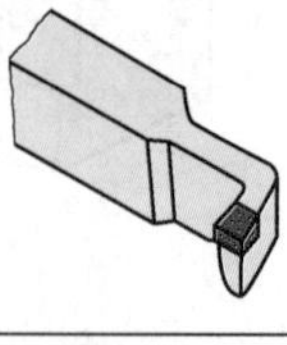	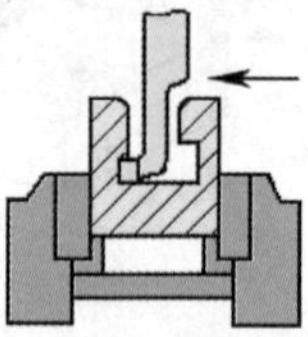
角度刀	刨削角度、燕尾槽和内斜槽	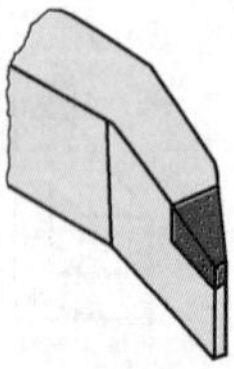	
样板刀	刨削 V 形槽和特殊形状的表面	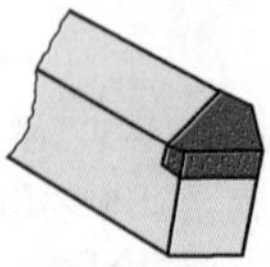	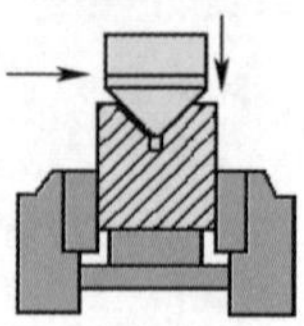

二、插床及其应用

插削是用插刀相对于工件做垂直相对直线往复运动的切削加工方法。插削在插床上进行。

1. 认识插床

（1）插床的结构

如图 4–7–4 所示，插床的结构与立式牛头刨床相似，其主要部件有床身、上滑座、下滑座、工作台、滑枕、立柱、变速箱和分度机构等。

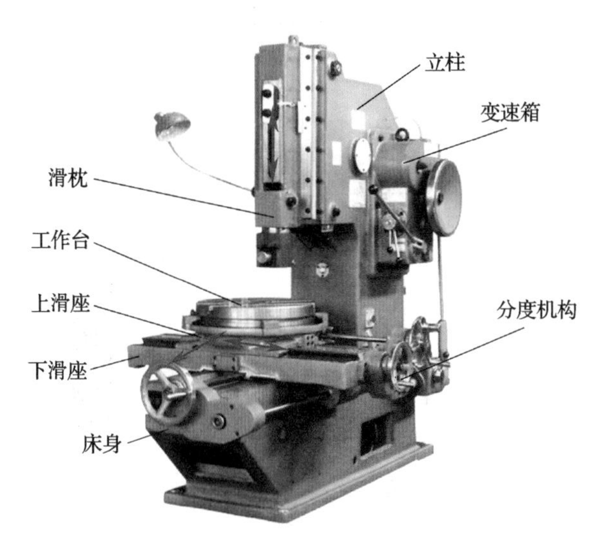

图 4–7–4　插床的结构和运动

（2）插床的运动

如图 4–7–4 所示，插床的主运动是滑枕（插刀）的直线往复运动。插刀可以伸入工件的孔中做纵向往复运动，向下是工作行程，向上是回程。安装在插床工作台面上的工件在插刀每次回程后做间歇进给运动。

2. 插床的加工范围和加工特点

（1）插床的加工范围

插削与刨削的切削方式相同，只是插削是沿铅垂方向进行切削的。此外，刨削是以加工工件外表面上的平面、沟槽为主，而插削是以加工工件内表面上的平面、沟槽为主。在插床上可以插削键槽、方孔、多边形孔和花键孔等，如图 4–7–5 所示。

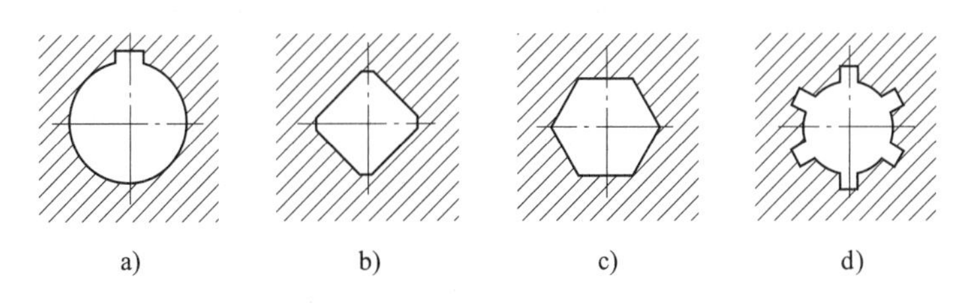

图 4–7–5　插削的加工范围

a）插键槽　b）插方孔　c）插多边形孔　d）插花键孔

（2）插床的加工特点

1）插床与插刀结构简单，加工前的准备工作和操作也比较简便，但与刨削一样，插削时存在冲击现象和空行程损失。因此，插削生产率低，主要用于单件或小批生产。

2）插削的工作行程受刀杆刚度的限制，槽长尺寸不宜过大。

3）插床的刀架没有抬刀机构，工作台也没有让刀机构，因此，插刀在回程时与工件产生摩擦，工作条件较差。

4）除键槽、型孔外，插床还可以加工圆柱齿轮和凸轮等。

5）插削的经济加工精度为 IT9 ~ IT7，表面粗糙度值可达 *Ra*6.3 ~ 1.6 μm。

3. 插刀的种类及用途

常用插刀的种类及用途见表 4–7–2。

表 4–7–2 常用插刀的种类及用途

种类	用途	插刀图示	插削示例
尖刃插刀	主要用于粗插或插削多边形孔		主运动 纵向进给运动 横向进给运动 圆周进给运动
平刃插刀	主要用于精插或插削直角沟槽		

三、磨床及其应用

磨削是用磨具以较高的线速度对工件表面进行加工的方法。磨具是以磨料为主制成的切削工具，分为固结磨具和涂覆磨具两类。以砂轮为磨具的普通磨削的应用最为广泛。

1. 认识磨床

磨床的种类很多，大多数磨床是使用高速旋转的砂轮进行磨削加工的。根据用途不同，磨床可分为外圆磨床、内圆磨床、平面磨床及工具磨床等。此外，还有导轨磨床、曲轴磨床、凸轮轴磨床、螺纹磨床、成形磨床、花键轴磨床、磨齿机及轧辊磨床等专用磨床。

（1）外圆磨床

外圆磨床是用来加工工件的圆柱形、圆锥形或其他形状素线展成的外表面和轴肩端面的磨床。

外圆磨床分为普通外圆磨床和万能外圆磨床等。万能外圆磨床由工作台、尾座、砂轮架、内圆磨装置、头架、踏板和床身等部件构成，如图 4–7–6 所示。

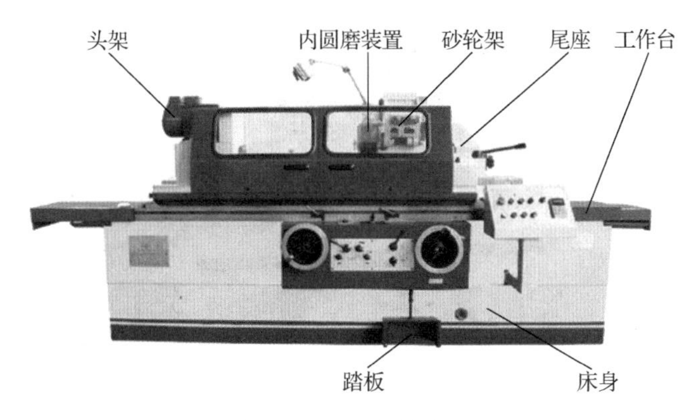

图 4–7–6　万能外圆磨床

（2）内圆磨床

内圆磨床是用来加工工件的圆柱形、圆锥形或其他形状素线展成的内圆表面及其端面的磨床。内圆磨床分为普通内圆磨床、行星内圆磨床、无心内圆磨床、坐标磨床和专门用途的内圆磨床等。根据砂轮轴配置方式的不同，内圆磨床又有卧式和立式之分。常用的普通内圆磨床如图 4–7–7 所示，它由装在头架主轴上的卡盘夹持工件做圆周进给运动，工作台带动砂轮架沿床身导轨做纵向往复运动，头架沿滑鞍做横向进给运动；头架还可绕竖轴转至一定角度以磨削锥孔。

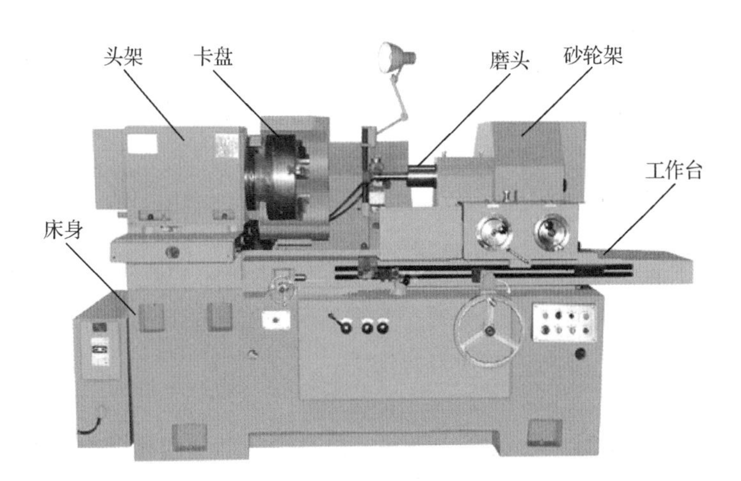

图 4–7–7　普通内圆磨床

（3）平面磨床

平面磨床是利用砂轮旋转磨削工件，使其达到精度要求的磨床。常用的平面磨床按其砂轮轴线位置和工作台的结构特点不同，可分为卧轴矩台平面磨床、立轴矩台平面磨床、卧轴圆台平面磨床和立轴圆台平面磨床等。

其中，最常用的平面磨床是卧轴矩台平面磨床，如图 4-7-8 所示，由床身、立柱、工作台和磨头等主要部件组成。

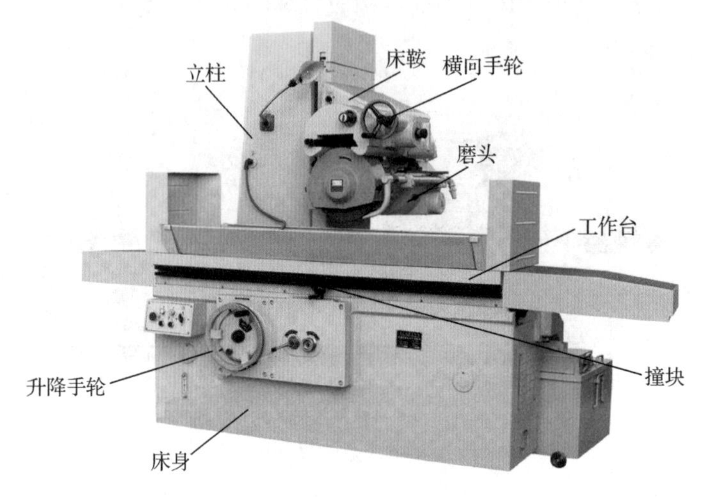

图 4-7-8 卧轴矩台平面磨床

（4）磨削的基本运动

磨削时，砂轮高速旋转，工件则根据磨削方式不同做旋转运动、直线运动或其他更为复杂的运动。

1）磨外圆时的运动。磨外圆时，砂轮的旋转为主运动，工件绕自身轴线的旋转运动为圆周进给运动，工件的往复直线运动为纵向进给运动，砂轮在垂直于工件轴线方向上的运动为横向进给运动。进给运动不是连续的，只是在工件完成一个单向行程或往复行程时才进行一次。

2）磨内圆时的运动。磨内圆时的运动与磨外圆时相同，只是砂轮的旋转方向相反。

3）磨平面时的运动。平面磨削时，砂轮的旋转为主运动，工作台往复直线运动为纵向进给运动，砂轮沿轴向的运动为横向进给运动，砂轮在垂直于工件表面方向上的运动为垂直进给运动。

2. 磨床的加工范围和加工特点

（1）磨床的加工范围

磨床的加工范围非常广泛，如图 4-7-9 所示。磨床能加工硬度较高的材料，如淬硬钢、硬质合金等；也能加工脆性材料，如玻璃、花岗石等。磨床能进行高精度和表面粗糙度很小的磨削，也能进行高效率的磨削，如强力磨削等。

（2）磨床的加工特点

1）磨削速度高。磨削时，砂轮高速旋转，具有很高的圆周速度。目前，一般磨削的砂轮圆周速度可达 35 m/s，高速磨削时可达 50 ~ 85 m/s。

2）磨削温度高。磨削时，砂轮对工件表面除有切削作用外，还有强烈的摩擦作用，产生大量热量。而砂轮的导热性差，热量不易散发，导致磨削区域温度急剧升高（可达 400 ~ 1 000 ℃），容易引起工件表面退火或烧伤。

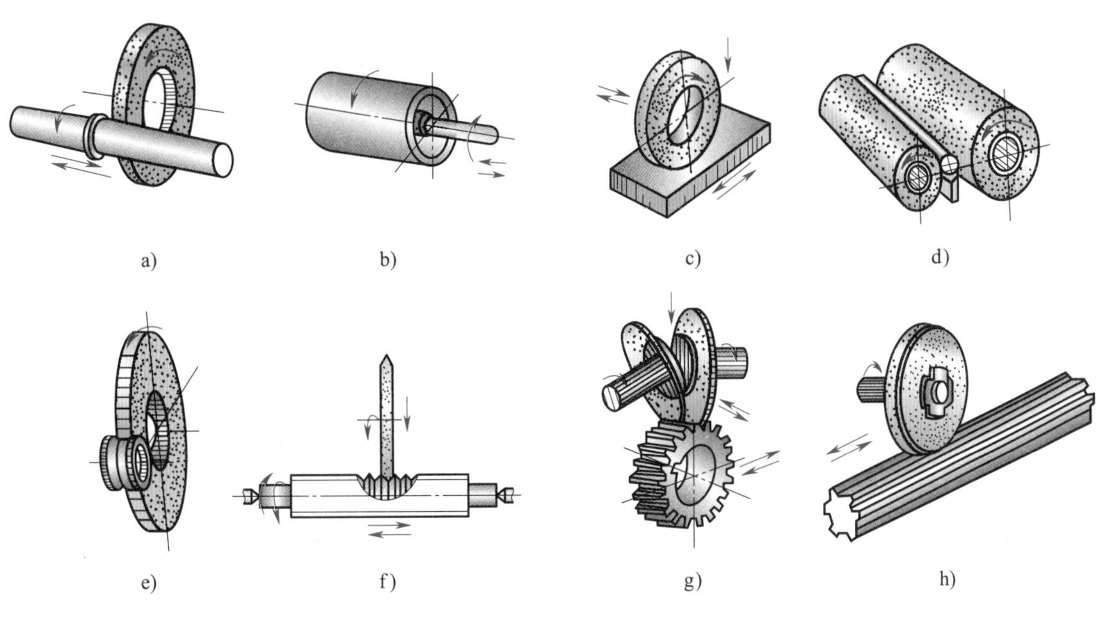

图 4-7-9　磨床的加工范围

a）磨外圆　b）磨内圆　c）磨平面　d）无心磨削　e）磨成形面　f）磨螺纹　g）磨齿轮　h）磨花键

3）能获得很好的加工质量。磨削可获得很高的加工精度，其经济加工精度为 IT7 ~ IT6；磨削可获得很小的表面粗糙度值（*Ra*0.8 ~ 0.2 μm），因此磨削被广泛用于工件的精加工。

4）磨削范围广。砂轮不仅可以加工未淬火钢、铸铁、铜、铝等较软的材料，还可以磨削硬度很高的材料（如淬硬钢、高速钢、钛合金、硬质合金等）以及玻璃等非金属材料。

5）少切屑。磨削是一种少切屑加工方法，一般背吃刀量较小，在一次行程中所能切除的材料层较薄，因此金属切除效率较低。

6）砂轮在磨削中具有自锐作用。磨削时，部分磨钝的磨粒在一定条件下能自动脱落或崩碎，从而露出新的磨粒，使砂轮保持良好的磨削性能，这种现象称为"自锐作用"。这是砂轮具有的独特作用。

3. 砂轮的种类及用途

砂轮由磨料、结合剂和气孔三部分组成，如图 4-7-10 所示。

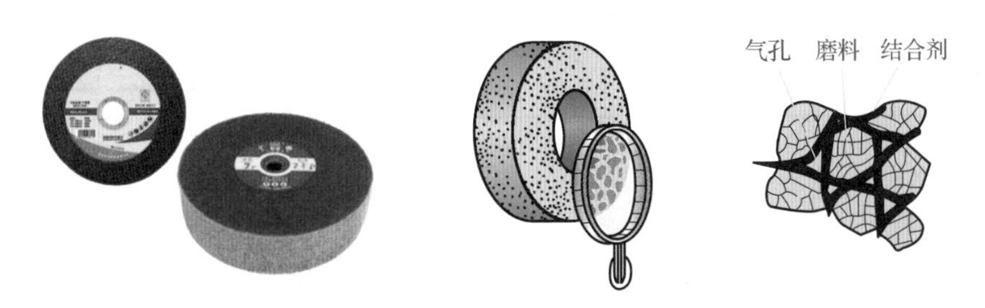

图 4-7-10　砂轮

砂轮的特性由磨料、粒度、结合剂、硬度、组织、形状和尺寸、强度（最高工作速度）七个要素来衡量。各种不同特性的砂轮均有一定的适用范围，因此应按照实际的磨削要求来合理选择和使用砂轮。常用砂轮的种类及用途见表 4-7-3。

表 4-7-3　　常用砂轮的种类及用途

种类	用途	图示
平形砂轮	用于外圆磨削、内圆磨削、平面磨削、无心磨削和刀具刃磨等	
筒形砂轮	用于立式平面磨床上磨平面	
单斜边砂轮	用于工具磨削，如刃磨铣刀、铰刀、插齿刀等	
双斜边砂轮	用于磨削齿轮齿面和单线螺纹等	
杯形砂轮	主要用于刃磨铣刀、铰刀、拉刀等，也可用于磨平面和内圆	
双面凹一号砂轮	主要用于磨削外圆和刃磨刀具，还可作为无心磨削的导轮	
碗形砂轮	应用范围广泛，主要用于刃磨铣刀、铰刀、拉刀、盘形车刀等，也可用于磨削机床导轨	
碟形一号砂轮	用于刃磨铣刀、铰刀、拉刀和其他刀具，大尺寸的一般用于磨削齿轮齿面	
薄片砂轮	用于切断和开槽等	

四、镗床及其应用

1. 认识镗床

镗削是扩大孔或其他圆形轮廓内径的切削加工方法。镗削在镗床上进行。常用的镗床有立式镗床、卧式镗床和深孔镗床等。现以卧式镗床为例，介绍镗床的组成。

图 4-7-11 所示为卧式镗床，其主要部件有床身、主轴箱、主立柱、工作台和尾立柱等。镗削时，镗刀用镗刀杆或镗刀盘装夹，通过主轴或平旋盘带动回转做主运动，工件装夹在工作台上，并由工作台带动做进给运动。主轴在回转的同时，根据需要也可做轴向移动，以取代工作台做进给运动。

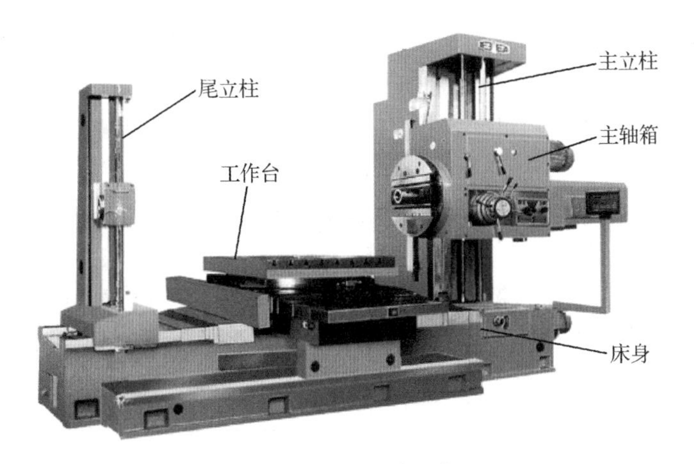

图 4-7-11　卧式镗床

2. 镗床的加工范围和加工特点

（1）镗床的加工范围

镗床的主要工作除镗孔外，还有钻孔、铰孔，以及用多种刀具进行平面、沟槽和螺纹的加工等，如图 4-7-12 所示。

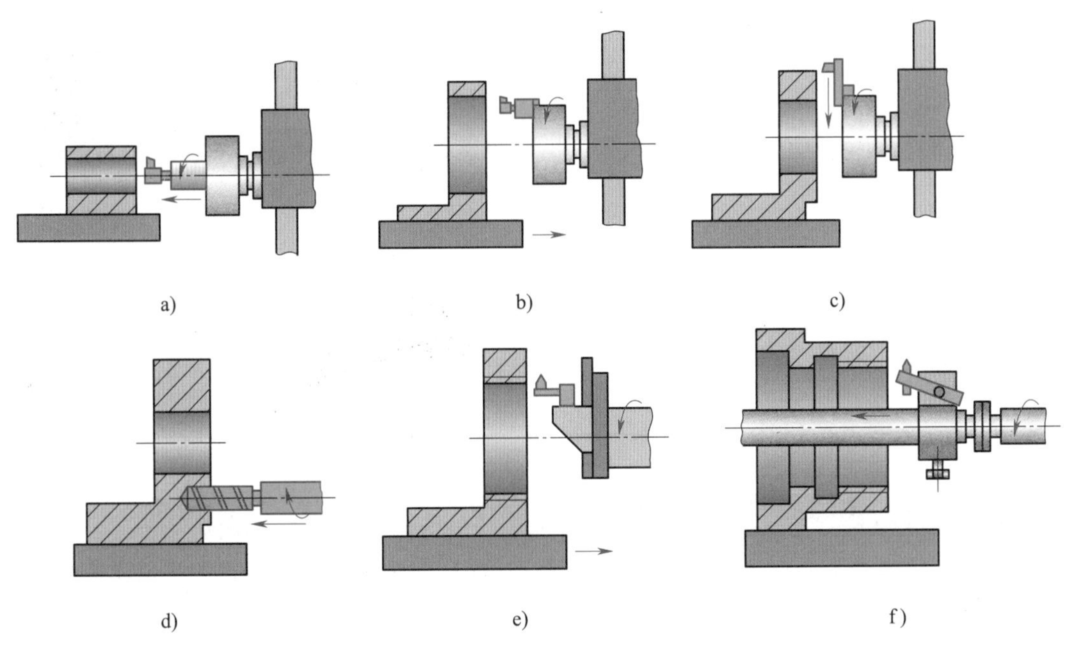

图 4-7-12　镗床的加工范围

a）镗小直径孔　b）镗大直径孔　c）镗平面

d）钻孔　e）用工作台进给镗螺纹　f）用主轴进给镗螺纹

（2）镗床的加工特点

1）在镗床上镗孔是以刀具的回转为主运动，与以工件的回转为主运动的孔加工方法（如车孔）相比，特别适合加工箱体、机架等结构复杂的大型工件上的孔。

2）镗削可以方便地加工直径很大的孔。

3）镗削能方便地实现对孔系的加工。用坐标镗床、数控镗床进行孔系加工，可以获得很高的孔距精度。

4）镗床的多个部件能实现进给运动，工艺适应性强，能加工形状多样、大小不一的各种工件的多种表面。

5）镗孔的经济加工精度为 IT9 ~ IT7，表面粗糙度值可达 Ra3.2 ~ 0.8 μm。

3. 镗刀的种类及用途

镗孔所用的刀具称为镗刀。镗刀的种类很多，一般分为单刃镗刀和双刃镗刀两大类。常用镗刀的种类及用途见表 4–7–4。

表 4–7–4　　常用镗刀的种类及用途

种类	用途	镗刀图示
单刃镗刀	用于孔的粗、精加工，切削效率低	
双刃固定镗刀	双刃固定镗刀操作简便、效率高，适合镗削同轴孔系或较深单孔	
双刃浮动镗刀	双刃浮动镗刀用于粗镗或半精镗直径大于 40 mm 的孔	

观察记录

通过参观生产车间或观看相关教学视频，根据已学机床特征，列出加工以下零件可采用的机床。

平面类零件	台阶类零件	沟槽类零件	孔类零件
学习体会			

§4-8 数控机床及其应用

课堂讨论

观察以下用数控机床加工出来的零件，它们在结构上有何不同？加工表面有何特点？通过实训或参观生产车间，你能说出数控机床与普通机床的区别吗？

随着社会生产和科学技术的发展，机械产品日趋精密复杂，且需频繁改型，特别是航空航天、造船、军事等领域所需的零件，精度要求高、形状复杂、批量小，普通机床已不能适应这些需求，为此，一种新型机床——数字程序控制机床（简称数控机床）应运而生。

一、数控机床基础

1. 数控技术与数控机床的概念

数控技术即数字控制技术（numerical control technology），是20世纪中期发展起来的一种用数字信号进行控制的自动控制技术。

数控机床是用数字信号对机床的运动及其加工过程进行控制的机床，或者说是装备了数控系统的机床。它是一种技术密集度和自动化程度都很高的机电一体化加工设备，是数控技术与机床相结合的产物。

数控加工是指在数控机床上进行零件加工的一种工艺方法。数控机床加工的工艺流程与传统机床加工的工艺流程从总体上说是一致的，但也发生了明显的变化，它通过数字信号控制工件和刀具位移来进行机械加工。

2. 数控机床的组成

数控机床一般由控制介质、数控装置、伺服系统、测量反馈装置和机床主体等组成，如图4-8-1所示。

（1）控制介质是存储数控加工所需程序的介质。目前常用的控制介质有闪存卡、移动硬盘、U盘等。

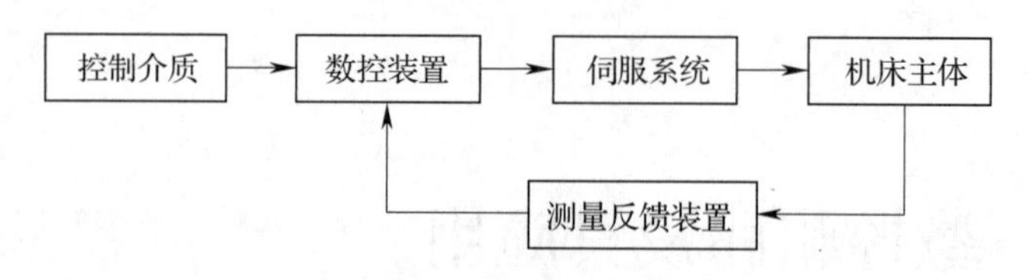

图 4-8-1　数控机床的组成

（2）数控装置是数控机床的核心，它能够完成信息的输入、存储、变换、插补运算以及实现各种控制功能。

（3）伺服系统用于接收数控装置的指令，是数控系统的执行部分。它包括伺服驱动电动机、各种伺服驱动元件和执行机构。每个进给运动的执行部件都有相应的伺服系统，而整个机床的性能则取决于伺服系统。常用的伺服系统有交流伺服系统和直流伺服系统。

（4）测量反馈装置用于检测速度、位移以及加工状态，并将检测到的信息转化为电信号反馈给数控装置，通过比较计算出偏差，并发出纠正误差指令。

（5）机床主体是数控机床的本体，主要包括床身、主轴、进给机构等机械部件，还有冷却、润滑、换刀、夹紧等辅助装置。

3. 数控加工的工作过程

数控加工的实质是数控机床按照事先编制好的加工程序，通过数字控制过程，自动地对工件进行加工。

数控加工的工作过程如图 4-8-2 所示。

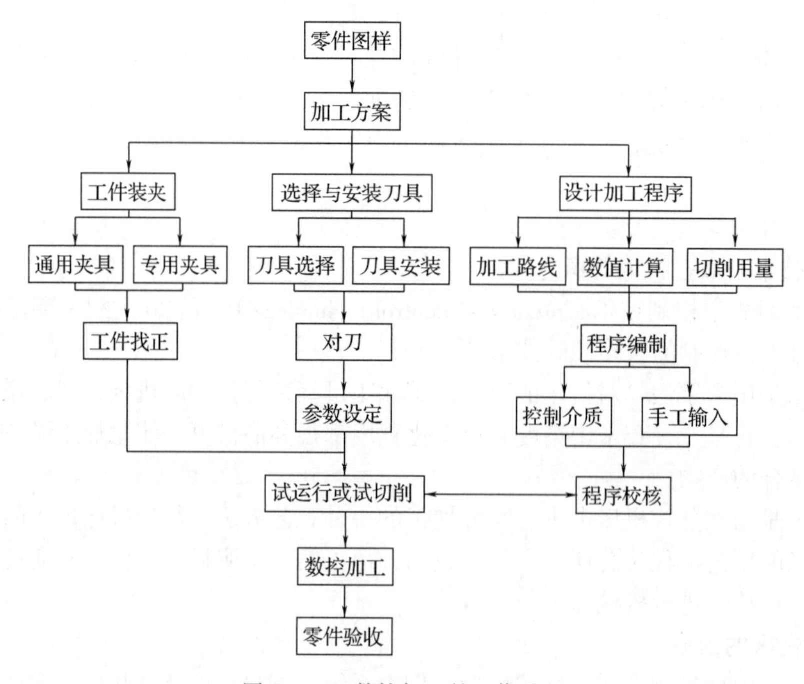

图 4-8-2　数控加工的工作过程

4. 数控机床的分类

数控机床的种类很多，按机床的工艺用途不同，通常可以分为以下几种：

（1）数控车床

数控车床是一种用于完成车削加工的数控机床。通常情况下，也将以车削加工为主并辅以铣削加工的数控车削加工中心归类为数控车床。图 4–8–3 所示为卧式数控车床。

（2）数控铣床

数控铣床是一种用于完成铣削加工或镗削加工的数控机床。图 4–8–4 所示为立式数控铣床。

图 4–8–3　卧式数控车床

图 4–8–4　立式数控铣床

（3）加工中心

加工中心是指带有刀库（带有回转刀架的数控车床除外）和刀具自动交换装置的数控机床。图 4–8–5 所示为卧式加工中心。

（4）数控钻床

数控钻床主要用于完成钻孔、攻螺纹等工作，是一种采用点位控制系统的数控机床，即控制刀具从一点到另一点的位置，而不控制刀具的移动轨迹。图 4–8–6 所示为立式数控钻床。

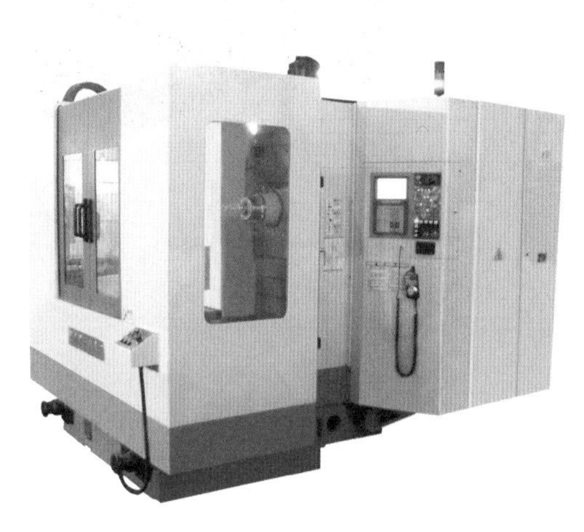

图 4–8–5　卧式加工中心

图 4–8–6　立式数控钻床

（5）数控线切割机床

数控线切割机床如图 4–8–7 所示，其工作原理是利用两个不同极性的电极（电极丝和工件）在绝缘液体中产生的电蚀现象来去除材料，从而完成加工任务。

（6）数控电火花成形机床

数控电火花成形机床（图 4–8–8）是一种进行特种加工的机床，其工作原理与数控线切割机床类似。它对于形状复杂的模具及难加工材料的加工有特殊优势。

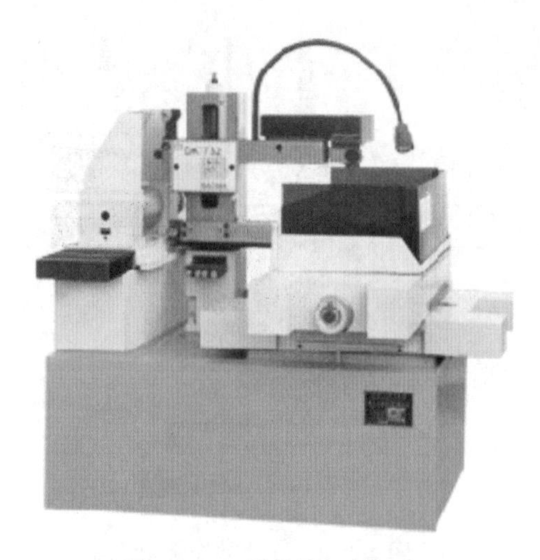

图 4–8–7　数控线切割机床

图 4–8–8　数控电火花成形机床

（7）其他数控机床

数控机床除以上几种常见类型外，还有数控精雕机床、数控磨床和数控冲床等，如图 4–8–9 所示。

a)

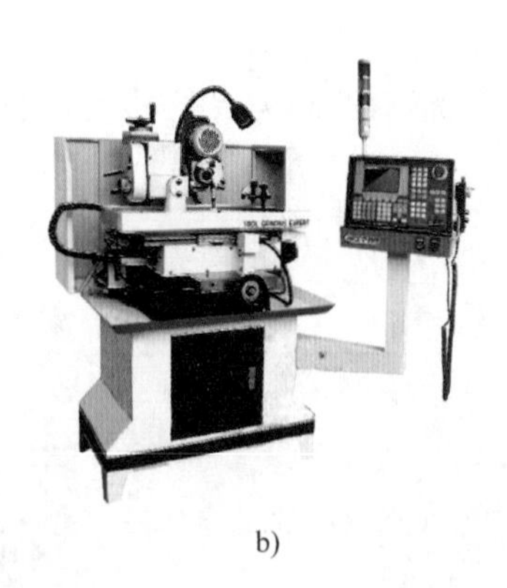

b)

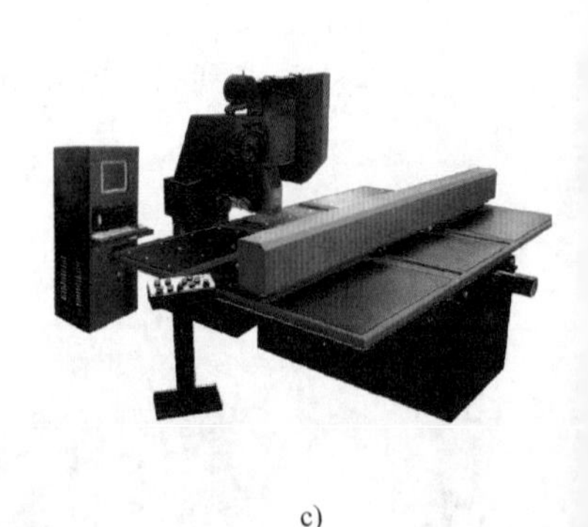

c)

图 4–8–9　其他数控机床

a）数控精雕机床　b）数控磨床　c）数控冲床

资料卡片

数控机床除了按工艺用途不同进行分类外，还有其他几种常见的分类方法。

分类		说明
按控制系统的特点分	点位控制系统	如数控坐标镗床、数控钻床、数控冲床等
	直线控制系统	如数控车床、数控磨床等
	轮廓控制系统	如加工中心等
按执行机构的控制方式分	开环控制系统	适用于经济型数控机床和旧机床的数控化改造
	半闭环控制系统	中档数控机床广泛采用半闭环控制系统
	闭环控制系统	主要用于一些精度要求较高的镗铣床、超精车床和加工中心等

5. 数控机床的加工特点

数控机床与普通机床相比，具有以下特点：

（1）适用范围广

在数控机床上加工零件是按照事先编制好的加工程序来实现自动化加工的，当加工对象发生改变时，只需重新编制加工程序并输入数控系统中，即可加工各种不同类型的零件。

（2）加工精度高

由于数控机床在进给装置中采用了滚珠丝杠螺母机构，又增加了消除丝杠螺母间隙装置，故加工精度可达 0.001 mm，同时具有较好的质量稳定性。

（3）生产率高

数控机床能有效减少零件加工时间和辅助时间，同时在结构设计上也采用了有针对性的设计，主轴转速和进给量的范围也得到相应增加，其切削用量是普通机床的几倍甚至十几倍，再加上自动换刀装置，使得数控机床具有非常高的生产率。

（4）加工质量稳定和可靠

在同一台数控机床中，使用相同刀具加工同一类零件，其刀具运行轨迹也是完全一致的，因此加工出来的零件质量比较稳定和可靠。

（5）改善劳动条件

数控机床能够实现自动化或半自动化加工，在加工中操作者的主要任务是编制和输入程序、装卸工件、准备刀具、观察加工状态等，劳动量大为降低。

（6）有利于实现生产管理现代化

在数控机床上进行加工时，可预先精确估计加工时间，所使用的刀具、夹具可进行规范化和现代化管理。数控机床使用数字信号与标准代码作为控制信息，易于实现加工信息的标准化，目前已同计算机辅助设计与制造（CAD/CAM）有机地结合起来，成为现代集成制造技术的基础。

6. 数控机床的应用

数控机床是一种高度自动化的机床，有一般机床所不具备的许多优点，在机械制造业中主要用于加工普通机床难以加工的零件：

（1）多品种、小批生产的零件或新产品试制中的零件。

（2）形状复杂，加工精度要求高，通用机床无法加工或很难保证加工质量的零件。

（3）在普通机床上加工需要昂贵的工装设备（工具、夹具和模具）的零件。

（4）尺寸难测量、进给难控制的壳体或盒型零件。

（5）必须在一次装夹中完成铣、镗、锪、铰、攻螺纹等多道工序的零件。

（6）价格昂贵，加工时不允许报废的关键零件。

（7）需要短生产周期的急需零件。

观察记录

参观生产车间或实习现场，记录你所看到的数控机床的名称和型号。

参观地点	数控机床名称	数控机床型号
观后感想		

二、常用数控机床

1. 数控车床

（1）数控车床的结构

常用数控车床的结构如图 4-8-10 所示。数控车床的主轴、尾座等部件的布局形式与普通车床基本一致，而床身结构和导轨的布局则发生了根本性的变化。普通卧式车床是靠手工操作机床来完成各种切削加工的，而数控车床则是将编制好的加工程序输入数控系统中，由数控系统通过伺服电动机去控制车床进给运动部件的动作顺序、移动量和进给速度，再配以主轴旋转、自动换刀等动作，从而加工出各种形状的轴类或盘套类回转体零件。

（2）数控车床的特点

1）采用防护装置。数控车床采用全封闭或半封闭防护装置，可防止切屑或切削液飞出，以防给操作者带来意外伤害。

2）采用自动排屑装置。数控车床大都采用斜床身结构布局，排屑方便。

3）工件装夹安全可靠。数控车床大都采用了液压卡盘，夹紧力调整方便、安全可靠，同时降低了操作者的劳动强度。

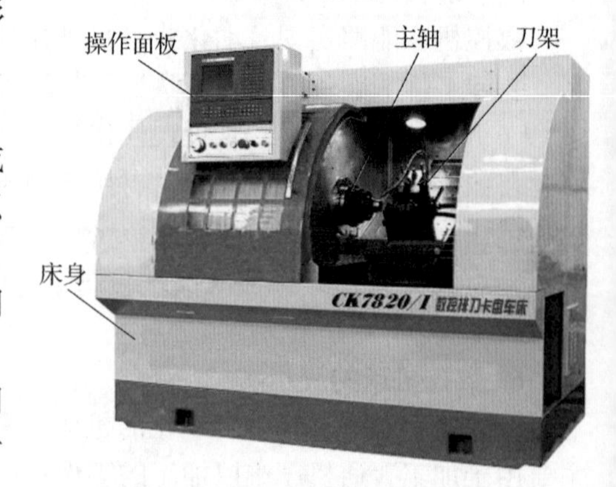

图 4-8-10　常用数控车床的结构

4）可自动换刀。数控车床大都采用了自动回转刀架，在加工过程中可自动换刀，连续完成多道工序的加工。

5）主传动与进给传动分离。数控车床的主传动与进给传动采用各自独立的伺服电动机，使传动链变得简单、可靠；同时，各伺服电动机既可单独运动，也可多轴联动。

2. 数控铣床

（1）数控铣床的结构

常用数控铣床的结构如图 4–8–11 所示。数控铣床是在普通铣床的基础上发展起来的，两者的加工工艺基本相同，但数控铣床是靠程序控制的自动加工机床，所以其结构也与普通铣床有较大区别。数控铣床是机床设备中应用非常广泛的加工机床，可以铣削平面、平面型腔、外形轮廓、三维及三维以上复杂型面，还可进行钻孔、扩孔、铰孔、镗孔、攻螺纹等孔加工。

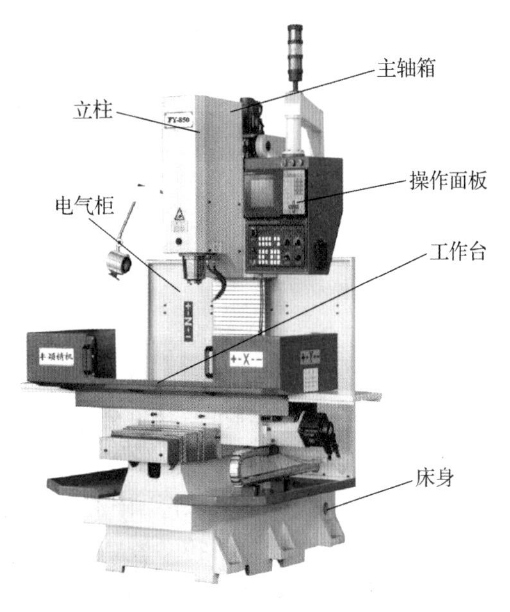

图 4–8–11　常用数控铣床的结构

（2）数控铣床的特点

1）零件加工的适应性强，灵活性好，能加工轮廓形状特别复杂或难以控制尺寸的零件，如模具类零件和壳体类零件等。

2）能加工普通铣床无法加工或很难加工的零件，如用数学模型描述的复杂曲线零件以及三维空间曲面零件等。

3）能加工一次装夹定位后需进行多道工序加工的零件。

4）加工精度较高，加工质量稳定可靠。

5）生产自动化程度高，可以降低操作者的劳动强度，有利于实现生产管理自动化。

6）生产率高。

7）对刀具的要求较高，刀具应具有良好的韧性和耐磨性，在干式切削状态下，还要求有良好的红硬性。

3. 加工中心

（1）加工中心的结构

加工中心是由机械设备与数控系统组成的用于加工形状复杂工件的高效率、自动化机床。加工中心在普通数控机床的基础上增加了自动换刀装置及刀库，从而使工件在一次装夹后，可以连续、自动完成多个平面或多个角度位置的钻孔、扩孔、铰孔、镗孔、攻螺纹、铣削等工序的加工，工序高度集中。

加工中心按加工范围可分为车削加工中心、钻削加工中心、镗铣加工中心、磨削加工中心和电火花加工中心等。

JCS–018A 型立式镗铣加工中心的结构如图 4–8–12 所示。

（2）加工中心的特点

1）具有至少三轴的切削控制能力，方便进行轮廓切削。

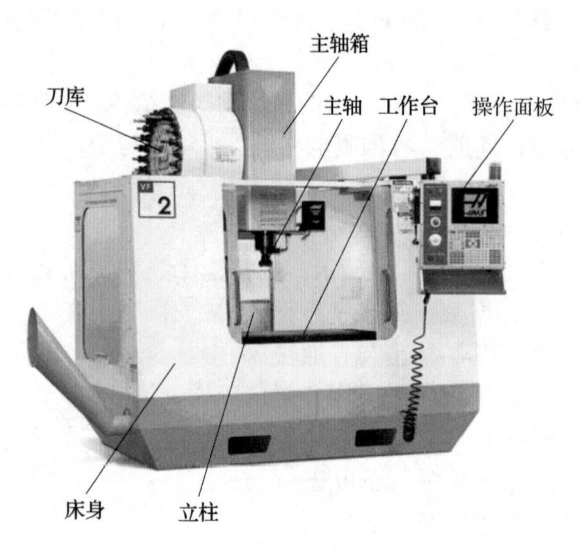

图 4-8-12　JCS-018A 型立式镗铣加工中心的结构

2）具有自动换刀装置，为进行多工序加工提供了必要条件，能大大提高加工效率。

3）具有分度工作台和数控转台，数控转台能以很小的脉冲当量任意分度。

4）具有选择各种进给速度和主轴转速的能力及各种辅助功能，可大大提高加工过程的自动化程度。

5）工序高度集中。加工中心大大减少了工件的装夹、测量和机床调整等辅助工序时间，减少了工件的周转、搬运和存放时间，使机床的切削时间利用率比普通机床高出 3 ~ 4 倍。加工中心同时具有较好的加工一致性，与单机、人工操作方式相比，能排除工艺流程中的人为干扰因素，特别适合加工形状比较复杂、精度要求较高、种类更换频繁的工件。

§4-9　特种加工与先进加工技术

课堂讨论

观察以下零件，它们在结构上与以往所见的零件有何不同？加工表面有何特点？

一、特种加工

特种加工是采用非常规的切削加工手段，利用电、磁、声、光、热等物理及化学能量直接施加于被加工工件部位，达到去除材料、变形以及改变性能等目的的加工方法。特种加工种类繁多，常用特种加工方法能量形式及适用范围见表 4–9–1。本节仅介绍近年来快速发展的电火花成形加工、电火花线切割加工、激光加工以及高压水射流加工等特种加工技术。

表 4–9–1　　常用特种加工方法能量形式及适用范围

<table>
<tr><th>加工方法</th><th>能量形式</th><th>适用范围</th><th>可加工材料</th></tr>
<tr><td>电火花成形加工</td><td>电</td><td>可加工圆孔、方孔、异形孔、微孔、弯孔、深孔及各种模具型腔，还用于刻字、表面强化、涂覆加工等</td><td rowspan="3">任何导电的金属材料，如硬质合金、不锈钢、淬火钢、钛合金</td></tr>
<tr><td>电火花线切割加工</td><td>电</td><td>可切割各种冲裁模零件及各种样板等；也可用于钼、钨和贵重金属的切割</td></tr>
<tr><td>电解加工</td><td>电</td><td>可加工从细小零件到超大型零件及模具，如仪表微型轴、涡轮叶片等</td></tr>
<tr><td>电子束加工</td><td>电</td><td>打微孔、切缝、蚀刻、焊接等</td><td rowspan="3">任何固体材料</td></tr>
<tr><td>激光加工</td><td>光</td><td>可进行小孔、窄缝的精密加工及成形加工等，还可进行焊接和热处理</td></tr>
<tr><td>离子束加工</td><td>电</td><td>对工件表面进行超精密加工、超微量加工、抛光、蚀刻、镀覆等</td></tr>
<tr><td>超声波加工</td><td>声</td><td>可加工、切割脆硬材料，如玻璃、石英、宝石、金刚石、半导体等</td><td>任何脆硬材料</td></tr>
<tr><td>高压水射流加工</td><td>液流</td><td>可进行二维切割加工、打孔加工和三维型面加工等</td><td>金属、塑料、石棉和各种脆硬材料</td></tr>
</table>

1. 电火花成形加工

电火花成形加工是一种利用脉冲放电对导电材料进行电蚀以去除多余材料的加工方法，故又称为电蚀加工。在特种加工中，电火花成形加工应用最为广泛，尤其是在模具制造、航空航天等领域占有极为重要的地位。

（1）电火花成形加工原理

电火花成形加工在电火花成形机上进行，机床主要由床身、主轴头、立柱、数控电源柜、工作台及工作液箱等部分组成，如图 4–9–1 所示。

电火花成形加工原理示意图如图 4–9–2a 所示。加工时，工具电极和工件接脉冲电源的两极，并浸入工作液中，通过自动控制系统控制工具电极向工件进给，当两电极间隙达到一定值时，在两电极上施加的脉冲电压将间隙中的工作液击穿，产生火花放电。在放电的细微通道中，瞬时集中大量热能，温度可达 10 000 ℃以上，压力也急剧变化，从而使工件表面局部金属立刻熔化、气化，并爆炸式地飞溅到工作液中，迅速冷凝成金属微粒，被工作液带走。

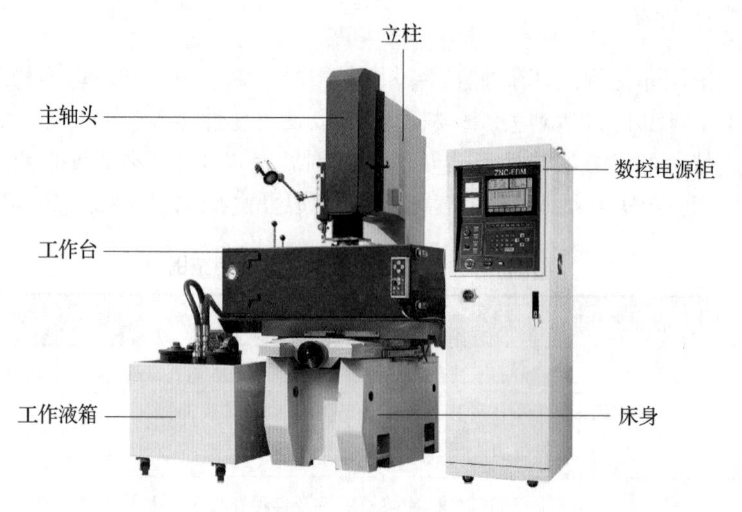

图 4–9–1　电火花成形机

这时在工件表面则留下一个细微的凹坑痕迹，如图 4–9–2b 和图 4–9–2c 所示，放电短暂停歇，两电极间工作液恢复绝缘状态。紧接着下一个脉冲电压又在两电极相对接近的另一点处击穿，产生火花放电，重复上述过程。这样，虽然每个脉冲放电蚀除的金属极少，但因每秒有成千上万次脉冲放电作用，故能蚀除较多的金属。在保持工具电极与工件（电极）之间恒定放电间隙的条件下，工件在被蚀除的同时，工具电极不断地向工件进给，最后便可加工出与工具电极形状相应的形状。因此，只要改变工具电极的形状或工具电极与工件之间的相对运动方式，就能加工出各种复杂的型面。

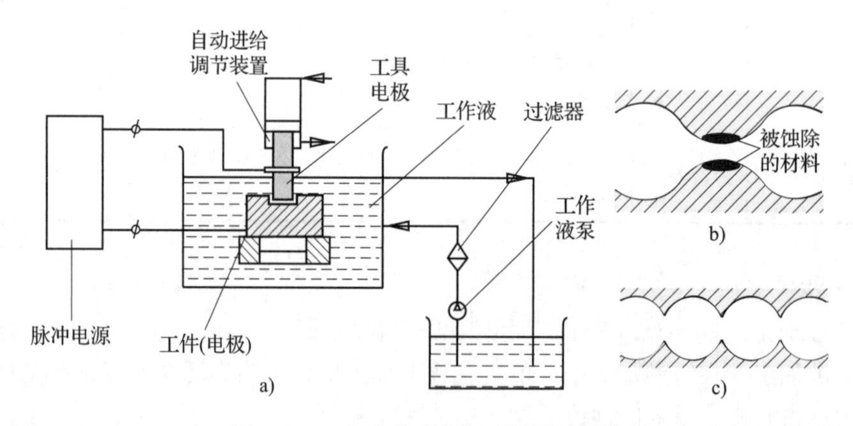

图 4–9–2　电火花成形加工原理示意图
a）加工原理　b）蚀除材料的过程　c）工件成形

（2）电火花成形加工特点

1）因为放电通道中电流密度很大，局部区域内产生的高温足以熔化甚至气化任何导电材料，所以能够加工各种具有导电性能的硬、脆、软、韧性材料。

2）加工时无切削力，适合加工小孔、薄壁、窄腔槽及各种复杂的型孔、型腔和曲线孔等，也适用于精密细微加工。

3）加工时，由于脉冲能量间断地以极短的时间作用在工件上，因此整个工件几乎不受热的影响，有利于提高工件的加工精度和表面质量，也有利于加工热敏感性强的材料。

4）便于实现加工过程自动化。

5）工具电极消耗较大。

（3）电火花成形加工应用

电火花成形加工应用如图 4–9–3 所示。电火花成形加工的效率远比金属切削加工低，因此只有在难以切削的情形下（如加工件形状复杂、材料太硬等），才采用电火花成形加工。在工艺应用上，电火花成形加工的常见形式有：

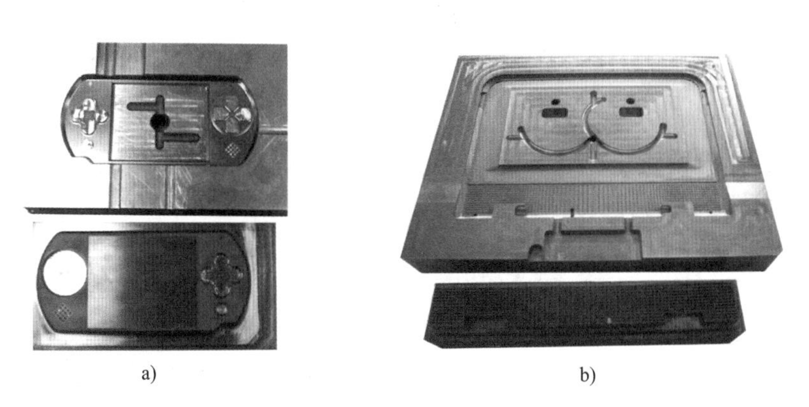

a) b)

图 4–9–3 电火花成形加工应用

a）数码相机外壳模 b）收音机壳模喇叭网孔

1）电火花穿孔、型腔加工。电火花穿孔加工应用最为广泛，常用于各种模具零件的型孔加工。电火花型腔加工则常用于加工模具的型腔和叶片、整体式叶轮等复杂曲面零件。

2）电火花小孔加工。可加工直径为 0.1 ~ 3.0 mm、长径比高达 300 的小孔，如喷嘴小孔、航空发动机气冷孔、辊筒和筛网上的小孔等。

3）电火花精密细微加工。可加工直径小于 0.1 mm 的孔或宽度小于 0.1 mm 的槽。

4）电火花磨削。可磨削平面、内圆、外圆、小孔等，如拉丝模、挤压模、微型轴承内环、偏心钻套等。

2. 电火花线切割加工

电火花线切割加工是利用移动的金属线（钼丝、铜丝或钨钼合金丝）作为负电极，工件作为正电极，并在线电极与工件电极之间通以脉冲电流，同时在两极间浇注矿物油、乳化油等具有一定绝缘性能的工作液，靠脉冲电火花的电蚀作用实现工件要求尺寸的加工。

（1）电火花线切割加工原理

电火花线切割加工在电火花线切割机上进行。其加工原理与电火花成形加工相同，只是将工具电极变成电极丝。根据电极丝运动的方式不同，电火花切割机可分为快速走丝电火花线切割机和慢速走丝电火花线切割机两大类。

快速走丝电火花线切割加工原理示意图如图 4–9–4 所示。加工时在电极丝和工件上加脉冲电源，使电极丝与工件之间产生脉冲放电，产生高温使金属熔化或气化，从而得到所需要的工件。

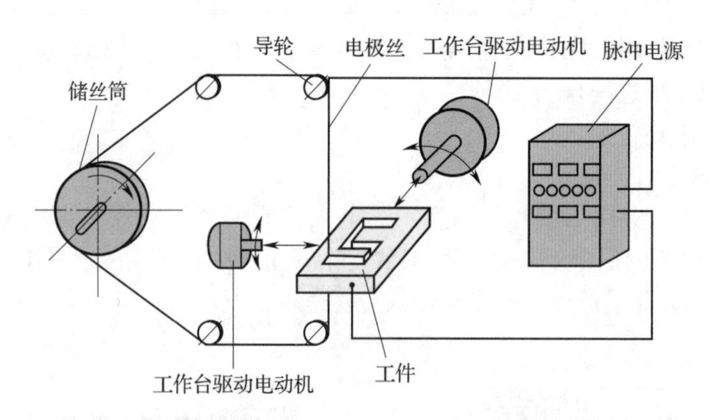

图 4-9-4　快速走丝电火花线切割加工原理示意图

工件接脉冲电源的正极，电极丝接脉冲电源的负极。加上脉冲电源后，工件与电极丝之间会产生很强的脉冲电场，使其间介质被电离击穿并产生脉冲放电。由于放电的时间很短（10^{-6} ~ 10^{-4} s），放电的间隙小（0.1 mm 左右）且发生在放电区的小点上，能量高度集中，放电区温度高达 10 000 ~ 12 000 ℃，所以会使工件上的金属材料熔化甚至气化。由于熔化或气化都只在瞬间进行，因此会产生爆炸现象。在爆炸力的作用下，将熔化的金属材料抛出，并被液体介质冲走。在机床数控系统的控制下，工作台带动工件相对于电极丝按预先要求的轨迹运动，就可以加工出某种形状的工件。

（2）电火花线切割加工特点

1）可以加工用传统切削加工方法难以加工或无法加工的形状复杂的工件。对于不同形状的工件都很容易实现自动化加工，尤其适合小批形状复杂零件、单件和试制件的加工，且加工周期短。

2）利用电蚀加工原理，电极丝与工件不直接接触，两者之间的作用力很小，故工件变形小，电极丝和夹具不需要太高的强度。

3）在传统切削加工中，刀具硬度必须比工件大，而电火花线切割加工的电极丝材料不必比工件材料硬，可加工任何导电的固体材料。

4）直接利用电能进行加工，可方便地对影响加工精度的加工参数进行调整，有利于加工精度的提高，便于实现加工过程自动化。

5）电火花线切割加工不能加工非导电材料。

6）与一般切削加工相比，电火花线切割加工的金属去除效率低，因此其加工成本高，不适合加工形状简单的大批零件。

（3）电火花线切割加工应用

1）各种形状的冲裁模（凸模、凹模）及其他模具的制造。

2）各类精密型孔、样板、成形刀具和精密窄槽类零件等的加工。

3）加工和切割稀有、贵重金属。

3. 激光加工

激光加工是 20 世纪 60 年代发展起来的技术，它利用光能通过透镜聚焦后达到很高的能量密度，依靠光热效应来加工各种材料。近年来，激光加工被越来越多地用于打孔、切割、焊接、表面处理等加工工艺。

（1）激光加工原理

激光是一种经受激辐射产生的加强光。其光强度高，方向性、相干性和单色性好，通过光学系统可将激光束聚焦成直径为几十微米（μm）到几微米（μm）的极小光斑，从而获得极高的能量密度。当激光照射到工件表面上时，光能被工件迅速吸收并转化为热能，致使光斑区域的金属蒸气迅速膨胀，压力突然增大，熔融物以爆炸式高速喷射出来，在工件内部形成方向性很强的冲击波。激光加工就是工件在光热效应下产生的高温熔融和冲击波的综合作用过程。

产生激光束的器件称为激光器。激光器的种类很多，按其工作物质的不同可分为固体激光器、气体激光器、液体激光器、半导体激光器和化学激光器等。图 4-9-5 所示为固体激光器结构示意图。固体激光器中常用的工作物质除钇铝石榴石外，还有红宝石和钕玻璃等材料。

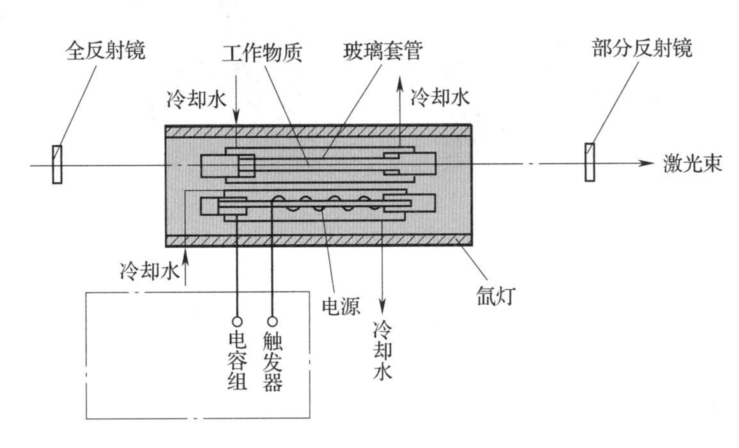

图 4-9-5　固体激光器结构示意图

（2）激光加工特点

1）几乎可以加工任何固体材料，如钢铁、耐热合金、陶瓷、石英、金刚石等。

2）激光光斑大小可以聚焦到微米级，输出功率可以调节，因此可进行精密细微加工。例如，激光打孔的最小直径可达 0.001 mm 左右。

3）激光加工属于非接触加工，没有明显的机械力，没有工具损耗，可加工易变形的薄板和橡胶等弹性材料零件。

4）加工速度快，热影响区小，并可通过透明体进行加工。例如，可对真空管内部器件进行焊接加工。

5）激光加工是一种瞬时局部熔化和气化的热加工方法，其影响因素很多。因此，精密细微加工时，其精度和表面粗糙度需反复试验，寻找到合理的加工参数才能达到加工要求。

（3）激光加工工艺及应用

激光加工的主要方式分为去除加工、连接加工和改性加工三种。

1）去除加工包括激光打孔、激光切割以及激光动平衡去重、修整、划片、电阻微调等，应用最多的是激光打孔。

①激光打孔。它是激光加工在机械制造中最主要的应用，多用于小孔、窄缝的细微加工，孔径可小至 0.001 mm，孔深与孔径之比可达 5 以上。图 4-9-6 所示为在陶瓷上进行激光打孔。

②激光切割。利用激光束聚焦后极高的能量密度，可以切割任何难加工的高熔点材料、高温材料、高强度脆硬材料，如钛合金、镍合金、不锈钢以及各种非金属材料。激光切割为非接触切割，工件变形极小；切口狭窄（一般为 0.1 ~ 0.2 mm），且切口质量优良，切割速度高。激光切割多适用于半导体硅片切割、型孔加工，以及精密零件的窄缝切割、刻线、雕刻等，如图 4–9–7 所示。

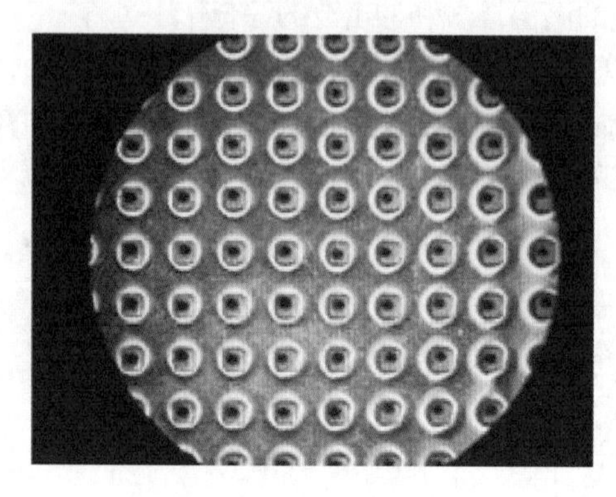

图 4–9–6　在陶瓷上进行激光打孔

图 4–9–7　激光切割

2）连接加工即激光焊接，主要用于高熔点材料、快速氧化材料及异种材料的焊接。由于激光能透过玻璃等透明物体进行焊接，因此可用于真空仪器元件的焊接。

4. 高压水射流加工

高压水射流加工是一种冷切割工艺，被加工材料的物理性能、力学性能及材质的晶体组织结构不会遭到破坏，可免除后续机械加工工艺。尤其是对钛合金、碳纤维等特种材料而言，其切割效果是其他加工工艺方法所无法比拟的。图 4–9–8 所示为高压水射流加工。

图 4–9–8　高压水射流加工

二、先进加工技术

1. 概述

先进加工技术是指采用更高的加工速度，加工出的产品精度更高、形状更复杂，被加工材料的种类和特性更加丰富多样，并且加工出的产品具有高效率和高柔性以快速响应市场需求的加工技术。先进加工技术是顺应现代工业与科学技术的发展需求而发展起来的；同时，现代工业与科学技术的发展又为先进加工技术提供了进一步发展的技术支持，如新材料的使用、计算机技术、微电子技术、控制理论与技术、信息处理与通信技术、测试技术、人工智能理论与技术的应用等都促进了先进加工技术的发展。

2. 先进加工技术的分类

（1）超精密加工技术

精密工程、微细工程和纳米技术是现代制造技术的前沿，具有广泛的应用领域，它包括所有能使零件的形状、位置和尺寸精度达到微米和亚微米级的机械加工方法。精密和超精密加工等只是一个相对的概念，其界限随着时间的推移而不断变化。图 4–9–9 所示为加工精度随时代发展的情况。由图可见，超精密加工的内涵随着时间的推移而不断发生变化。

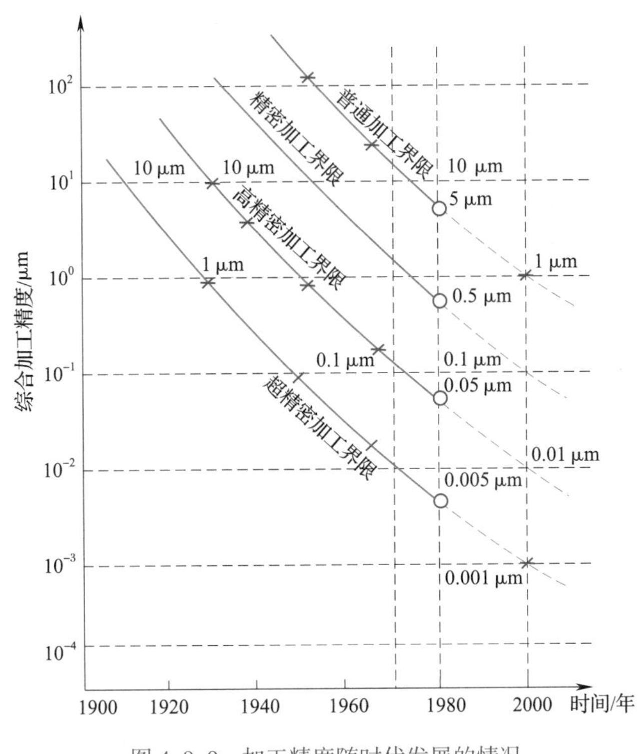

图 4–9–9　加工精度随时代发展的情况

（2）高速切削加工技术

高速切削加工是一个相对的概念，由于不同的加工方式、不同的工件材料有不同的高速切削加工范围，所以很难就高速切削加工的速度给出一个确切的定义。概括地说，高速切削加工技术是指采用超硬材料的刀具与磨具，能可靠地实现高速运动的自动化制造设备，可极大地提高材料切除效率，并保证加工精度和加工质量的现代制造加工技术。高速切削加工目前主要用于难加工材料、复杂曲面的加工等。

（3）微细加工技术

微细加工是指加工尺度为微米级的加工方式。微细加工源自于半导体制造工艺，加工方式十分丰富，包含了微细机械加工、各种现代特种加工、高能束加工等。而微机械制造过程又往往是多种加工方式的组合。目前，微细加工技术有以下几种：超微机械加工技术、光刻加工技术、LIGA 技术等。

（4）数控加工技术

数字控制加工技术简称数控加工技术，是近代发展起来的一种自动控制技术，是典型的机械、电子、自动控制、计算机和检测技术等密切结合的机电一体化高新技术。数控加工技术是实现制造过程自动化的基础，是自动化柔性系统的核心，是现代集成制造系统的重要组成部分。

数控加工技术能使机械装备的功能、可靠性、效率和产品质量提高到一个新水平，使机械电子行业发生深刻的变化。

3. 先进加工技术的发展趋势

（1）机械加工向超精密、超高速方向发展

超精密加工技术目前已进入纳米加工时代，加工精度可达 0.025 μm，表面粗糙度值可达 Ra0.004 5 μm。超精加工机床向多功能模块化方向发展，超精加工材料由金属扩大到非金属。

目前，高速切削铝合金的速度已超过 1 600 m/min，切削铸铁的速度已达到 1 500 m/min。超高速切削已成为加工一些难加工材料的途径。

（2）制造过程趋向全球化、虚拟化和绿色化

制造过程的全球化是制造自动化技术发展的最重要的发展趋势。全球化制造自动化技术的基础是网络化、标准化和集成化。

制造过程的虚拟化是指面向产品生产过程的模拟和检验，检验产品的可加工性、加工方法和工艺的合理性，以优化产品的制造工艺，保证产品质量、生产周期和最低成本为目标，进行生产过程计划、组织管理、车间调度、供应链及物流设计的建模和仿真。

制造过程的绿色化是指制造过程中的无切削、快速成型、挤压成型等，尽量减少材料和能量的消耗。而这除了依靠工艺革新外，还必须依靠信息技术，通过计算机的模拟与仿真，实现制造过程绿色化。

（3）采用清洁能源及原材料，实现清洁生产

传统机械加工过程产生大量废水、废渣、废气、噪声、振动、热辐射等，劳动繁重且危险，已不适应当代清洁生产的要求。近年来清洁生产成为加工过程的一个新目标，从源头抓起治理“三废”，杜绝污染的产生。其主要途径有三种：一是采用清洁能源，如用电加热代替燃煤加热锻坯，用电熔化代替用焦炭作燃料在冲天炉中熔化铁液；二是采用清洁的工艺材料开发新的工艺方法，如在锻造生产中采用非石墨型润滑材料，在砂型铸造中采用非煤粉型砂；三是采用新结构，减少设备的噪声和震动，如在铸造生产中噪声极大的震击式造型机已被射压、静压造型机所取代。在清洁生产的基础上，从设计、生产到使用乃至回收和废弃处理的整个周期都符合特定的环境要求的“绿色制造”已成为 21 世纪制造业的发展方向。

（4）加工与设计之间的界限逐渐淡化，并趋向集成及一体化

计算机辅助设计与计算机辅助制造（CAD/CAM）、柔性制造系统（FMS）、计算机集成制造系统（CIMS）、并行工程、快速原型技术等先进制造技术的出现，使加工与设计之间的界限逐渐淡化，并趋向一体化。同时，冷加工与热加工之间，加工过程、检测过程、物流过

程、装配过程之间的界限也趋向淡化和消失，而集成于统一的制造系统中。

（5）加工向智能化方向发展

随着人工智能在计算机领域的不断渗透和发展，数控系统的智能化程度将不断提高。

1）应用自适应控制技术。数控系统能检测加工过程中的一些重要信息，并自动调整系统的有关参数，达到改进系统运行状态的目的。

2）引入专家系统指导加工。将熟练技能人才和专家的经验、加工的一般规律和特殊规律存入系统中，以工艺参数数据库为基础，建立具有人工智能的专家系统。

3）引入故障诊断专家系统。系统在运行过程中自行诊断故障，并具备对故障自行排除、自行维护的能力；能够自我优化并适应各种复杂的环境。

4）应用智能化数字伺服驱动装置。它可以通过自动识别负载而调整参数，使驱动系统获得最佳运行状态。

第 5 章

机械加工工艺基础

§5-1 生产过程的基础知识

课堂讨论

参观生产车间，观察是按照怎样的流程对毛坯各个表面进行顺序加工而使之成为零件的。观察典型机械零件，如齿轮、轴、盘套等，分析其外形和结构特点，查询其功用，想一想制作它们需要经过哪些环节。

一、生产过程和工艺过程

1. 生产过程

将原材料转变为成品的全过程称为生产过程。生产过程错综复杂，不仅包括直接作用于生产对象上的工作，还包括生产准备工作和生产辅助工作。

2. 工艺过程

在生产过程中，直接改变原材料（或毛坯）形状、尺寸和性能，使之变为成品或半成品的过程称为工艺过程。例如毛坯的铸造、锻造和焊接，改变材料性能的热处理，工件的机械加工等，都属于工艺过程。工艺过程包括若干道工序，每个工序又分为若干安装、工位、工步、走刀，工艺过程的组成如图 5–1–1 所示。

- 工艺过程
  - 工序1
    - 安装1
      - 工位1
        - 工步1
          - 走刀1
          - 走刀2
          - ……
        - 工步2
        - ……
      - 工位2
      - ……
    - 安装2
    - ……
  - 工序2
  - ……

图 5–1–1　工艺过程的组成

（1）工序

工序是工艺过程的基本组成部分，也是生产计划的基本单元。工序是指一个或一组工人，在一个工作地点对一个或一组工件所连续完成的那部分工艺过程。划分工序的主要依据是工作地点是否改变和加工是否连续完成。

如图 5–1–2 所示的台阶轴，其工艺过程共包括五个工序，见表 5–1–1。

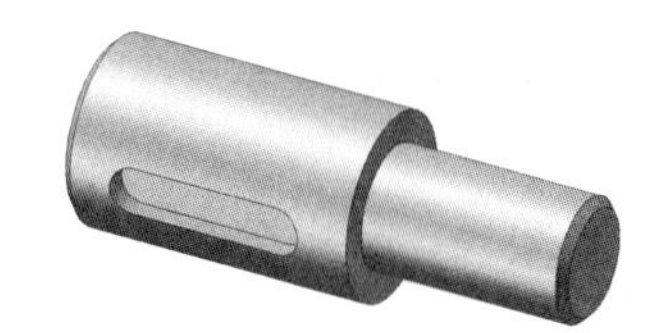
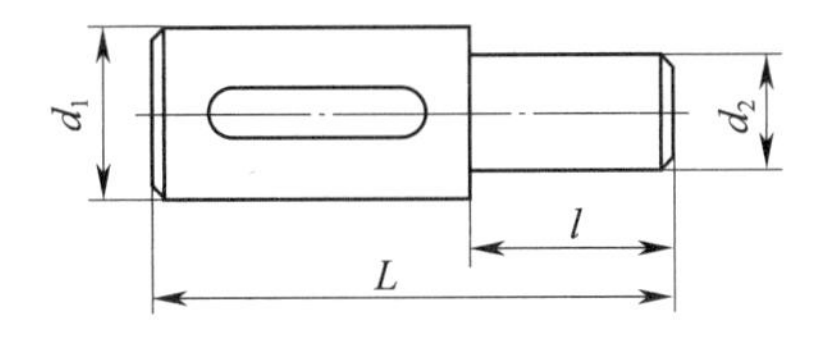

图 5–1–2　台阶轴

表 5–1–1　　**台阶轴的工艺过程**

工序号	工序名称	工序内容	加工设备
1	锯削	备料	锯床
2	车削	车端面、车外圆及倒角	车床
3	铣削	铣键槽	铣床
4	钳	去毛刺	钳工工作台
5	检验	按图样要求检验	

（2）安装

安装就是工件装卸一次所完成的那部分工作。应尽可能减少工件装卸次数，以节省装卸工件的辅助时间。

（3）工位

在一次安装中，工件在机床或夹具占据的每个加工位置上所完成的那一步工艺过程称为工位。

采用多工位加工，可以提高生产率和保证被加工表面间的相互位置精度。多工位加工如图 5–1–3 所示，利用回转工作台，工件在一次安装中具有四个工位，即装卸工位、钻孔工位、扩孔工位和铰孔工位。

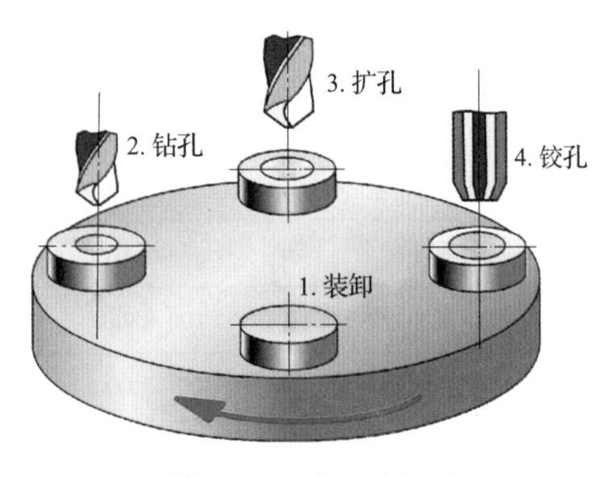

图 5–1–3　多工位加工

（4）工步

在一个工序中，加工表面、刀具、转速和进给量都不变时所完成的那部分工作称为工步。如在表 5–1–1 工序 2 中，共有车端面、车外圆及倒角三个工步。

（5）走刀

在一个工步中，若所需切去的金属层很厚，可分几次切削，每一次切削称为一次走刀。

3. 生产过程和工艺过程的关系

生产过程和工艺过程之间是包容关系，如图 5–1–4 所示。由于工艺过程是指直接作用于生产对象上的那部分工作过程，因此工艺过程在生产过程中占有重要地位。

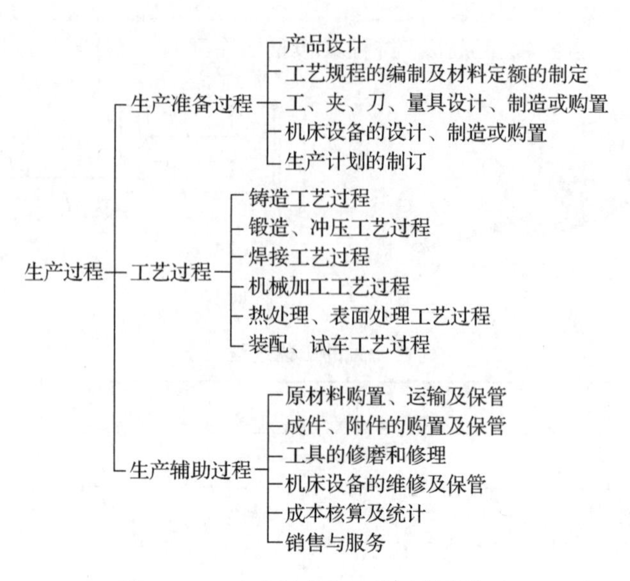

图 5–1–4　生产过程和工艺过程的关系

二、生产纲领和生产类型

1. 生产纲领

零件的生产纲领主要是指包括备品与废品在内的年产量。它根据市场需求量与本企业的生产能力来确定。

2. 生产类型

生产类型是指企业生产专业化程度的分类。根据生产纲领的不同和产品的大小，机械制造生产一般分为单件生产、批量生产和大量生产三种类型，划分生产类型的参考数据见表 5–1–2。

表 5–1–2　　划分生产类型的参考数据

生产类型		零件年产量 / 件		
		重型零件	中型零件	轻型零件
单件生产		<5	<10	<100
批量生产	小批	5 ~ 100	10 ~ 200	100 ~ 500
	中批	100 ~ 300	200 ~ 500	500 ~ 5 000
	大批	300 ~ 1 000	500 ~ 5 000	5 000 ~ 50 000
大量生产		>1 000	>5 000	>50 000

（1）单件生产

单件生产的基本特点是：产品品种繁多而数量极少，甚至只有一件或少数几件，且很少重复生产。例如，新产品试制、专用设备制造等。

（2）批量生产

批量生产的基本特点是：产品品种较多，每一种产品均有一定的数量，且各种产品是周期性重复生产。例如，通用机床制造、电动机制造等。

（3）大量生产

大量生产的基本特点是：产品品种较少而数量很多，大多数工作地点长期重复地进行某一道工序的加工。例如，自行车制造、轴承制造、汽车制造等。

不同的生产类型决定了不同的加工工艺，对生产组织、生产管理、工艺装备、加工方法等都有不同的要求，以达到优质、高产、低耗和安全的目的。各种生产类型的工艺特征见表 5–1–3。

表 5–1–3　各种生产类型的工艺特征

生产类型	单件生产	批量生产	大量生产
产品数量	少	中等	大量
加工对象	经常变换	周期性变换	固定不变
机床设备和布置	采用万能设备，按机群布置	采用万能设备和专用设备，按工艺路线布置成流水生产线	广泛采用专用设备和自动生产方式
工具和夹具	非必要时不采用专用夹具和特种工具	广泛使用专用夹具和特种工具	广泛使用高效专用夹具和特种工具
刀具和量具	一般刀具和量具	专用刀具和量具	高效专用刀具和量具
装夹方法	找正装夹	找正装夹或夹具装夹	夹具装夹
加工方法	根据测量进行试切加工	采用调整法加工，有时还可采用成组加工	采用调整法自动化加工
装配方法	钳工试配	普遍应用互换装配，同时保留某些钳工试配	全部应用互换装配，某些精度较高的配合件采用配磨、配研法装配，不需钳工试配
毛坯制造	木模造型和自由锻造	金属模造型和模锻	金属模机器造型、模锻、压力铸造等
工人技术水平	高	中等	一般
工艺过程要求	只编写简单的工艺过程	除有较详细的工艺过程外，对重要零件的关键工序需详细说明工序操作内容	详细编制工艺过程和各种工艺文件
生产率	低	中	高
经济性	高	中	低

三、机械加工工艺规程

1. 机械加工工艺规程简介

机械加工工艺规程是指规定零件机械加工工艺过程和操作方法等的工艺文件。它把较合理的工艺过程和操作方法，按照规定的形式书写成工艺文件，经审批后用于指导生产。机械加工工艺规程有以下三种形式：机械加工工艺过程卡（简称过程卡）、机械加工工艺卡和机械加工工序卡。常用的是机械加工工艺卡和机械加工工序卡。

2. 识读机械加工工艺规程

（1）识读机械加工工艺卡

机械加工工艺卡一般在批量生产中应用，主要用于指导工人进行生产。

下面以图 5–1–5 所示传动齿轮的机械加工工艺卡为例，识读卡中所反映的内容，了解零件整个加工工艺过程。

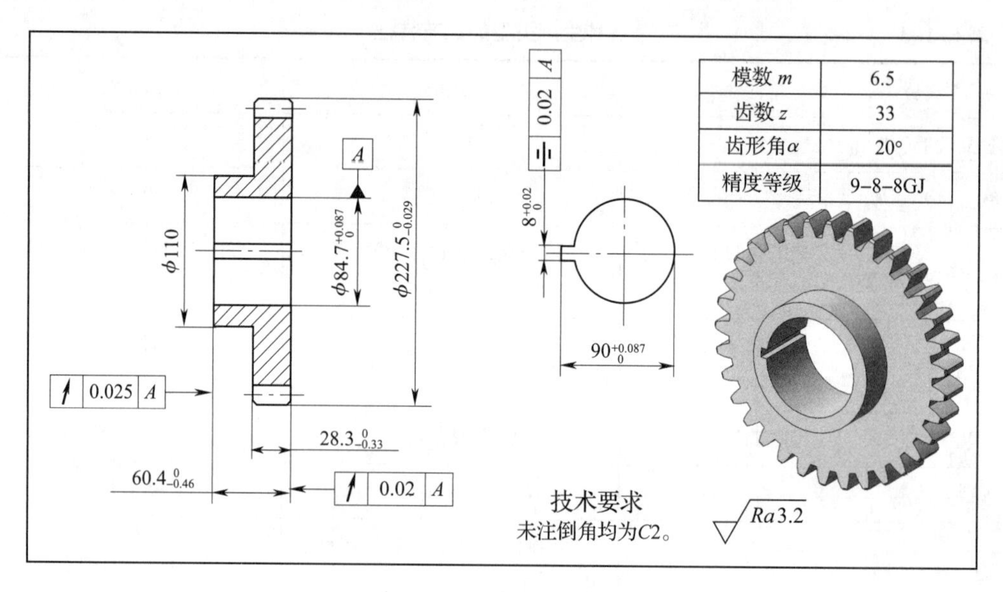

图 5–1–5 传动齿轮

机械加工工艺卡是以工序为单位，简要说明零件加工过程的工艺文件，主要用于生产管理，作为生产准备、编制生产计划和组织生产的依据。传动齿轮的机械加工工艺卡见表 5–1–4。

表 5–1–4 传动齿轮的机械加工工艺卡

<table>
<tr><td colspan="4" rowspan="2">机械加工工艺卡</td><td>产品型号</td><td>JA</td><td colspan="2">零（部）件图号</td><td colspan="3">JA162319010</td></tr>
<tr><td>产品名称</td><td>汽车</td><td colspan="2">零（部）件名称</td><td>传动齿轮</td><td>共 页</td><td>第 页</td></tr>
<tr><td>材料牌号</td><td>40Cr</td><td>毛坯种类</td><td>锻件</td><td>毛坯外形尺寸</td><td></td><td>每个毛坯可制件数</td><td>1</td><td>每台件数</td><td></td><td>备注</td></tr>
<tr><td rowspan="2">工序号</td><td rowspan="2">工序名称</td><td colspan="2" rowspan="2">工序内容</td><td rowspan="2">车间</td><td rowspan="2">工段</td><td rowspan="2">设备</td><td colspan="2" rowspan="2">工艺装备</td><td colspan="2">工时</td></tr>
<tr><td>准终</td><td>单件</td></tr>
<tr><td>1</td><td>锻造</td><td colspan="2">锻造毛坯</td><td>锻</td><td></td><td>150 kg 空气锤</td><td colspan="2">胎模</td><td></td><td></td></tr>
<tr><td>2</td><td>热处理</td><td colspan="2">正火</td><td>热</td><td></td><td></td><td colspan="2"></td><td></td><td></td></tr>
</table>

续表

工序号	工序名称	工序内容	车间	工段	设备	工艺装备	工时	
							准终	单件
3	车削	粗车外圆、端面和内孔	机		CA6140 型卧式车床	外圆车刀、内孔车刀、量具		
4	热处理	调质	热					
5	车削	半精车、精车齿顶圆、内孔和其余表面	机		CA6140 型卧式车床	外圆车刀、内孔车刀、端面车刀、量具		
6	滚齿	滚制齿面	机		滚齿机	滚刀		
7	钳工	齿端面倒角并去毛刺	钳					
8	热处理	齿面高频淬火	热					
9	插削	插键槽	机		插床	插刀、量具		
10	磨齿	磨齿面	机		磨齿机	量具		
11	钳工	去毛刺	钳					
12	检验	按图样要求检验						

										设计（日期）	审核（日期）	标准化（日期）	会签（日期）
标记	件数	更改文件号	签字	日期	标记	处数	更改文件号	签字	日期				

从表 5-1-4 中可以看出机械加工工艺卡中的内容有毛坯的选择、具体的加工工艺过程、机床和工艺装备的选择、各工序工时的确定（此工艺卡中未列出）等。

1）识读表头。表头反映产品的信息及所加工零件的基本信息，如图 5-1-6 所示。

机械加工工艺卡	产品型号		零（部）件图号			
	产品名称		零（部）件名称	传动齿轮	共　页	第　页

图 5-1-6　表头

2）识读毛坯信息。材料为 40Cr，零件的直径相差较大，该齿轮主要用于传递运动和动力，对力学性能要求较高，所以采用锻件毛坯。

3）识读加工工艺过程。整个工艺过程共有 12 道工序，各工序的加工内容简明扼要。首先正火处理锻件毛坯，粗车各部再调质；精车各部，并保证滚齿加工的基准面；滚齿后倒角并去毛刺，然后进行齿面高频淬火；再插键槽、磨齿面；最后去毛刺、检验。

4）各表面加工方案。从工艺卡中可知，传动齿轮各表面加工方案大致如表 5–1–5 所列。

表 5–1–5　　传动齿轮各表面加工方案

加工面	加工方案
齿轮内孔	粗车—调质—半精车—精车
齿顶圆	粗车—调质—半精车—精车
齿坯	粗车—调质—半精车
齿轮两端面	粗车—调质—半精车—精车
齿轮的渐开线齿面	滚齿—齿面高频淬火—磨齿

5）设备和工艺装备。各工序所使用的设备、工艺装备均为通用机床、通用工量具。

6）工时定额。一般根据各工序余量和工序加工精度要求具体确定工时定额。

（2）识读机械加工工序卡

以表 5–1–4 中第 5 道工序为例，识读机械加工工序卡，了解该工序的详细加工内容和要求、工艺参数以及工艺装备、工序工时等。

机械加工工序卡是针对机械加工工艺卡中的某一道工序制定的。卡片上要画出工序简图，并注明该工序每一道工步的内容、工艺参数、操作要求以及工艺装备等。一般在大量生产和批量生产中应用，主要用于指导工人进行生产。传动齿轮第 5 道工序的机械加工工序卡见表 5–1–6。

表 5–1–6　　机械加工工序卡

<table>
<tr><td rowspan="2">机械加工工序卡</td><td>产品型号</td><td></td><td>零（部）件图号</td><td></td><td></td><td></td></tr>
<tr><td>产品名称</td><td></td><td>零（部）件名称</td><td>传动齿轮</td><td>共（　）页</td><td>第（　）页</td></tr>
</table>

<table>
<tr><td rowspan="11"> 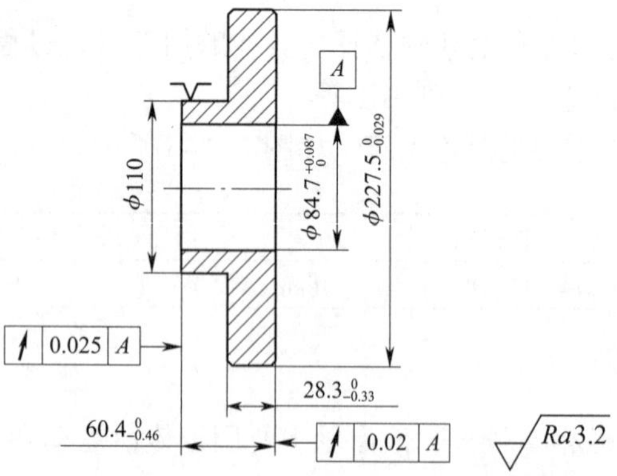技术要求
未注倒角均为C2。</td><td>车间</td><td>工序号</td><td>工序名称</td><td>材料牌号</td></tr>
<tr><td>机加工</td><td>5</td><td>精加工</td><td>40Cr</td></tr>
<tr><td>毛坯种类</td><td>毛坯外形尺寸</td><td>每个毛坯可制件数</td><td>每台件数</td></tr>
<tr><td>锻件</td><td></td><td>1</td><td>1</td></tr>
<tr><td>设备名称</td><td>设备型号</td><td>设备编号</td><td>同时加工件数</td></tr>
<tr><td>车床</td><td>CA6140</td><td></td><td>1</td></tr>
<tr><td>夹具编号</td><td>夹具名称</td><td colspan="2">切削液</td></tr>
<tr><td></td><td></td><td colspan="2"></td></tr>
<tr><td rowspan="2">工位器具编号</td><td rowspan="2">工位器具名称</td><td colspan="2">工序工时</td></tr>
<tr><td>准终</td><td>单件</td></tr>
<tr><td></td><td></td><td></td><td></td></tr>
</table>

续表

工步号	工步内容	工艺装备	主轴转速 /（r/min）	进给量 /（mm/r）	背吃刀量 /mm	工步工时 /min
1	车右端面至平整	端面车刀、游标卡尺	320 ~ 500	0.340 ~ 0.180	0.2 ~ 0.5	3
2	半精镗内孔	镗刀、内径百分表	400 ~ 500	0.073 ~ 0.040	0.1 ~ 0.3	3
3	精镗内孔	镗刀、内径百分表	500 ~ 800	0.037 ~ 0.027	0.05 ~ 0.1	2
4	半精车 $\phi 227.5_{-0.029}^{0}$ mm 外圆	外圆车刀、千分尺	500 ~ 1 000	0.073 ~ 0.040	0.2 ~ 0.5	2
5	精车 $\phi 227.5_{-0.029}^{0}$ mm 外圆	外圆车刀、千分尺	1 000 ~ 1 600	0.037 ~ 0.027	0.1 ~ 0.2	2
6	精车 $\phi 110$ mm 外圆	外圆车刀、游标卡尺	1 000 ~ 1 600	0.037 ~ 0.027	0.1 ~ 0.2	2
7	精车 $\phi 227.5_{-0.029}^{0}$ mm 左端面	端面车刀、游标卡尺	1 000 ~ 1 600	0.170 ~ 0.090	0.1 ~ 0.2	2
8	精车 $\phi 110$ mm 左端面	端面车刀、游标卡尺	1 000 ~ 1 600	0.170 ~ 0.090	0.1 ~ 0.2	2

										设计（日期）	审核（日期）	标准化（日期）	会签（日期）
标记	件数	更改文件号	签字	日期	标记	处数	更改文件号	签字	日期				

1）识读表头。该卡片是表 5-1-4 所列传动齿轮第 5 道工序（车：半精车、精车齿顶圆、内孔和其余表面）的机械加工工序卡，反映的是机加工车间的精加工工序内容。

2）识读工序简图。工序简图是岗位工人的加工依据，它明确了本工序的主要任务和要求，并能指导岗位工人合理选用定位基准。

3）识读工步内容。该工序的详细加工内容为：车右端面至平整，镗内孔至尺寸要求；车 $\phi 227.5_{-0.029}^{0}$ mm 外圆至尺寸要求；车 $\phi 110$ mm 外圆至尺寸要求；车 $\phi 227.5_{-0.029}^{0}$ mm 左端面至尺寸要求；车 $\phi 110$ mm 左端面至尺寸要求。

4）识读设备和工艺装备。在 CA6140 型卧式车床上采用外圆车刀、端面车刀、镗刀等刀具和各种工量具加工、检测该工序所述内容。

5）识读工艺参数。一般包括工艺装备（夹具、量具、刀具等）、切削用量和工步工时等内容。例如，在工步号 1“车右端面至平整”这一工步里，主轴转速为 320 ~ 500 r/min，进给量为 0.340 ~ 0.180 mm/r，背吃刀量为 0.2 ~ 0.5 mm，工步工时为 3 min。

§5-2 表面加工

课堂讨论

观察具有外圆面（圆柱面）的典型零件与具有内圆面（孔）的典型零件，讨论用哪些机床可以加工出这些零件。

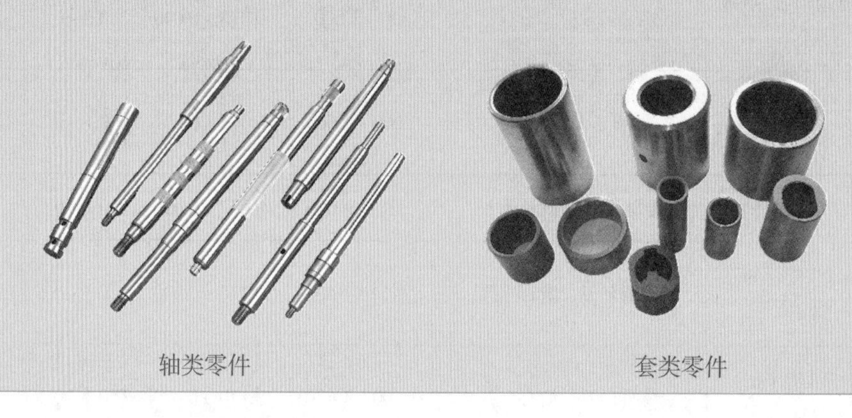

轴类零件　　套类零件

一、表面加工方法的选择原则

零件各表面加工方法不但影响加工质量而且影响生产率和制造成本。加工同一类型的表面，可以有多种不同的加工方法。影响表面加工方法选择的因素有零件表面的形状、尺寸及其精度和表面粗糙度，以及零件的整体结构、质量、材料性能和热处理要求等。此外，还应考虑生产量和生产条件的因素。根据上述因素加以综合考虑，确定零件表面的加工方案，保证零件达到图样要求且生产率较高，加工成本经济合理。

选择表面加工方法应从以下几个方面加以考虑：

（1）首先根据每个加工表面的技术要求，确定加工方法及分几次加工。

（2）考虑被加工材料的性质。如经淬火的钢质零件，精加工必须采用磨削，而有色金属材料制件则采用精车、精铣、精镗、滚压等方法，很少采用磨削进行精加工。

（3）根据生产类型，考虑生产率和经济性等问题。单件或小批生产，一般采用通用设备和工艺装备及一般的加工方法；大批生产，则尽可能采用专用的高效率设备和专用工艺装备，毛坯也应采用高效的方法制造，如压铸、模锻、热轧、精密铸造、粉末冶金等。

（4）根据本企业（或本车间）现有设备情况和技术水平，充分利用现有设备，挖掘企业潜力。

二、加工阶段的划分

为了保证零件的尺寸精度，充分利用机床设备，对于尺寸精度要求较高、结构和形状较复杂、刚度较差的零件，其切削加工过程应划分阶段，一般分为粗加工、半精加工和精加工三个阶段。

提示

必须指出，不是所有零件的加工过程都要机械地划分为三个阶段。一些简单的零件可以不划分加工阶段；一些加工余量小的毛坯可以省略粗加工阶段。而对于一些加工余量特别大、表面特别粗糙的大型零件，在粗加工前还应设置去除表皮层的去皮加工阶段（也称荒加工阶段）；对于精度要求很高，特别是表面粗糙度值要求很小的零件，在精加工后还应设置光整加工阶段。

加工阶段的划分，对于零件上各个表面的加工并不一定同步，有的表面在粗加工阶段就可加工至要求，有的表面可能不经粗加工而在半精加工或精加工阶段一次加工完成，有的表面的最终加工可在半精加工阶段进行。

1. 各加工阶段的主要任务

（1）粗加工阶段

切除工件各加工表面的大部分加工余量。粗加工阶段的主要任务是提高生产率。

（2）半精加工阶段

达到一定的精度要求，完成次要表面的最终加工，并为主要表面的精加工做好准备。

（3）精加工阶段

完成各主要表面的最终加工，使零件的尺寸精度和表面质量达到图样规定的要求。精加工阶段的主要任务是确保零件质量。

2. 划分加工阶段的意义

（1）有利于消除或减小变形对尺寸精度的影响。

（2）有利于尽早发现毛坯缺陷。

（3）有利于合理选择和使用设备。

（4）有利于合理组织生产和进行工艺布置。

三、外圆面加工

1. 外圆面的常用加工方法

在机器和仪器仪表中，广泛使用各种轴类、套类和盘类等零件，其主要表面为外圆面。外圆面加工的主要方法是车削和磨削，车削常用于粗加工和半精加工，磨削则主要用于精加工。

（1）外圆面的车削

外圆面的车削主要分为粗车、半精车、精车和精细车四个阶段。

1）粗车。零件的所有表面首先选用粗车加工，为半精车和精车做准备。粗车的尺寸精度等级一般为 IT13 ~ IT11，表面粗糙度值可达 *Ra*50 ~ 12.5 μm。

2）半精车。半精车尺寸精度等级为 IT10 ~ IT9，表面粗糙度值可达 *Ra*6.3 ~ 3.2 μm，用于磨削加工和精加工的预加工，或中等精度表面的终加工。

3）精车。精车尺寸精度等级为 IT7 ~ IT6，表面粗糙度值可达 *Ra*1.6 ~ 0.8 μm，用于较高精度外圆的终加工或作为光整加工的预加工。

4）精细车。精细车尺寸精度等级为 IT5 以上，表面粗糙度值可达 *Ra*0.4 ~ 0.025 μm，主要用于高精度、小型且不宜磨削的有色金属零件的外圆加工，或大型精密外圆面加工。

（2）外圆面的磨削

1）粗磨。尺寸精度等级为 IT7 ~ IT6，表面粗糙度值可达 *Ra*0.8 ~ 0.4 μm。

2）精磨。尺寸精度等级为 IT6 ~ IT5，表面粗糙度值可达 *Ra*0.4 ~ 0.2 μm。

3）精密磨削。精密磨削是一种精密加工方法，尺寸精度等级为 IT5，表面粗糙度值可达 *Ra*0.1 ~ 0.008 μm。

2. 外圆面的典型加工方案（表 5–2–1）

表 5–2–1　　外圆面的典型加工方案

序号	加工方案	尺寸精度等级	表面粗糙度 *Ra*/μm	适用范围
1	粗车	IT13 ~ IT11	50 ~ 12.5	适用于淬火钢以外的各种金属
2	粗车—半精车	IT10 ~ IT9	6.3 ~ 3.2	
3	粗车—半精车—精车	IT7 ~ IT6	1.6 ~ 0.8	
4	粗车—半精车—精车—抛光（滚压）	IT7 ~ IT6	0.2 ~ 0.025	
5	粗车—半精车—磨削	IT7 ~ IT6	0.8 ~ 0.4	适用于淬火钢、未淬火钢等，不宜加工强度低、韧性大的有色金属
6	粗车—半精车—粗磨—精磨	IT6 ~ IT5	0.4 ~ 0.2	
7	粗车—半精车—粗磨—精磨—高精度磨削	IT5 ~ IT3	0.1 ~ 0.012	
8	粗车—半精车—粗磨—精磨—研磨	IT5 ~ IT3	0.1 ~ 0.012	适用于精度要求极高的外圆加工
9	粗车—半精车—精车—精细车（研磨）	IT6 ~ IT5	0.4 ~ 0.025	适用于有色金属

资料卡片

研磨：利用涂覆或压嵌在研具上的磨料颗粒，通过研具与工件在一定压力下的相对运动对加工表面进行的光整加工（如切削加工）。研磨可用于加工平面，内、外圆柱面和圆锥面，凸、凹球面，螺纹，齿面及其他型面。尺寸精度等级为 IT5 ~ IT3，表面粗糙度值可达 *Ra*0.4 ~ 0.01 μm。研磨一般不能提高表面之间的相互位置精度，且生产率低。单件或小批生产中采用手工研磨，大批生产中采用机械研磨。研磨常用于加工小型平板、平尺及块规的精密测量平面。

做一做

下图所示台阶轴中有三个外圆面（ϕ38f7、2 × ϕ28g6、ϕ20h6），对照台阶轴零件的加工要求，分别写出它们的加工方案。

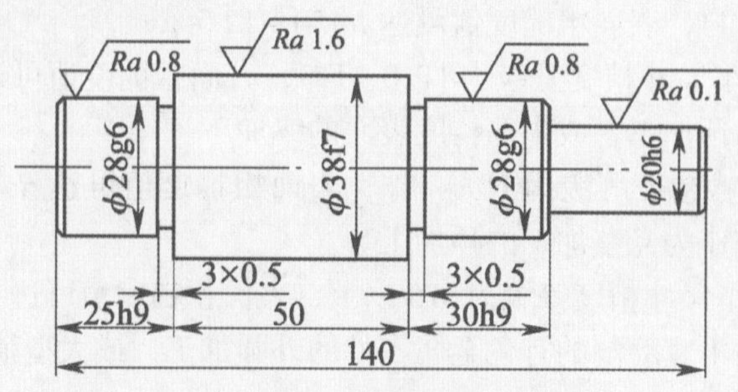

1. ϕ38f7：________________

2. 2 × ϕ28g6：________________

3. ϕ20h6：________________

四、内圆面加工

1. 内圆面的常用加工方法

内圆通常称为孔，是组成机械零件的基本表面。孔的加工方法很多，有钻孔、扩孔、铰孔、镗孔、拉孔、磨孔等，应根据内孔表面的技术要求选择加工方法。

（1）钻孔、扩孔和铰孔

钻孔、扩孔和铰孔是加工小孔的常用方法。

钻孔可在钻床上完成，也可在车床上完成。钻孔的尺寸精度等级一般为 IT13 ~ IT11，表面粗糙度值可达 *Ra*12.5 μm。

扩孔相当于半精加工，除进一步去除加工余量、提高精度外，还可以修整孔轴线与相关表面的位置精度。扩孔的尺寸精度等级为 IT10 ~ IT9，表面粗糙度值可达 *Ra*6.3 ~ 3.2 μm。

铰孔是在半精加工（扩孔或半精镗孔）的基础上，用铰刀从工件孔壁上切除微量金属层的加工方法。铰孔只能提高孔本身的尺寸精度和形状精度，但不能校正孔的位置精度。铰孔的尺寸精度等级为 IT9 ~ IT7，表面粗糙度值可达 *Ra*3.2 ~ 0.4 μm。

（2）镗孔

铰孔一般用于较小内孔的加工，但不能提高位置精度，所以选择镗孔作为半精加工或精加工较大内孔的方法。这样，一方面可以为后续的精加工做准备，另一方面还能改善该孔的位置精度。通常，镗孔可以分为以下几个加工阶段：

1）粗镗。粗镗为半精加工或精加工做准备，粗镗的尺寸精度等级为 IT10 ~ IT9，表面粗糙度值可达 *Ra*6.3 ~ 3.2 μm。

2）半精镗。半精镗的尺寸精度等级为 IT9 ~ IT8，表面粗糙度值可达 *Ra*3.2 ~ 1.6 μm，用于磨削加工和精加工的预加工，或中等精度内孔表面的终加工。

3）精镗。精镗的尺寸精度等级为 IT8 ~ IT7，表面粗糙度值可达 *Ra*1.6 ~ 0.8 μm，用于精度较高的内孔的精加工或珩磨孔的预加工。

（3）拉孔

拉孔的尺寸精度等级为 IT9 ~ IT7，表面粗糙度值可达 *Ra*1.6 ~ 0.1 μm，加工质量稳定，生产率高。但其刀具复杂，加工时以孔本身定位，不能修整孔的轴线，不能加工阶梯孔和不通孔。

资料卡片

采用拉刀加工内圆面的方法称为拉孔。拉孔属于孔的精加工方法，通常在拉床上进行。

拉削的孔径一般为 8 ~ 125 mm，孔的长径比一般不超过 5。拉削前一般无须进行精确的预加工，钻削或粗镗后即可拉削。拉刀在一次行程中能切除加工表面的全部加工余量，所以拉削的生产率较高。

（4）磨孔

当采用车削、镗削加工不能保证零件孔加工的精度和表面质量时，磨削是一种比较理想的内圆面加工方法。磨削适合加工硬度较高，尤其是淬火后高硬度材料的孔。磨孔的尺寸精度等级为IT7 ~ IT6，表面粗糙度值可达 *Ra*0.8 ~ 0.2 μm。

2. 内圆面的典型加工方案（表 5–2–2）

表 5–2–2　内圆面的典型加工方案

序号	加工方案	尺寸精度等级	表面粗糙度 *Ra*/μm	适用范围
1	钻	IT13 ~ IT11	12.5	用于加工除淬火钢外的各种金属的实心工件
2	钻—铰	IT9	3.2 ~ 1.6	用于加工除淬火钢外的各种金属的实心工件，但孔径小于 20 mm
3	钻—扩—铰	IT9 ~ IT8	3.2 ~ 1.6	用于加工除淬火钢外的各种金属的实心工件，但孔径为 10 ~ 80 mm
4	钻—扩—粗铰—精铰	IT7	1.6 ~ 0.4	
5	钻—拉	IT9 ~ IT7	1.6 ~ 0.1	用于大批生产
6	（钻）—粗镗—半精镗	IT10 ~ IT9	6.3 ~ 3.2	用于加工除淬火钢外的各种材料
7	（钻）—粗镗—半精镗—精镗	IT8 ~ IT7	1.6 ~ 0.8	
8	（钻）—粗镗—半精镗—磨	IT8 ~ IT7	0.8 ~ 0.4	用于加工淬火钢、不淬火钢和铸铁件，但不宜加工硬度低、韧性大的有色金属
9	（钻）—粗镗—半精镗—粗磨—精磨	IT7 ~ IT6	0.4 ~ 0.2	
10	粗镗—半精镗—精镗—磨	IT7 ~ IT6	0.4 ~ 0.025	
11	粗镗—半精镗—精镗—研磨 粗镗—半精镗—精镗—精细镗	IT7 ~ IT6	0.4 ~ 0.025	用于加工钢件、铸铁件和有色金属件

做一做

下图所示为两个不同的衬套零件，对照衬套零件的加工要求，分别写出衬套内孔表面的加工方案。

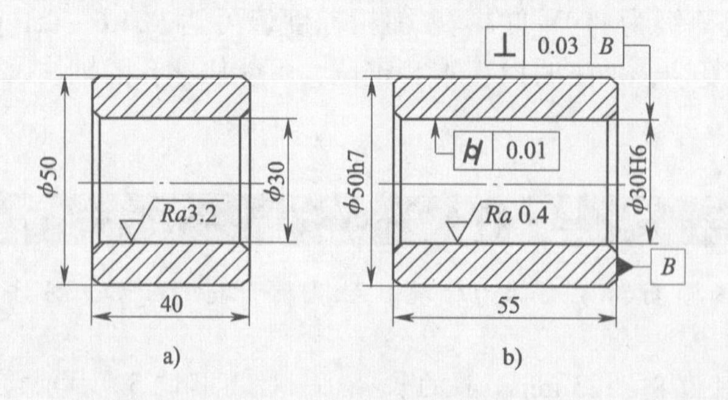

a)　　b)

1. ϕ30:________________

2. ϕ30H6:________________

五、平面加工

1. 平面的常用加工方法

平面是箱体、机座和工作台等零件的主要表面，也是其他零件的组成表面。平面的加工方法包括车削、刨削、铣削、磨削、刮削和研磨等，其中刨削、铣削和磨削是主要的加工方法。

（1）平面的刨削

刨削是单件或小批生产中平面加工最常用的加工方法。刨削加工的生产率较低，但适应性好、通用性强。因此，在单件或小批生产中，特别是加工狭长平面时广泛应用刨削，其尺寸精度等级一般为 IT8 ~ IT7，表面粗糙度值可达 *Ra*6.3 ~ 1.6 μm。

（2）平面的铣削

铣削是平面加工的主要方法之一。通常，平面的铣削可分为粗铣、半精铣和精铣三个加工阶段。选择哪一个加工阶段作为平面的最终加工，需要根据各个加工阶段所能达到的尺寸精度和表面粗糙度值，并结合零件的技术要求来确定。

1）粗铣。粗铣为半精铣、精铣加工做准备。粗铣后两平行平面之间的尺寸精度等级为 IT13 ~ IT11，表面粗糙度值可达 *Ra*25 ~ 12.5 μm。

2）精铣。精铣的尺寸精度等级为 IT9 ~ IT7，表面粗糙度值可达 *Ra*6.3 ~ 1.6 μm。

（3）平面的磨削

磨削常作为铣削、刨削平面后的精加工，在平面磨床上进行，主要用于中、小型零件高精度表面和淬硬平面的加工。磨削平面的尺寸精度等级为 IT6 ~ IT5，表面粗糙度值可达 *Ra*0.4 ~ 0.02 μm。如果磨削余量较大，或尺寸精度等级达到 IT5，那么磨削应分粗磨和精磨，以提高生产率和保证磨削加工质量。

（4）平面的刮削

刮削一般是在精刨或精铣的基础上，由钳工手工操作。刮削余量一般为 0.05 ~ 0.4 mm，刮削平面的尺寸精度等级为 IT6 以上，表面粗糙度值可达 *Ra*0.8 ~ 0.1 μm，并能提高接触精度。

刮削属于光整加工，能有效提高工件的耐磨性。但刮削的劳动强度大，操作技术要求高，生产率低，常用于单件或小批生产。

资料卡片

刮削是利用刮刀在加工过的工件表面上刮去微量金属，以提高表面形状精度、改善配合表面间接触状况的一种表面加工方法。刮削是机械制造和修理中最终精加工各种型面的一种重要方法。

（5）平面的研磨

研磨是用研磨工具和研磨剂，从工件上研去一层极薄表面材料的精密加工方法。研磨的实质是用游离的磨粒对工件进行物理和化学综合作用的微量切削。

平面研磨属于平面的精密加工方法之一，研磨的尺寸精度等级为 IT5，表面粗糙度值可达 *Ra*0.1 ~ 0.006 μm。

2. 平面的典型加工方案（表 5–2–3）

表 5–2–3　　平面的典型加工方案

序号	加工方案	尺寸精度等级	表面粗糙度 *Ra*/μm	适用范围
1	粗车	IT13 ~ IT11	50 ~ 12.5	回转体的端面
2	粗车—半精车	IT10 ~ IT8	6.3 ~ 3.2	
3	粗车—半精车—精车	IT8 ~ IT7	1.6 ~ 0.8	
4	粗车—半精车—磨削	IT8 ~ IT6	0.8 ~ 0.2	
5	粗刨（或粗铣）	IT13 ~ IT11	25 ~ 12.5	一般不淬硬平面（端铣表面粗糙度值较小）
6	粗刨（或粗铣）—精刨（或精铣）	IT9 ~ IT7	6.3 ~ 1.6	
7	粗刨（或粗铣）—精刨（或精铣）—刮研	IT7 ~ IT6	0.8 ~ 0.1	精度要求较高的不淬硬平面，批量较大时宜采用宽刃精刨方案
8	以宽刃精刨代替上述刮研	IT7	0.8 ~ 0.2	
9	粗刨（或粗铣）—精刨（或精铣）—磨削	IT7	0.4 ~ 0.025	精度要求较高的淬硬平面或不淬硬平面
10	粗刨（或粗铣）—精刨（或精铣）—粗磨—精磨	IT7 ~ IT6	0.8 ~ 0.2	
11	粗铣—拉削	IT9 ~ IT7	0.1（或 0.05）~ 0.006	大批生产且较小的平面（精度视拉刀而定）
12	粗铣—精铣—磨削—研磨	IT5 以上		高精度平面

做一做

下图所示的垫铁零件有 6 个平面，对照垫铁零件的加工要求，分别写出这些平面的加工方案。

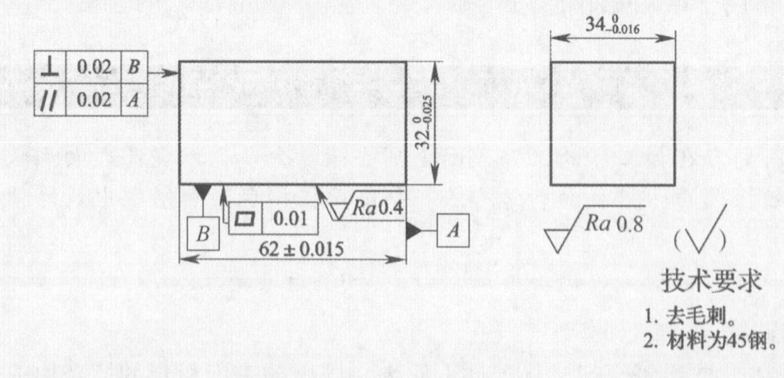

1. 侧面的加工方案：________________

2. 上表面的加工方案：________________

3. 底面的加工方案：________________

六、齿面加工

齿轮在各种机械、汽车、船舶、仪器仪表中应用广泛，是传递运动和动力的重要零件。齿轮的加工可分为齿坯加工和齿面加工两个阶段。齿轮的齿坯大多属于盘类工件，通常经车削（齿轮精度要求较高时须经磨削）完成。齿面则常采用铣齿、滚齿、插齿、剃齿和磨齿等方法进行加工。

1. 铣齿

铣齿是用成形齿轮铣刀在铣床上直接切制轮齿的方法。铣齿逐齿进行，每切制完一个齿槽，须用分度头按齿轮的齿数进行分度，再铣另一个齿槽，依次铣削，直至将所有齿槽加工完成。

2. 滚齿

滚齿是用齿轮滚刀在滚齿机（图 5–2–1）上切制齿轮的方法。图 5–2–2 所示滚齿为采用齿轮滚刀滚切加工圆柱齿轮齿形。滚齿时齿面是由齿轮滚刀的刀齿切削包络而成，因为参加切削的刀齿数量有限，所以齿面表面粗糙度值较大，齿形的精度受到一定影响。滚齿是齿形加工方法中生产率较高、应用最广的一种，可直接加工 8 ~ 7 级精度的齿轮，齿面表面粗糙度值可达 *Ra*3.2 ~ 1.6 μm。

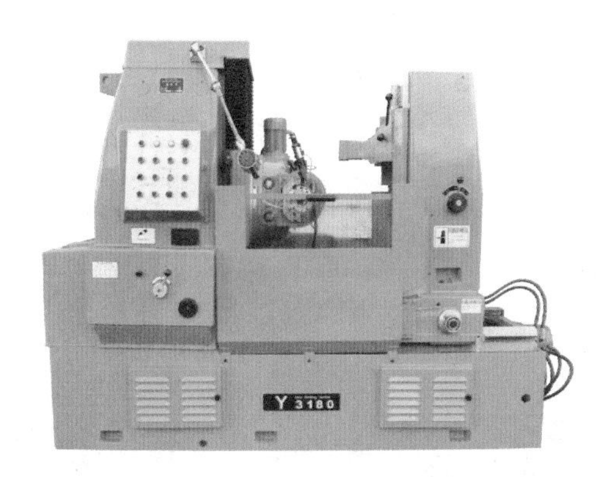

图 5–2–1　滚齿机

图 5–2–2　滚齿

3. 插齿

插齿是用插齿刀在插齿机上利用齿轮啮合原理来实现齿形加工的方法，如图 5–2–3 所示。插齿刀实质上就是一个磨有前、后角并具有切削刃的齿轮。插齿的齿形精度比滚齿高，但插齿的运动精度比滚齿差。插齿精度为 8 ~ 7 级，齿面表面粗糙度值可达 *Ra*1.6 μm。插齿和滚齿一样，也可用于较高精度齿轮的粗加工及半精加工。

图 5–2–4 所示为插齿机。

4. 剃齿

剃齿（图 5–2–5）是用剃齿刀对齿轮齿面进行精加工的一种方法。剃齿时刀具与工件做自由啮合的展成运动，剃齿刀安装时与工件轴线倾斜一个螺旋角 β。

剃齿是在滚齿、插齿的基础上对齿面进行微量切削的一种精加工方法。它适合加工硬度 35HRC 以下的直齿和斜齿圆柱齿轮。剃齿精度为 7 ~ 6 级，齿面表面粗糙度值可达 *Ra*0.8 ~ 0.4 μm。

5. 磨齿

磨齿（图 5–2–6）是用砂轮在磨齿机上加工高精度齿形的方法。磨齿精度为 6 ~ 4 级，齿面表面粗糙度值可达 $Ra0.4 \sim 0.2\ \mu m$，常用于硬齿面的高精度齿轮及插齿刀、剃齿刀等齿轮加工刀具的精加工。

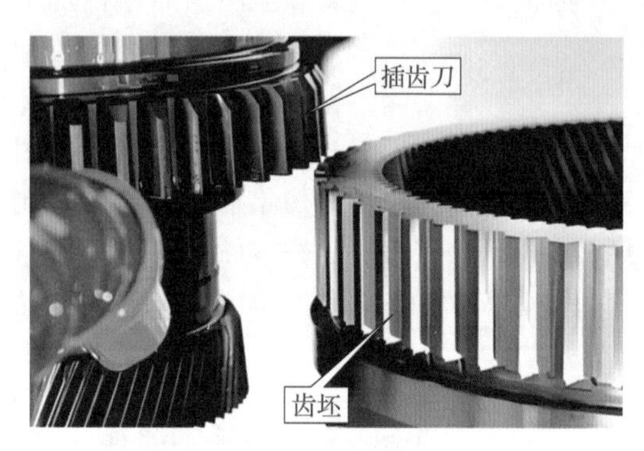

图 5–2–3　插齿

图 5–2–4　插齿机

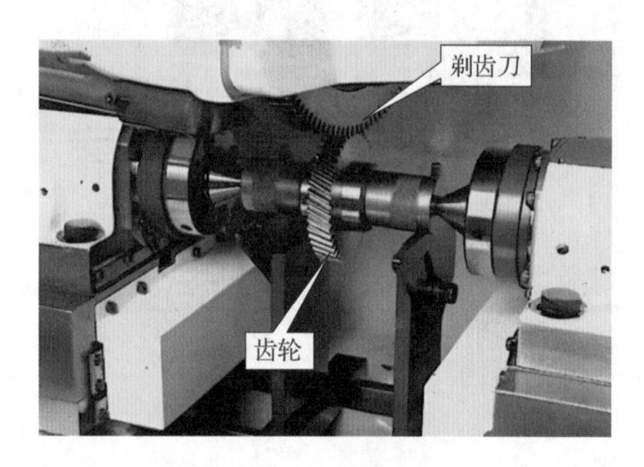

图 5–2–5　剃齿

图 5–2–6　磨齿

6. 齿面加工方法的选择

齿面加工方法的选择见表 5–2–4。

表 5–2–4　　**齿面加工方法的选择**

齿面加工方法	刀具	机床	精度等级	齿面粗糙度 Ra/μm	生产率	适用范围
铣齿	铣刀	铣床	9	≥ 1.6	低	适合加工直齿、斜齿的外啮合齿轮及齿条
滚齿	齿轮滚刀	滚齿机	8 ~ 7	3.2 ~ 1.6	高	适合加工直齿、斜齿的外啮合圆柱齿轮和蜗轮

续表

齿面加工方法	刀具	机床	精度等级	齿面粗糙度 Ra/μm	生产率	适用范围
插齿	插齿刀	插齿机	8 ~ 7	1.6 ~ 0.8	低于滚齿	适合加工内、外啮合的直齿圆柱齿轮、多联齿轮和齿条、扇形齿轮
剃齿	剃齿刀	剃齿机	7 ~ 6	1.6 ~ 0.8	高	用于滚齿、插齿后，齿面淬火前的精加工
磨齿	砂轮	磨齿机	6 ~ 4	0.8 ~ 0.2	较低	用于齿面淬硬后的精加工

七、螺纹加工

螺纹是零件上常见的表面之一，分为内螺纹和外螺纹两类。螺纹的加工方法主要有攻螺纹和套螺纹、车削螺纹、铣削螺纹、磨削螺纹、滚压螺纹等。

1. 攻螺纹和套螺纹

攻螺纹是利用丝锥在底孔上加工出内螺纹的加工方法，分为手工攻螺纹和机器攻螺纹。单件生产时用手工攻螺纹，批量生产时则用机器攻螺纹。

套螺纹是利用圆板牙在圆柱表面上加工出外螺纹的加工方法。

攻螺纹和套螺纹是加工尺寸较小的内、外螺纹常用的方法。攻螺纹和套螺纹的尺寸精度等级较低，主要用于精度要求不高的普通螺纹的加工。

2. 车削螺纹

车削螺纹是在车床上利用螺纹车刀加工螺纹的一种方法。车削螺纹的尺寸精度等级为IT6 级，表面粗糙度值可达 Ra1.6 ~ 0.8 μm。车削螺纹适合加工尺寸较大的螺纹。

3. 铣削螺纹

（1）铣刀铣削螺纹

铣刀铣削螺纹是利用螺纹铣刀在专用螺纹铣床上完成螺纹铣削的加工方法，多用于直径和螺距较大的螺纹加工。

（2）旋风铣削螺纹

旋风铣削螺纹是通过与普通车床相配套的高速铣削螺纹装置，用装在高速旋转刀盘上的硬质合金成形刀，在工件上铣削出螺纹的加工方法。其铣削速度和加工效率高，可比传统加工效率提高 10 倍以上。旋风铣削可以实现干切削和超高速切削，加工表面粗糙度值可达 Ra0.8 μm，是一种先进的螺纹加工方法，常用于难加工材料的切削、大直径螺纹的加工和批量生产。

4. 磨削螺纹

磨削螺纹是利用磨削对螺纹进行精加工的方法，螺纹经车削或铣削的粗加工和半精加工后，通过磨削螺纹完成精加工，以实现最终的精度要求。它常用于淬硬螺纹或不淬硬螺纹的精加工，尺寸精度等级为 IT4 级，表面粗糙度值可达 Ra0.4 ~ 0.1 μm。

5. 滚压螺纹

滚压螺纹是一种使材料在常温条件下产生塑性变形而形成螺纹的无屑加工方法。滚压螺纹可以提高螺纹强度，生产率极高，常用于螺钉等标准件的生产。

滚压螺纹通常有两种加工方式：

（1）搓板滚压螺纹

尺寸精度等级为IT6级，表面粗糙度值可达$Ra1.6 \sim 0.8$ μm。搓板滚压螺纹的直径为2～40 mm，工件长可达100 mm。

（2）滚轮滚压螺纹

尺寸精度等级为IT6级，表面粗糙度值可达$Ra0.8 \sim 0.2$ μm。滚轮滚压螺纹的直径为3～40 mm，工件长可达150 mm，生产率比搓板滚压螺纹低。

6. 螺纹加工方法的选择

螺纹加工方法的选择见表5–2–5。

表5–2–5　螺纹加工方法的选择

<table>
<tr><th colspan="2">加工方法</th><th>尺寸精度等级</th><th>表面粗糙度 Ra/μm</th><th>生产率</th><th>适用范围</th></tr>
<tr><td colspan="2">车削螺纹</td><td>IT6</td><td>1.6～0.8</td><td>低</td><td>精度要求高的单件或小批生产，各种未淬硬的内、外螺纹，紧固螺纹和传动螺纹</td></tr>
<tr><td colspan="2">攻螺纹和套螺纹</td><td>IT7～IT6</td><td>1.6</td><td>较高</td><td>各种批量生产，直径较小的内、外螺纹；直径较小的未淬硬的紧固螺纹</td></tr>
<tr><td rowspan="2">铣削螺纹</td><td>盘状铣刀、梳形铣刀</td><td>IT7～IT6</td><td>1.6</td><td>较高</td><td>成批、大量生产，各种精度且未淬硬的内、外螺纹，紧固螺纹和传动螺纹</td></tr>
<tr><td>旋风铣刀</td><td>IT7～IT6</td><td>0.8</td><td>高</td><td>成批、大量生产，大、中直径的外螺纹</td></tr>
<tr><td rowspan="2">滚压螺纹</td><td>搓板液压螺纹</td><td>IT6</td><td>1.6～0.8</td><td>最高</td><td rowspan="2">直径小于40 mm的外螺纹，成批、大量生产，材料塑性较好的外螺纹，螺纹标准件</td></tr>
<tr><td>滚轮滚压螺纹</td><td>IT6～IT5</td><td>0.8～0.2</td><td>很高</td></tr>
<tr><td rowspan="2">磨削螺纹</td><td>单线螺纹</td><td>IT5～IT4</td><td>0.4～0.1</td><td>一般</td><td>各种批量生产，淬硬螺纹</td></tr>
<tr><td>多线螺纹</td><td>IT5</td><td>0.4～0.1</td><td>高</td><td>各种批量生产，淬硬螺纹，螺距较小的短螺纹</td></tr>
</table>

§5–3　典型零件加工

课堂讨论

观察箱体、花键轴、齿轮等零件，你能发现这些零件有什么不同特点吗？结合前面所学的知识想一想，在确保产品质量的条件下获得较高的加工效率，需要怎样确定这些零件不同表面的加工顺序？

加工典型零件时，选择合适的定位基准是非常必要的。在机械加工过程中，正确选择定位基准，对保证零件表面间的相互位置精度、确定表面加工顺序以及进行夹具设计等都很重要。

一、基准

用来确定生产对象上几何要素之间的几何关系所依据的那些点、线、面称为基准。它是几何要素之间位置尺寸标注、计算和测量的起点。

1. 基准的分类

根据基准的应用场合和功用不同，基准可分为设计基准和工艺基准两大类。

（1）设计基准

设计图样上所采用的基准称为设计基准，它是根据零件的工作条件和性能要求加以确定的。

（2）工艺基准

零件加工和装配过程中所采用的基准称为工艺基准。按用途不同，它可分为工序基准、定位基准、测量基准和装配基准。

2. 定位基准的选择

按照工序性质和作用不同，定位基准可分为粗定位基准和精定位基准，分别简称为粗基准和精基准。

（1）粗基准

以未加工表面进行定位的基准称为粗基准。选择粗基准时，应保证所有加工表面都有足够的加工余量，且各加工表面和不加工表面之间有一定的位置精度。选择粗基准一般应遵循以下原则：

1）选择重要表面为粗基准。

2）选择加工余量小的表面为粗基准。

3）选择不加工且与加工表面有相互位置精度要求的表面为粗基准。

4）选择比较平整、光滑、面积足够大的表面为粗基准，不允许有锻造飞边和铸造浇道、冒口或其他缺陷，以确保定位准确、夹紧可靠。

5）在同一尺寸方向上，粗基准只允许在第一道工序中使用一次，不得重复使用。

（2）精基准

以已加工表面进行定位的基准称为精基准。选择精基准时，主要考虑如何保证零件的加工精度。选择精基准一般应遵循以下原则：

1）基准重合原则。尽可能把设计基准作为定位基准，以免定位基准与设计基准不重合而引起定位误差。

2）基准统一原则。选择一个定位基准来加工尽可能多的表面，以保证各加工表面的位置精度。

3）互为基准原则。对于零件上两个相互位置精度要求较高的表面，采取互相作为定位基准、反复进行加工的方法来保证精度要求。

4）自为基准原则。有些精加工工序为了保证加工质量，要求加工余量小而均匀，利用加工面自身作为定位基准。

5）保证工件定位准确、夹紧可靠、操作方便的原则。

二、轴类零件的加工工艺

轴类零件是机械设备中最主要和最基本的零件，主要用于支承传动件和传递扭矩，并保证装在轴上的零件（或刀具）具有一定的回转精度。按结构形式不同，轴可以分为台阶轴、锥度心轴、光轴、空心轴、曲轴、凸轮轴、偏心轴以及各种丝杠等。轴类零件的加工表面通常有内圆柱面、外圆柱面、圆锥面以及螺纹、花键、键槽、沟槽等。

图 5–3–1 所示传动轴是轴类零件中使用较多、结构较为典型的一种台阶轴。该零件为小批生产，材料选择 45 钢，淬火硬度 40 ~ 45HRC。现以它为例，介绍轴类零件的加工工艺。

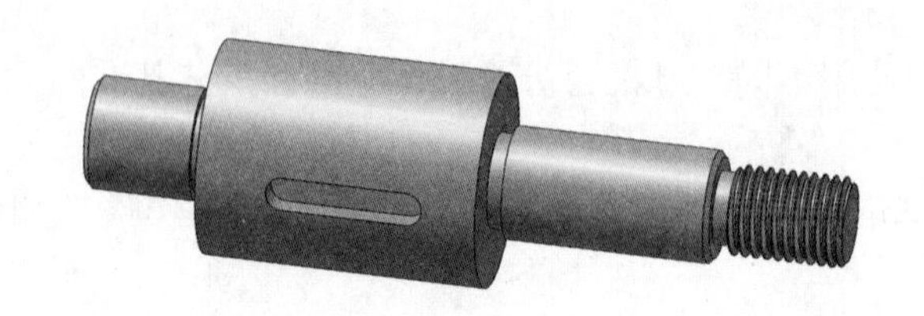

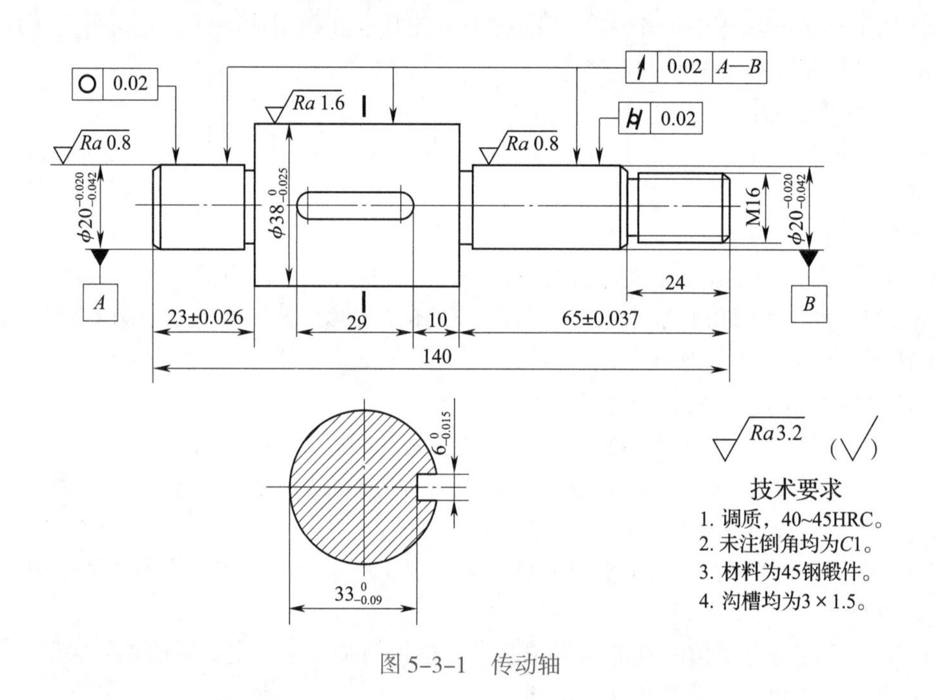

图 5–3–1　传动轴

1. 传动轴的功用、结构及技术要求

（1）功用

该传动轴主要用于支承传动零件和传递扭矩。

（2）结构

该传动轴的主要结构要素有外圆柱面、螺纹、键槽等，为典型的台阶轴结构，有两个支承轴颈。

（3）技术要求

支承轴颈是轴的基准要素，其精度和表面质量一般要求较高。

2. 传动轴的材料及毛坯

（1）毛坯的种类

1）铸件。铸件用于形状复杂的工件毛坯。

2）锻件。锻件用于强度要求较高、形状比较简单的工件毛坯。

3）型材。型材分热轧和冷拉两种。热轧型材用于一般工件；冷拉型材精度较高，尺寸规格较小，主要用于自动机床加工（送料、夹紧可靠）。

4）焊接件。焊接件用于大件毛坯。焊接件毛坯制造简单、方便，但变形较大。

5）冷冲压件。冷冲压件用于形状复杂的板料工件毛坯。

6）其他。其他有挤压、热轧、粉末冶金件等毛坯。

（2）选择毛坯应考虑的因素

1）工件的材料及其物理和力学性能。工件的材料是决定毛坯种类及其制造方法的主要因素。一般工件的材料选定后，其毛坯种类大体就可确定。如铸铁、青铜材料，不能锻造，只能选铸件毛坯；重要的钢质工件，为保证获得较高的强度和硬度，不论结构形状复杂还是简单，均须选用锻件毛坯而不用型材。

2）工件的结构形状及其外形尺寸。这是影响毛坯选择的重要因素。对于回转体工件，如台阶轴，在各台阶外圆直径相差不大时，可采用圆棒料型材，若台阶外圆直径相差较大，则宜采用锻件。又如，形状复杂和薄壁的铸件毛坯，不宜采用砂型铸造；尺寸较大的铸件毛坯，不宜采用压铸，尺寸较大的锻件毛坯，不宜采用模锻。

3）生产规模的大小。生产规模的大小在很大程度上决定了采用某种毛坯制造方法的经济性。生产规模大，则应采用高精度、高效率的毛坯制造方法，以提高生产率，降低成本。

4）工厂现场生产条件。包括工厂的设备情况、工艺水平、工人技术水平等。

（3）传动轴的材料和毛坯的选择

图 5–3–1 所示传动轴的材料为 45 钢，形状简单，精度要求中等，各段轴颈直径尺寸相差较大，故选用锻件毛坯。

提示

对于不重要的轴，可采用普通碳素结构钢 Q235A、Q275A 等，不经热处理直接加工使用；一般的轴，可采用优质碳素结构钢，如 35、45、50 钢等；对于重要的轴，当精度、转速要求较高时，采用合金结构钢 20CrMnTi、40Cr，轴承钢 GCr15 及弹簧钢 65Mn 等。对于光轴和直径相差不大的台阶轴，一般采用圆棒料型材作为毛坯；直径相差较大的台阶轴和比较重要的轴，应采用锻件作为毛坯。其中，大批生产采用模锻，单件或小批生产采用自由锻。对于结构复杂的轴，可采用球墨铸铁件或锻件作为毛坯。

3. 传动轴的加工工艺分析

（1）划分加工阶段

该传动轴在进行加工时划分为以下三个加工阶段：

1）粗加工阶段——车端面，钻中心孔，粗车各处外圆。

2）半精加工阶段——半精车各处外圆、车螺纹、铣键槽等。

3）精加工阶段——修研中心孔，粗、精磨各处外圆。

（2）选择定位基准

图 5–3–1 所示传动轴，粗加工时，以外圆表面作为定位基准；半精加工时，以外圆表

面和中心孔作为定位基准；精加工时，以两个中心孔作为定位基准。

（3）选择装夹方法

典型轴类工件常用的装夹方法见表 5-3-1。

表 5-3-1 典型轴类工件常用的装夹方法

装夹方法	图示	说明
采用限位支承的一夹一顶装夹	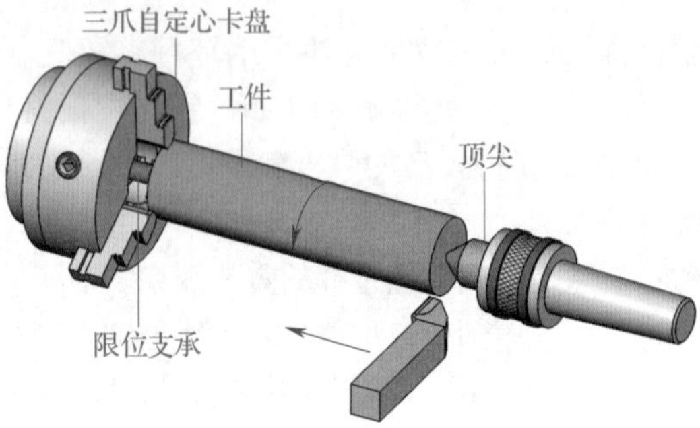 三爪自定心卡盘 工件 顶尖 限位支承	采用三爪自定心卡盘装夹工件外圆表面（细长轴可采用顶尖进行辅助支承），通过限位支承防止工件加工时产生轴向位移，适用于粗加工
采用工件台阶限位的一夹一顶装夹	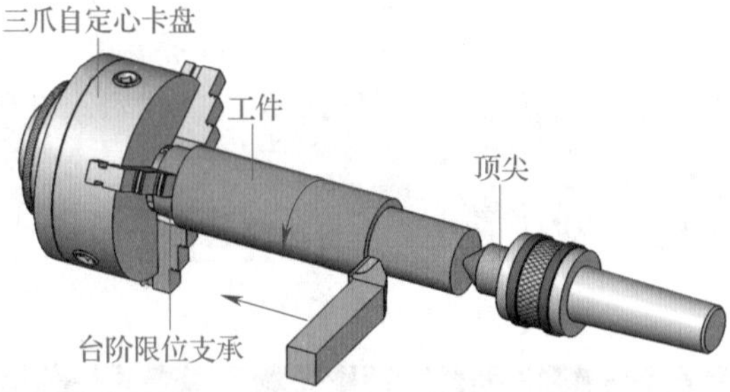 三爪自定心卡盘 工件 顶尖 台阶限位支承	采用三爪自定心卡盘装夹工件台阶表面（细长轴可采用顶尖进行辅助支承），利用台阶防止工件加工时产生轴向位移，多用于半精加工
双顶尖装夹	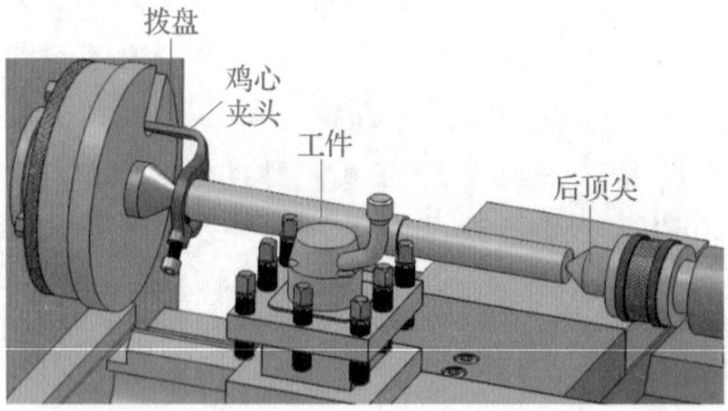 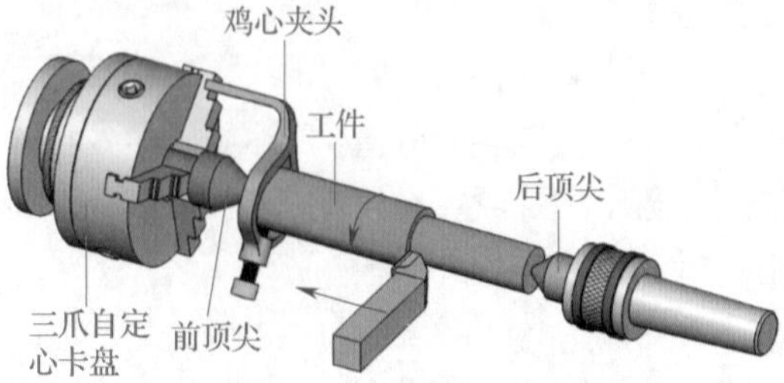 拨盘 鸡心夹头 工件 后顶尖 鸡心夹头 工件 后顶尖 三爪自定心卡盘 前顶尖	加工细长轴时，为了减小工件的变形和振动，常采用双顶尖装夹的方式，可以有效避免工件表面的装夹变形，保证工件加工精度，常用于工件的精加工。装夹前，需预先在工件两端加工中心孔

根据图 5-3-1 所示传动轴的结构特点和精度要求，选择的装夹方法为：粗加工时，切削用量大，切削力大，故采用限位支承的一夹一顶装夹；半精加工时，工件一端已经粗车形成台阶，可以利用台阶面进行装夹，采用工件台阶限位的一夹一顶装夹；精加工时，为了保证工件表面精度，不宜采用三爪自定心卡盘进行装夹，而应采用双顶尖装夹。

（4）分析传动轴的加工工艺过程

在拟定如图 5-3-1 所示传动轴的加工工艺过程中，因该轴为小批生产，故应工序集中。工序集中就是将工件的加工集中在少数几道工序中完成，有利于提高生产率、减少机床数量以及保证工件的加工质量。

精度要求不高的外圆在半精车时就可以加工到规定尺寸，如退刀槽、越程槽、倒角和螺纹等。键槽在半精车后进行划线和铣削，淬火后安排修研中心孔工序，以消除热处理引起的变形和氧化皮。最后，粗、精磨齿轮和轴承轴颈。

（5）安排热处理工序

图 5-3-1 所示传动轴采用锻件毛坯，加工前应安排退火，以便消除毛坯的内应力和改善材料的切削性能。传动轴的最终热处理是淬火，应放在半精加工之后，粗、精磨之前进行，即在车螺纹和铣键槽之后进行。为了保证磨削精度，在淬火之后应安排修研中心孔工序。

4. 传动轴的加工工艺过程

（1）加工顺序

综合上述分析，图 5-3-1 所示传动轴的加工顺序为：锻造毛坯—热处理（退火）—粗车—半精车—车螺纹—铣键槽—热处理（淬火）—粗磨—精磨。

提示

轴类零件除了应遵循加工顺序的一般原则外，还要考虑以下几个方面的因素：

1. 在加工顺序上，先加工大直径外圆，再加工小直径外圆，以免一开始就降低了工件的刚度。

2. 轴上的键槽等表面的加工应在外圆精车之后、磨削之前进行。

3. 轴上的螺纹一般有较高的精度要求，通常应安排在半精加工之后、淬火之前进行加工。如安排在淬火之后，则无法进行车削加工。

（2）加工工艺过程

传动轴的加工工艺过程见表 5-3-2。

表 5-3-2 传动轴的加工工艺过程

工序号	工序名称	工序内容	装夹方法	加工设备
1	锻	锻造毛坯		
2	热	退火		

续表

工序号	工序名称	工序内容	装夹方法	加工设备
3	车削	车一端面，钻中心孔，车另一端面，钻中心孔	三爪自定心卡盘装夹	卧式车床
		（1）粗车左端外圆 （2）半精车左端外圆 （3）车槽 （4）倒角	一夹一顶装夹	卧式车床
		掉头 （1）粗车右端外圆 （2）半精车右端外圆 （3）车槽 （4）倒角 （5）车螺纹	一夹一顶装夹	卧式车床
4	铣削	粗、精铣键槽	V 形垫铁加压板装夹	立式铣床
5	热处理	淬火、回火 40 ~ 45HRC		
6	钳工	修研中心孔		钻床
7	粗磨	粗磨外圆	双顶尖装夹	外圆磨床
8	精磨	精磨外圆	双顶尖装夹	外圆磨床
9	检验	按图样要求检验		

三、套类零件的加工工艺

套类零件在机械产品中通常起支承或导向作用，套类零件按其功用不同可分为轴承类零件、导套类零件和缸套类零件。套类零件的主要表面是内、外圆柱表面，形状精度和位置精度要求较高，表面粗糙度值较小，孔壁较薄且易变形，零件的长度一般大于孔的直径。

图 5–3–2 所示轴承套是套类零件中使用较多、结构较为典型的一种套类零件。该轴承套材料为 HT150，批量生产。现以它为例，介绍套类零件的加工工艺。

1. 轴承套的功用、结构及技术要求

（1）功用

该轴承套主要起支承或导向作用。

（2）结构

该轴承套属于短套类零件。

（3）技术要求

如图 5–3–2 所示轴承套中，外圆 ϕ（44 ± 0.015）mm 主要与轴承座内孔相配合，其尺寸精度等级为 IT7，表面粗糙度值为 $Ra1.6$ μm；内孔 ϕ30H7 要与传动轴相配合，其尺寸精度等级为 IT7，表面粗糙度值为 $Ra1.6$ μm；两端面的表面粗糙度值均为 $Ra1.6$ μm；外圆 ϕ（44 ± 0.015）mm 对 ϕ30H7 孔的同轴度公差为 ϕ0.02 mm，可保证轴承在传动中的平稳性，轴承套的左端面相对于 ϕ30H7 孔轴线的垂直度公差为 0.02 mm。

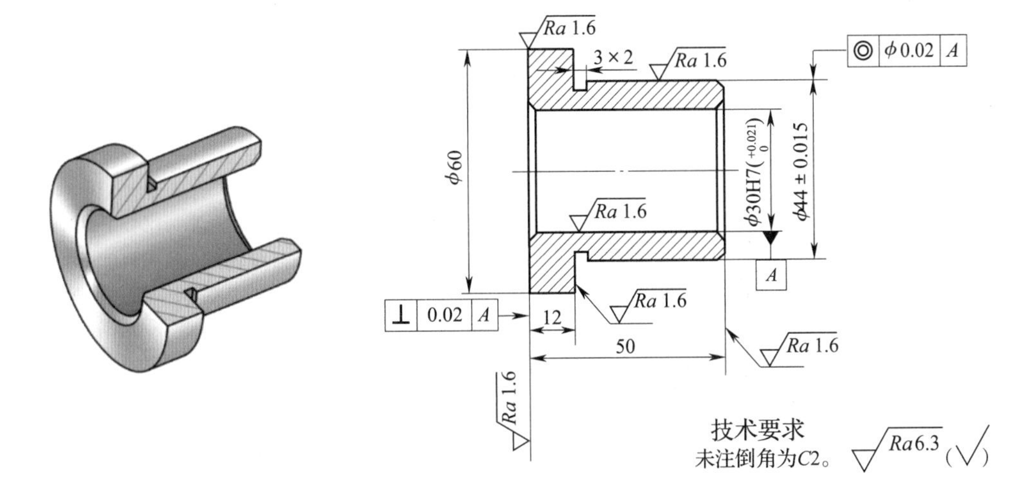

图 5-3-2　轴承套

提示

套类零件一般用钢、铸铁、青铜、黄铜等材料制成，材料的选择主要取决于工作条件。套类零件的毛坯类型与所用材料、结构形状和尺寸大小有关，常采用型材、锻件或铸件。毛坯内孔直径小于 20 mm 的大多选用棒料，孔径较大、长度较长的零件常采用无缝钢管或带孔的铸件、锻件。

2. 轴承套的材料及毛坯

该轴承套的材料为铸铁，形状简单，精度要求中等，但内孔尺寸较大，故毛坯选用外径为 70 mm 的铸铁棒料。

3. 轴承套的加工工艺分析

（1）划分加工阶段

1）粗加工阶段——车端面，钻中心孔，粗车各处外圆、退刀槽，车轴承套内孔。

2）精加工阶段——精车各处外圆，铰轴承套内孔。

（2）选择定位基准

图 5-3-2 所示轴承套，粗加工时，选择外圆表面作为定位基准；精加工时，选择内孔轴线作为定位基准。

（3）选择装夹方法

典型套类零件常用的装夹方法见表 5-3-3。

根据图 5-3-2 所示轴承套的结构特点和精度要求，选择的装夹方法为：粗加工时，为了工件装夹方便，采用三爪自定心卡盘装夹；精加工时，为了避免装夹变形，保证工件加工精度，采用心轴配合双顶尖装夹。

表 5-3-3　典型套类零件常用的装夹方法

装夹方法	图示	说明
采用三爪自定心卡盘装夹	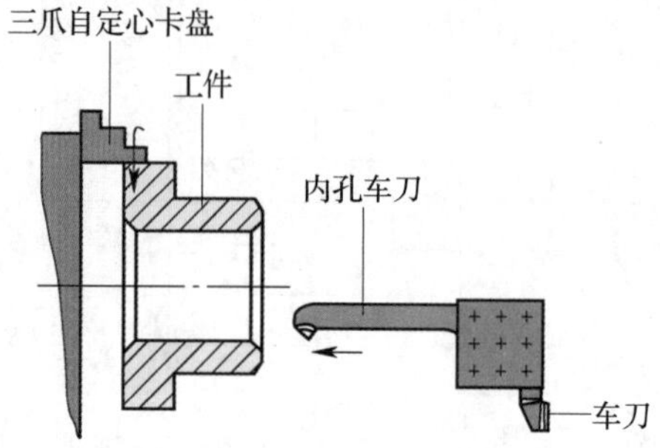	采用三爪自定心卡盘装夹工件外圆表面，装夹简单、可靠，但容易造成工件表面装夹变形，影响加工质量，常用于粗加工
心轴配合双顶尖装夹	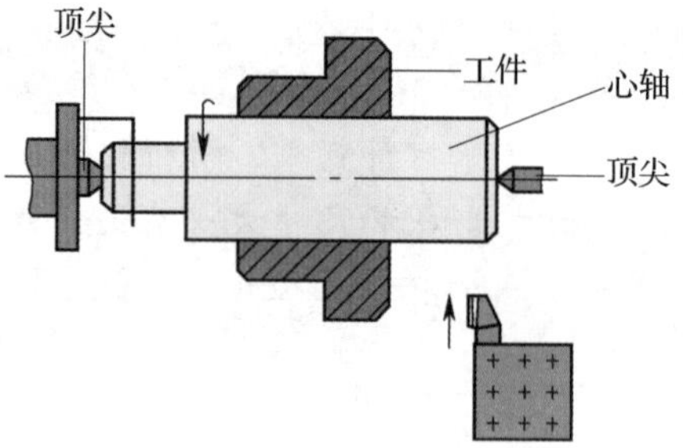	采用心轴配合双顶尖装夹，可以避免工件表面装夹变形，有利于保证工件质量，常用于精加工

4. 轴承套的加工工艺过程

（1）加工顺序

图 5-3-2 所示轴承套外圆的精度为 IT7，采用精车可以满足要求；内孔精度为 IT7，采用铰孔可以满足要求。内孔加工顺序为：钻孔—车孔—铰孔。铰孔时应与左端面一同加工，保证端面与孔轴线的垂直度，并以内孔为基准，利用小锥度心轴装夹加工外圆和另一端面。

（2）加工工艺过程

轴承套的加工工艺过程见表 5-3-4。

表 5-3-4　轴承套的加工工艺过程

工序号	工序名称	工序内容	装夹方法
1	备料	棒料下料	
2	钻中心孔	（1）车一端面，钻中心孔 （2）掉头车另一端面，钻中心孔	三爪自定心卡盘装夹

续表

工序号	工序名称	工序内容	装夹方法
3	粗车	（1）车 ϕ60 mm 外圆 （2）车 ϕ44 mm 外圆 （3）车退刀槽 （4）车断 （5）两端面倒角	一夹一顶装夹
4	钻孔	钻孔	三爪自定心卡盘装夹
5	车削、铰削	（1）车左端面 （2）车孔 （3）铰孔 （4）孔两端倒角	三爪自定心卡盘装夹
6	精车	车外圆	心轴配合双顶尖装夹
7	检验	按图样要求检验	

四、箱体零件的加工工艺

箱体零件是机器的基础零件之一，主要用于将一些轴、套和齿轮等零件组装在一起，使其保持正确的相互位置，并按照一定的传动关系协调地运动。组装后的箱体部件，通过箱体的基准平面安装在机器上，因此，箱体零件的加工质量对于箱体部件装配后的精度至关重要。

由于各种箱体应用不同，故其结构形式差异很大。箱体的结构形式虽然多种多样，但它们却有着共同的结构特点：结构形状复杂，内部呈空腔，箱壁较薄且厚度不均匀，其上有许多精度要求很高的轴承孔和装配用的基准面。因此，箱体上需要加工的部位较多，加工难度也较大。箱体零件的毛坯材料常用灰铸铁，有时也用铸钢、铝合金或镁合金等。

现以图 5–3–3 所示方箱体为例，介绍箱体零件的加工工艺。该方箱体为小批生产，材料为 HT150。

1. 方箱体的功用、结构及技术要求

（1）功用

图 5–3–3 所示方箱体是为了加工燃气机涡轮叶片而设计的一种装夹方箱，结构比较简单，但尺寸精度和位置精度要求较高。方箱体是涡轮叶片的加工和测量工艺装备。

（2）结构

该方箱体由上、下两部分组合而成，中间的空腔用于放置叶片的叶身。

（3）技术要求

由图 5–3–3 可知，方箱体上的基准面 A、B、C 作为测量基准和定位基准，其尺寸精度和位置精度要求较高：高与宽 120 mm 的尺寸公差仅有 0.008 mm，长 200 mm 的尺寸公差为 0.01 mm，相关表面的平行度、垂直度公差均为 0.05 mm，表面粗糙度值为 Ra0.2 μm。

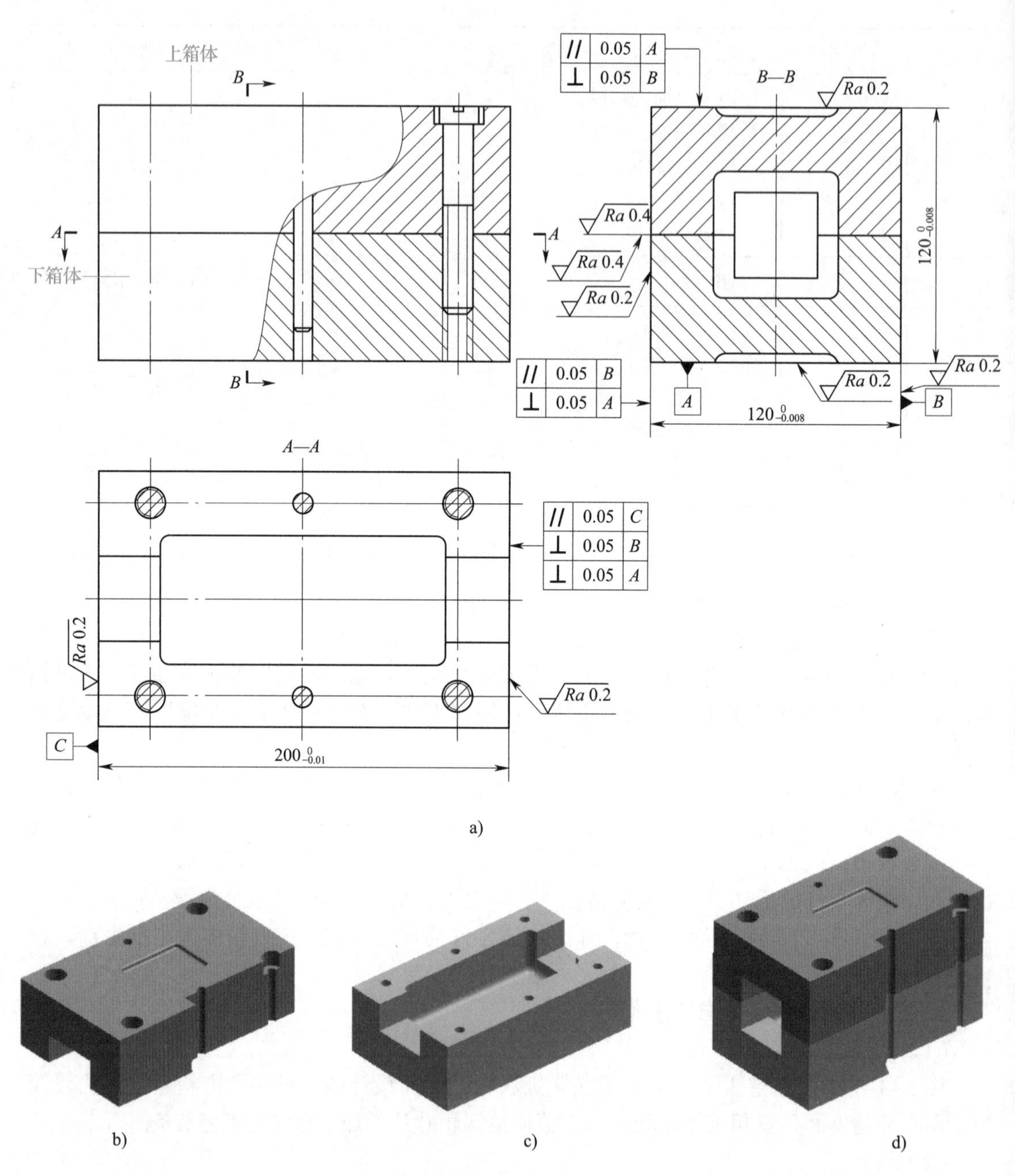

图 5-3-3　方箱体

a）装配图　b）上箱体　c）下箱体　d）合箱图

提示

箱体零件常用材料大多为灰铸铁 HT150 ~ HT350，用得较多的是 HT200。灰铸铁的铸造性和可加工性好，价格低廉，具有较好的吸振性和耐磨性。此外，精度要求较高的坐标镗床主轴箱选用耐磨铸铁，轿车发动机箱体常用铝合金等有色轻金属制造。

毛坯的加工余量与其生产批量、尺寸、结构、精度和铸造方法等因素有关。单件或小批生产的铸铁箱体，常用木模手工砂型铸造，毛坯精度低，加工余量大；大批生产时多用金属模机器造型铸造，毛坯精度高，加工余量小。

2. 方箱体的材料及毛坯

方箱体的材料为灰铸铁 HT200，毛坯选择铸件，铸造后应进行退火处理，以便消除铸造时的内应力，改善切削加工性能。

3. 方箱体的加工工艺分析

（1）选择定位基准

箱体零件定位基准的选择一般分为粗基准的选择和精基准的选择。粗基准是为了保证各个加工面和孔的加工余量均匀，而精基准则是为了保证相互位置精度和尺寸精度。

图 5–3–3 所示方箱体上的基准面 *A*、*B*、*C* 要作为测量基准和定位基准。从技术要求上看，方箱体的四周平面都有平行度或垂直度要求，对螺纹连接、销孔的要求不高，因此选择方箱体的各个表面作为粗、精加工的定位基准。

（2）选择装夹方法

根据图 5–3–3 所示方箱体的结构特点和精度要求，采用压板进行装夹。

（3）分析方箱体的加工工艺

图 5–3–3 所示方箱体为上、下两件合装而成，方箱体四周为涡轮叶片加工和测量基准，因此其尺寸精度、位置精度和表面粗糙度要求较高，应选择磨削的方式来保证尺寸精度和表面粗糙度。同时，粗磨时必须保证上、下底平面与中间接合平面的平行度和精磨余量。

（4）安排热处理工序

箱体结构一般较复杂，壁厚不均匀，铸造残留内应力大。为了消除内应力，减少箱体在使用过程中的变形，保持精度稳定，铸造后一般均需进行时效处理。自然时效的效果较好，但生产周期长，目前仅用于精密机床的箱体铸件。对于普通机床和设备的箱体，一般都采用人工时效。箱体经粗加工后，应存放一段时间再精加工，以消除粗加工积聚的内应力。精密机床的箱体或形状特别复杂的箱体，应在粗加工后再安排一次人工时效，促进铸造和粗加工造成的内应力的释放。

图 5–3–3 所示方箱体选择退火热处理。为了保证方箱体加工后精度的稳定性，在粗加工后再安排一次人工时效。

4. 方箱体的加工工艺过程

（1）加工顺序

箱体零件主要是由平面和孔系组成，其加工要求较高，需进行多次装夹，因此必须有统一的基准和加工顺序来保证其精度。

图 5–3–3 所示方箱体的加工顺序为：铸造—退火—刨上、下箱体六个面—人工时效—粗磨上、下箱体上、下平面及中间接合平面—精磨上、下箱体中间接合平面—划线—钻孔、攻螺纹、配钻和配铰销孔、装螺钉及圆柱销—粗磨宽度和长度方向的四个面—精磨六面。

加工顺序的核心是分体粗加工与合体精加工。销孔和螺纹是为连接上、下箱体而设计的，加工时上、下箱体要一起配钻和配铰，并在上、下箱体上用同一号码做好标记，装配后按一体加工。

（2）加工工艺过程

根据箱体零件生产类型的不同，采用不同的加工工艺过程。

单件或小批生产时，箱体零件的基本加工工艺过程为：铸造毛坯—退火—划线—粗加工主要平面及其他平面—划线—粗加工支承孔—人工时效—精加工主要平面及其他平面—精加工支承孔—划线—加工各小孔—攻螺纹、去毛刺。

中批或大批生产时，箱体零件的基本加工工艺过程为：铸造毛坯—退火—加工主要平面和工艺定位孔—人工时效—粗加工各平面上的孔—攻螺纹、去毛刺—精加工各平面上的孔。

方箱体的加工工艺过程见表 5–3–5。

表 5–3–5　　方箱体的加工工艺过程

工序号	工序名称	工序内容	装夹基准	加工设备
1	铸造	铸造毛坯		
2	热处理	退火		
3	刨削	（1）粗刨上箱体平面及中间接合平面 （2）粗刨下箱体平面及中间接合平面 （3）粗刨其他各面	平面	牛头刨床
4	热处理	人工时效		
5	粗磨	粗磨上、下箱体平面及中间接合平面	上、下底平面	平面磨床
6	精磨	精磨上、下箱体中间接合平面	上、下底平面	平面磨床
7	钳工	划销孔和螺纹孔位置线	四周各面	游标高度卡尺、平板
8	钳工	（1）钻孔，攻螺纹，装螺钉 （2）配钻销孔，配铰销孔，装螺钉及圆柱销 （3）打标记，合箱	下箱体下底平面	钻床
9	粗磨	粗磨宽度和长度方向的四面	四周各面	平面磨床
10	精磨	精磨工件表面		平面磨床
11	检验	按图样要求进行检验		

五、齿轮的加工工艺

齿轮传动在各类机械设备中应用广泛，大多数齿轮零件都是用于传递运动和动力的，工作时一般都承受较大的扭矩和径向载荷。齿轮的结构形状因使用要求的不同而不同，从工艺角度来看，齿轮由齿圈和轮体两部分组成。按齿圈上轮齿的分布形式不同，齿轮可分为直齿轮、斜齿轮、人字齿轮等；按轮体的结构特点不同，齿轮可分为盘形齿轮、套筒齿轮、轴齿轮、扇形齿轮、齿条等。

图 5-3-4 所示汽车变速箱倒挡惰齿轮是一种精度较高的齿轮。现以它为例，介绍齿轮的加工工艺。该齿轮为中批生产。

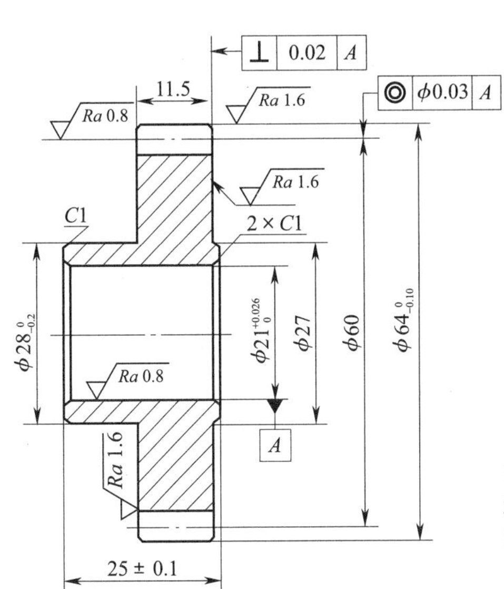

精度等级	766FL
齿数 z	30
模数 m	2
压力角 α	20°
公法线长度 W	22.390
跨测齿数	4
径向跳动 F_r	0.032

技术要求

1. 碳氮共渗，淬火52HRC。
2. 材料为20MnCr5。
3. 未注倒角C1.5。

图 5-3-4　汽车变速箱倒挡惰齿轮

1. 倒挡惰齿轮的功用、结构及技术要求

（1）功用

该齿轮为汽车变速箱倒挡惰齿轮，主要起到传递转矩和运动的作用。

（2）结构

该齿轮为结构对称分布的盘类零件，其中内孔为该齿轮的设计基准和定位基准。

（3）技术要求

该齿轮是模数为 2 mm、齿数为 30 的单联直齿圆柱齿轮，精度等级为 766FL，其中分度圆对内孔轴线的同轴度公差为 ϕ0.03 mm，齿轮右端面对内孔轴线的垂直度公差为 0.02 mm。热处理要求为碳氮共渗，淬火后硬度为 52HRC。

2. 倒挡惰齿轮的材料及毛坯

该齿轮毛坯选用锻件，材料为 20MnCr5，为低碳合金钢。材料含碳量较低，必须通过热处理工序来提高齿轮的强度和硬度。

提示

1. 一般来说，对于低速重载的传动齿轮，齿面受压产生塑性变形和磨损，且轮齿易折断，应选用机械强度、硬度等综合力学性能较好的材料，如 18CrMnTi；线速度高的传动齿轮，齿面容易产生疲劳点蚀，所以齿面应有较高的硬度，可用 38CrMoAl 氮化钢；承受冲击载荷的传动齿轮，应选用韧性好的材料；非传动齿轮可以选用不淬火钢、铸铁及夹布胶木、尼龙等非金属材料。一般用途的齿轮均可使用中碳结构钢和低碳合金结构钢（如 20Cr、40Cr、20CrMnTi 等）。

2. 齿轮毛坯主要有型材、锻件和铸件。型材用于尺寸小、结构简单且对强度要求不太高的齿轮。当齿轮强度要求较高，并要求耐磨损、耐冲击时，多用锻件毛坯。当齿轮直径比较大或结构复杂时，常用铸件毛坯。

3. 倒挡惰齿轮的加工工艺分析

（1）齿坯的加工工艺

在齿坯加工中，主要要求保证基准孔（或轴颈）的尺寸精度和形状精度，以及基准端面相对于基准孔（或轴颈）的位置精度。

由图 5–3–4 可知，在加工齿坯时，除要求保证尺寸精度和形状精度外，更重要的是保证位置精度。因此，齿坯的加工顺序为：粗车—半精车—镗孔、铰孔—精车。

（2）轮齿的加工工艺

齿轮在工作中的位置精度要求较高，故轮齿机械加工方案为：滚齿 + 剃齿。采用滚齿加工方法作为轮齿的粗加工和半精加工，控制分齿精度和运动精度；采用剃齿加工方法作为轮齿的精加工，提高齿形精度，降低齿面表面粗糙度值。

（3）热处理工序的安排

齿坯热处理为正火，齿面热处理要求为碳氮共渗，淬火后的硬度为 52HRC，最后进行抛丸处理。该齿轮的材料为低碳合金钢，未经热处理时强度和硬度不高，也不耐磨，所以技术要求规定齿面碳氮共渗，其目的是进一步提高齿轮表面的耐磨性。淬火后的齿面硬度高，但心部仍保持较高的韧性。齿面经渗碳淬火后出现氧化层，需采用抛丸处理去除氧化层并使齿面强度得到进一步提高。

4. 倒挡惰齿轮的加工工艺过程

（1）加工顺序

图 5–3–4 所示倒挡惰齿轮的加工顺序为：毛坯锻造—正火—齿坯加工—轮齿加工（滚齿、剃齿）—齿面热处理（碳氮共渗、淬火）—齿面强化处理（抛丸处理）。

（2）加工工艺过程

倒挡惰齿轮的加工工艺过程见表 5–3–6。

表 5–3–6　倒挡惰齿轮的加工工艺过程

工序号	工序名称	工序内容	装夹基准	加工设备
1	锻造	锻造毛坯		锻造设备
2	热处理	正火，硬度 260 ~ 280HB		
3	车削	（1）粗车大端外圆 （2）粗车大端面 （3）车孔 （4）内孔倒角	小端外圆与左端面	卧式车床

续表

工序号	工序名称	工序内容	装夹基准	加工设备
4	车削	掉头 （1）粗车小端外圆 （2）粗车左端面 （3）齿坯倒角 （4）小端外圆倒角	大端外圆与右端面	卧式车床
		（1）精车大端外圆 （2）半精车孔 （3）精车右端面 （4）齿顶圆倒角	小端外圆与左端面	卧式车床
		精车小端外圆、左端面，车孔，铰孔	大端外圆与右端面	卧式车床
5	滚齿	滚齿（$z=30$）	内孔和右端面	滚齿机
6	剃齿	剃齿（$z=30$）	内孔和右端面	剃齿机
7	热处理	碳氮共渗，淬火后硬度达 52HRC		
8	抛丸	去除氧化层，齿面强化处理		抛丸机
9	检验	终检，去毛刺，入库